● 福建省科技重大专项/专题资助（2022HZ026025，2023T5001）

ADAMS
机械动力学仿真

吴　龙　王孝鹏　纪联南　著

厦门大学出版社　国家一级出版社
XIAMEN UNIVERSITY PRESS　全国百佳图书出版单位

图书在版编目（CIP）数据

ADAMS 机械动力学仿真 / 吴龙，王孝鹏，纪联南著. -- 厦门：厦门大学出版社，2024.10
ISBN 978-7-5615-9196-3

Ⅰ. ①A… Ⅱ. ①吴… ②王… ③纪… Ⅲ. ①机械动力学-计算机仿真 Ⅳ. ①TH113

中国国家版本馆CIP数据核字(2023)第236639号

责任编辑 李峰伟
美术编辑 李嘉彬
技术编辑 许克华

出版发行 厦门大学出版社
社　　址 厦门市软件园二期望海路39号
邮政编码 361008
总　　机 0592-2181111　0592-2181406（传真）
营销中心 0592-2184458　0592-2181365
网　　址 http://www.xmupress.com
邮　　箱 xmup@xmupress.com
印　　刷 厦门市金凯龙包装科技有限公司

开本　787 mm×1 092 mm　1/16
印张　19.75
字数　505 千字
版次　2024 年 10 月第 1 版
印次　2024 年 10 月第 1 次印刷
定价　78.00 元

本书如有印装质量问题请直接寄承印厂调换

厦门大学出版社
微信二维码

厦门大学出版社
微博二维码

前 言

车辆动力学研究的是车辆运行过程中的动态特性,其关系到整车的操纵稳定性、平顺性等性能指标,同时也可以为整车及零部件分析提供各种工况下的精确载荷谱,是研究疲劳耐久特性的前提。

本书以机械、车辆工程案例为主体,系统介绍相关部件和系统的建模与仿真,主要内容包含4部分:① 机械传动篇。系统介绍齿轮传动、皮带传动、链条传动与电动机。② 钢板弹簧篇。系统介绍3种不同方法对应的板簧模型建立,接触法、分段梁法、有限元柔性体法。③ 悬架篇。系统介绍横置板簧悬架、空间斜置扭杆弹簧推杆式悬架、非独立式平衡悬架。④ 机控联合仿真篇。系统介绍联合系统模型、算法及案例应用。

本书是高校院所高年级本科生、研究生及汽车工程研究院设计研发人员学习车辆系统动力学较好的资料,书中章节提供相关模型。

王孝鹏

2024 年 1 月 10 日

目 录

第1章 绪 论 ... 1
1.1 ADAMS 优势 ... 1
1.2 ADAMS 模块 ... 1

机械传动篇

第2章 齿轮传动 ... 9
2.1 直齿轮传动 ... 9
2.2 锥齿轮传动 ... 16
2.3 蜗轮蜗杆齿轮传动 ... 17
2.4 齿轮齿条传动 ... 17
2.5 准双曲面齿轮传动 ... 18
2.6 行星齿轮传动 ... 19

第3章 皮带传动 ... 24
3.1 滑 轮 ... 24
3.2 皮 带 ... 29
3.3 皮带驱动元 ... 32
3.4 五轴系皮带轮传动 ... 34

第4章 链条传动 ... 37
4.1 链 轮 ... 37
4.2 链 条 ... 42

  4.3 链条驱动元 43

第5章 电动机 45

  5.1 电动机 Curve Based 45
  5.2 连杆驱动仿真 49
  5.3 电动机 Analytical 50
  5.4 电动－链条－皮带耦合传动 53

钢板弹簧篇

第6章 钢板弹簧模型 59

  6.1 板簧工具箱介绍 60
  6.2 OG profile 60
  6.3 板簧模型 63
  6.4 板簧分析 67
  6.5 预载荷施加 69
  6.6 板簧模型装配 70
  6.7 转换模板 ADAMS/Car 71
  6.8 板簧悬架反向激振仿真 76

第7章 钢板弹簧模型——非线性梁 79

  7.1 非线性梁 79
  7.2 簧片接触力 90
  7.3 弹簧夹 91
  7.4 板簧模型约束 92
  7.5 板簧悬架通讯器 97
  7.6 反向激振实验 98

第8章 柔性体板簧模型 101

  8.1 壳单元板簧模态分析 101

8.2　壳单元板簧刚度测试 ... 106
8.3　实体单元板簧模型 ... 110
8.4　非接触式板簧模型 ... 113
8.5　装配式与整体式非接触式板簧刚度测试 ... 119

悬架篇

第 9 章　横置板簧悬架 ... 127
9.1　横置板簧前处理 ... 127
9.2　横置板簧 MNF ... 131
9.3　横置板簧双 A 臂悬架模型 ... 132
9.4　横置板簧悬架约束 ... 148
9.5　横置板簧悬架变量参数 ... 158
9.6　横置板簧悬架通讯器 ... 159
9.7　驱动轴显示组建 ... 164
9.8　单轮振动测试仿真 ... 166

第 10 章　空间斜置扭杆弹簧推杆式悬架 ... 168
10.1　前扭杆弹簧斜置式推杆悬架 ... 169
10.2　四轮定位参数对标 ... 193
10.3　刚度阻尼匹配 ... 194
10.4　后空间扭杆弹簧斜置式推杆悬架 ... 196
10.5　加速仿真 ... 198

第 11 章　非独立式平衡悬架 ... 203
11.1　纵向推杆式非独立平衡悬架 I ... 204
11.2　纵向推杆式非独立平衡悬架 II ... 228
11.3　V 形推杆式非独立平衡悬架 ... 229

机控联合仿真篇

第 12 章　麦弗逊悬架 PID 控制联合仿真 ... 241
12.1　麦弗逊悬架模型建立 ... 241
12.2　路面模型 ... 249
12.3　路面驱动方案一 ... 251
12.4　路面驱动方案二 ... 256
12.5　PID 控制器设计 ... 256
12.6　半主动悬架联合仿真 ... 257

第 13 章　双 A 臂悬架模糊 PID 控制联合仿真 ... 266
13.1　双 A 臂悬架模型 ... 266
13.2　双 A 臂半主动悬架 ... 269
13.3　模糊 PID 控制器设计 ... 273
13.4　双 A 臂半主动悬架联合仿真 ... 279

第 14 章　弯道制动联合仿真 ... 283
14.1　制动系统设置 ... 283
14.2　函数编写 ... 286
14.3　整车模型装配 ... 289
14.4　ADAMS/Controls 设置 ... 291
14.5　ADAMS 与 MATLAB 软件协同 ... 292
14.6　双模糊理论 ... 300
14.7　悬架辅助系统 ... 302
14.8　制动联合仿真模型 ... 303

参考文献 ... 305

第1章 绪 论

机械系统动力学自动分析（automatic dynamic analysis of mechanical systems，ADAMS）软件为系统动力学仿真软件，目前在国内外各大汽车厂商及相关研究院所均有应用。同物理样机试验相比，ADAMS软件仿真平台运行更快，更节约成本；在开发流程的每个阶段获得更完善的设计信息，从而降低开发风险；通过对大量的设计方案的分析，优化整个系统性能，提高产品质量；参数化模型方法可以多次变更参数进行分析，而无需更改试验仪器、固定设备以及试验程序；在安全的环境下工作，不必担心关键数据丢失或由于恶劣天气造成设备失效。

1.1 ADAMS优势

（1）可进行三维实体、弹性体碰撞和冲击分析。
（2）具有独特的摩擦、间隙分析功能。
（3）具备大型工程问题求解能力。
（4）具备极好的解算稳定性，支持单机多中央处理器（central processing unit，CPU）并行计算。
（5）支持系统参数化试验研究、优化分析的机械系统动力学分析软件。
（6）具有独特的振动分析功能，能分析机构任意运动状态下的系统振动性能。
（7）提供多学科软件接口，包括与计算机辅助设计（computer aided design，CAD）、有限元分析（finite element analysis，FEA）、控制系统设计（control system design，CSD）软件之间的接口。
（8）提供凝聚了丰富行业应用经验的专业化产品，是唯一经过大量实际工程问题验证的动力学软件，支持Windows、Linux以及UNIX操作系统。

1.2 ADAMS模块

ADAMS软件仿真平台拥有较多模块，此处仅介绍本书所涉及的模块，其他相关模块读者可以查阅Help帮助信息，同时Help帮助模块是学习ADAMS的最佳方式。本书主要系统介绍了机械传动（包括齿轮传动、皮带传动、链传动与电动机）、钢板弹簧建模、车辆悬架建模和机控联合仿真4部分内容。

1.2.1 View

View是ADAMS前/后处理的可视化环境，可建立机械系统的功能化数字样机模型,定义运动部件和约束关系,施加外力或强制运动,构建机械系统的仿真模型,并提供对仿真结果进行可视化观察的图形界面,可同时显示多次仿真结果的动画以及数据曲线,可以进行仿真数据的后处理及干涉碰撞检测等。MSC.ADAMS/View 还提供了一个多目标、多参数试验设计分析模块,它提供了各种不同的试验方法,并对所得到的结果进行数学回归分析,从而可以用最少的仿真次数得到产品性能与众参数之间的关系。图 1-1 所示为通用模块 View 中建立的参数化双横臂悬架模型。具体应用如下:

(1) 建立参数化三维实体模型,便于改进设计。

(2) 以 igs、dwg/dxf、stp、stl、slp、shl、obj 及 parasolid 等文件格式导入其他 CAD/CAM(computer-aided manufacturing,计算机辅助制造)/CAE(computer aided engineering,计算机辅助工程)软件生成的几何实体甚至整个装配系统。

(3) 可扩展的约束库、柔性连接库和力库。

(4) 提供二次开发功能,可以重新定制界面,便于实现设计流程自动化或满足用户的特殊需要。

(5) 计算结果的动画、曲线、彩色云图显示。

(6) 多窗口显示,最多可达 6 个,每一窗口可显示不同的结果或视图。

(7) 丰富的数据后处理功能[快速傅里叶变换(fast Fourier transform,FFT)、滤波、伯德图(Bode diagram)等]。

(8) 多种文件输出功能(AVI/MPG 动画文件、多种格式的图片文件、HTML 格式、表格输出等)。

(9) 输出进行有限元分析、物理实验及疲劳分析等的文件格式。

(10) 干涉碰撞、间隙检查。

(11) 数据曲线格式以及页面设置可以保存,方便实用研究。

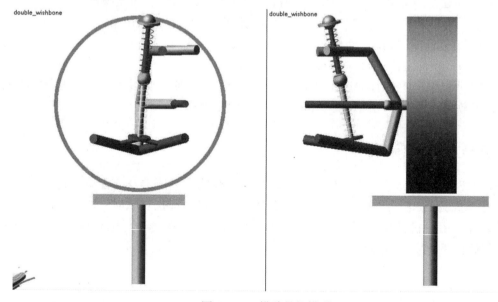

图 1-1　双横臂悬架模型

1.2.2　Car

Car 模块包括一系列的汽车仿真专用模块，用于快速建立功能化数字样车，并对其多种性能指标进行仿真评价。用 MSC.ADAMS/Car Package 建立的功能化数字样车可包括以下子系统：底盘（传动系、制动系、转向系、悬架）、轮胎和路面、动力总成、车身、控制系统等。用户可在虚拟的试验台架或试验场地中进行子系统或整车的功能仿真，并对其设计参数进行优化。MSC.ADAMS 汽车仿真工具含有丰富的子系统标准模板，以及大量用于建立子系统模板的预定义部件和一些特殊工具，通过模板的共享和组合，快速建立子系统到系统的模型，然后进行各种预定义或自定义的虚拟试验。图 1-2 所示为 Car 模块中，建立的横置板簧悬架 FSAE 赛车模型，采用横置板簧悬架模型后，FSAE 赛车整车高度可以降低 81.18 mm，整车的操纵稳定性大幅提升，同时整车底盘可以进行 16 种刚度组合调试。

1.2.2.1　Road

Road 可以集成到 MSC.ADAMS/Tire Handling 模块中，即 MSC.ADAMS/Tire 可以使用三维道路模型文件（.rdf），用户可以通过选择道路文件选择不同的道路。在 MSC.ADAMS/Car 和 MSC.ADAMS/Chassis 中可以方便地调用三维道路模型，并可以进行三维路面的仿真；在动画过程中，可以自动生成三维道路模型；如果三维道路需要跟踪轨迹能力，那么就需要使用适当的驾驶员控制文件（.dcf）和驾驶员控制数据文件（.dcd）确定驾驶员的输入参数和车辆的运动轨迹；当 MSC.ADAMS/3D Road 与 MSC.ADAMS/Car、MSC.ADAMS/Chassis 和 MSC.ADAMS/Driver 同时使用时，用户不必使用额外的驾驶员控制文件就可以确定车辆的行驶轨迹。连续减速带路面模型如图 1-3 所示。

图 1-2　FSAE 赛车模型　　　　图 1-3　连续减速带路面模型

1.2.2.2　Car Ride

Car Ride 模块为 MSC.ADAMS/Car 的即插即用模块，使用该模块，可快速完成悬架或整车的装配模型，然后利用该模块提供的舒适性分析试验台，可以快速模拟悬架或整车在粗糙路面上或在实际的振动试验台上所进行的各种振动性能试验；支持各种激励信号，包括实测的位移或载荷的时间历程信号；借助 SWIFT 轮胎模型，可以同时考虑轮胎对整车振动性能的影响；借助 MSC.ADAMS/Vibration 模块，还可以在频域进行分析。

1.2.2.3　Driver

Driver 可以模拟驾驶员的各种动作，如转弯、制动、加速、换挡及离合器操纵等。

当MSC.ADAMS/Driver与MSC.ADAMS/Tire同时使用时，工程师就可以同时分析在不平路面和山路等工况下三维路面的驾驶性能。Driver通过定义驾驶员的行为特性确定车辆的运动性能变化，可以明确区分赛车驾驶员和乘用车驾驶员，甚至定义某个特定驾驶员的驾驶习惯特性，这样用户就可以确定各种驾驶行为，如稳态转向、转弯制动、双移线试验、横向风试验和不同路面附着系数 μ 的制动试验。应用上述信息，MSC.ADAMS/Driver和MSC.ADAMS/Solver进行数据交换，确定方向盘转角或力矩、油门踏板的位置、制动踏板上的作用力、离合器踏板的位置、变速器的挡位等进一步提高整车仿真置信度。Driver还具有自学习能力，能够根据车辆的动力学性能调整操纵行为或模拟实际驾驶员的操纵行为。当车辆使用了包括正、负反馈的控制系统时，如防抱死制动系统（antilock braking system，ABS）、四轮驱动系统、四轮转向系统、巡航驾驶系统等，该模块可以帮助工程师更好地优化汽车的性能。

1.2.2.4 操纵稳定性

汽车的操纵稳定性是指在驾驶者不感到过分紧张、疲劳的条件下，汽车能遵循驾驶者通过转向系及转向车轮给定的方向行驶，且当遭遇外界干扰时汽车能够抵抗干扰并保持稳定行驶的能力。汽车的操纵稳定性是汽车最重要的性能之一，它不仅仅代表汽车驾驶的操纵方便程度，更是决定高速汽车安全行驶的一个主要性能。评价操纵稳定性的指标有多个方面，如稳态回转特性、瞬态响应特性、回正性、转向轻便性、典型行驶工况的性能和极限行驶能力等。基于View模块建立的整车模型如图1-4所示。

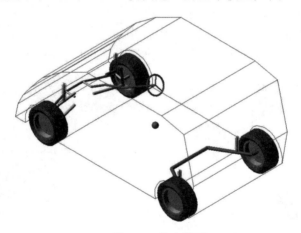

图1-4　整车模型

1.2.3　ViewFlex

ViewFlex模块是集成在ADAMS/View中的自动柔性体生成工具，它使得ViewFlex不必离开ADAMS环境即可创建柔性体，并且不需要借助任何其他有限元软件，就能让有关柔性体的仿真分析比传统方式更流畅、更高效。ViewFlex可以通过外部环境（ABAQUS、ANSYS、NASTRAN、HYPERMESH等软件）导入模态中性文件对系统中的部件进行柔性化处理。ABAQUS软件导入的装配体叶片弹簧柔性体如图1-5所示。

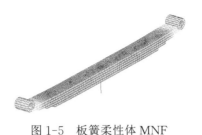

图 1-5　板簧柔性体 MNF

其功能特色：
(1) 在 ADAMS 环境下自动直接生成弹性体。
(2) 后台完成网格划分、求解、MNF 文件生成的流程。
(3) 由内置的 NASTRAN 求解。
(4) 流程高效、流畅。
(5) 高精确度。

1.2.4　Controls

Controls 模块将控制系统与机械系统集成在一起进行联合仿真。集成的方式有两种：一种是将 MSC.ADAMS 建立的机械系统模型集成入控制系统仿真环境中，组成完整的耦合系统模型进行联合仿真；另一种是将控制软件中建立的控制系统读入 MSC.ADAMS 的模型中进行全系统联合仿真。FSAE 赛车弯道制动系统联合仿真模型如图 1-6 所示。机控耦合系统优势如下：
(1) 机械系统中可以考虑各部件的惯性、摩擦、重力、碰撞和其他因素的影响。
(2) 与常用控制软件进行双向数据传递，包括 MSC Easy5、MATLAB 和 MATRIX。
(3) 支持联合仿真和函数估值两种模式。
(4) 通过状态方程支持连续和离散系统。
(5) 使控制系统工程师和机械系统工程师之间的交流更方便。
(6) 有效地求解机械、控制系统耦合模型。

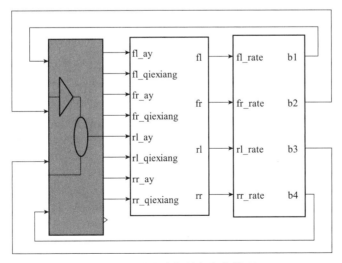

图 1-6　制动系统联合仿真模型

1.2.5 Truck

Truck 模块集成在 Car 模块中,以插件的形式可以在 Car 环境中随时调用。Truck 模块中有客车、货车及挂车模型,数据库中的公版模型主要为北美及欧洲卡车标准,整车、前后悬架及车身都不适用于我国的商用模型及客车。国内较多文献依然通过保持垂向刚度简化特性用公版模型对整车的性能进行各种分析,此处应保留谨慎态度,因为国内商用牵引车的悬架物理结构与公版模型完全不一致。采用 Car 模块建立的导向杆式平衡悬架如图 1-7 所示,在此基础上建立的 6×4 商用牵引车模型如图 1-8 所示。整车模型包含前非独立钢板弹簧悬架模型、右舵转向模型、车身模型、6 轮制动模型、发动机模型和导向杆式平衡悬架模型。读者可以在此整车模型基础上继续建立驾驶室、挂车及挂车制动系统等。商用车建模的难点在于钢板弹簧模型的建立及推杆式、导向杆式悬架集成参数的设定。

图 1-7 导向杆式平衡悬架　　　　图 1-8 6×4 商用牵引车

1.2.6 Solver

Solver 是 ADAMS 的核心解算器。其解算过程是:先自动校验模型,然后视模型情况自动进行各种类型的解算。求解过程中可以观察主要数据的变化以及机构的运动情况。MSC.ADAMS/Solver 同时提供了用于计算机械系统的固有频率(特征值)和振型(特征矢量)的专用工具。其具体功能如下:

(1) 使用欧拉-拉格朗日(Euler-Lagrange)方法自动形成运动学方程、空间坐标系及欧拉角、牛顿-拉夫森迭代法。

(2) 多种显式、隐式积分算法:刚性积分方法[基尔霍夫(Gear)型和修正的 Gear 型]、非刚性积分方法[龙格-库塔(Runge-Kutta)和 ABAM]和固定步长方法(constant_BDF),以及二阶希尔伯特-黄变换(Hilbert-Huang transform,HHT)和纽马克法(Newmark method)等积分方法。

(3) 多种积分修正方法:三阶指数法、稳定二阶指数法和稳定一阶指数法。

(4) 提供大量的求解参数选项供用户进一步调试解算器,以改进求解的效率和精度。

(5) Calahan 和 Harwell 线性化求解器。

(6) 支持用户自定义的子程序。

(7) 解算稳定,结果精确,经过大量实际工程问题检验。

机械传动篇

　　ADAMS/Machinery 机械传动系统可评估并管理运动、结构、驱动及控制有关的复杂系统部件间的相互作用，以便更好地优化产品设计的性能。ADAMS/Machinery 可充分整合到 ADAMS/View 环境中。它包含多个建模模块，与只具备通用标准 ADAMS/View 模型构建功能的软件相比，它能让用户更加快速地创建通用机械部件。ADAMS/Machinery 通过几何形状创建、子系统连接等自动化动作来引导用户进行预处理，使用户能够更加高效地创建一些通用的机械部件，同时还为通常所需的输出通道提供自动绘制图形及分析报告，以提升用户后处理效率。机械传动系统包括齿轮、皮带、链条、轴承、缆索、电动机、凸轮轴等模块。

第 2 章　齿轮传动

齿轮模块为那些需要预测齿轮副的设计和行为（如齿轮比、齿间隙预测）对整体系统性能的影响的工程师而设计；通过选择正齿轮（内部／外部）、螺旋齿轮（内部／外部）、锥形齿轮（直线和螺旋）、双曲线齿轮、蜗轮齿轮及齿条齿轮来确定齿轮类型；根据实际工作中心距和齿厚，采用接触建模方法来研究齿间隙；通过行星齿轮向导创建行星齿轮组；在后处理器中生成与齿轮有关的输出，以自动模型参数化为参考进行设计探查。

2.1　直齿轮传动

（1）启动 ADAMS/View。

（2）单击 Machinery ＞ Gear ＞ Create Gear Pair 命令，弹出创建齿轮副对话框，如图 2-1 所示。

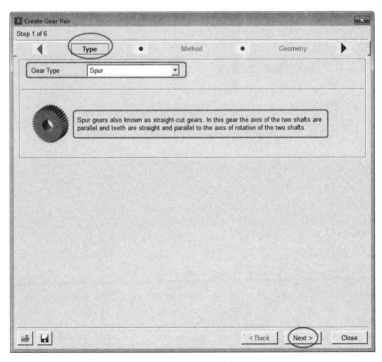

图 2-1　创建直齿轮副对话框 | Type

（3）选择 Type。

（4）Gear Type: Spur。

Gear Type 下拉菜单有 6 个选项：

① Spur（直齿轮）：正齿轮也是已知的直齿轮。在这个齿轮中，两个轴的轴线是平行的，齿是直的并且平行于两个轴的旋转轴线。

② Helical（斜齿轮）：当负载较重、速度较高或噪声必须较低时，主要使用斜齿轮。在斜齿轮中，齿的纵轴相对于轴的轴线倾斜。

③ Bevel（锥齿轮）：通常在轴的轴线相交时使用锥齿轮，它们的俯仰面是锥形，其锥轴与两个旋转轴相匹配。尽管锥齿轮通常在轴之间形成 90 度的角度，但它们几乎可以设计成任何角度。

④ Worm（蜗轮蜗杆传动）：当不交叉的交叉轴之间需要大的减速比时，使用蜗轮蜗杆传动，装置由大直径蜗轮组成，蜗杆与蜗轮外齿啮合。

⑤ Rack（齿轮齿条传动）：把齿轮的旋转运动转换为齿条的直线运动，齿轮可以为直齿轮或者斜齿轮，如齿轮齿条转向系统。

⑥ Hypoid（准双曲面齿轮）：准双曲面齿轮的特征在于小齿轮轴线偏离齿轮轴线的中心。它比螺旋锥齿轮更平稳，能更安静地传递旋转。

（5）完成 Type 界面的设置，单击 Next。

（6）Method：3D Contact，如图 2-2 所示。

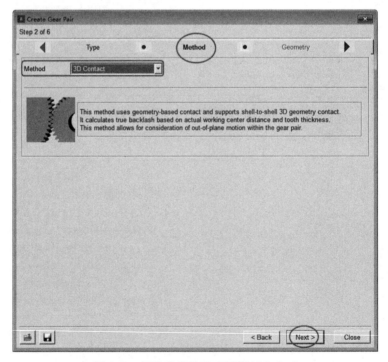

图 2-2 创建直齿轮副对话框 | Method

Method 下拉菜单有 2 个选项：

① 3D Contact：该方法采用基于几何的接触，支持壳对－三维几何接触，根据实际

工作中心距离和齿厚计算出真实齿隙，同时考虑了齿轮副内的平面外运动。

② Simplified：该方法可以分析并计算齿轮副之间的齿轮力和齿隙。当忽略摩擦时，这种方法非常有用。由于其具备分析能力，因此接触力计算很快。

（7）完成 Method 界面的设置，单击 Next。

（8）Geometry 界面保持默认设置，如图 2-3 所示，根据实际需求可以更改几何面板中的参数，单击 Next。

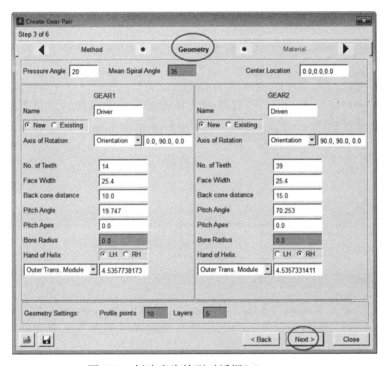

图 2-3 创建直齿轮副对话框 | Geometry

（9）切换到 Material 界面，如图 2-4 所示，选择 GEAR1。

① Define Mass By：Geometry and Material Type。

② Material Type：.materials.steel。

（10）选择 GEAR2。

① Define Mass By：Geometry and Material。

② Material Type：.materials.steel。

（11）完成 Material 界面的设置，单击 Next。

（12）切换到 Connection 界面，如图 2-5 所示，齿轮 GEAR1 和齿轮 GEAR2 与大地之间分别用旋转副约束，单击 Next。

（13）切换到 Completion 界面，如图 2-6 所示，单击 Finish，完成直齿轮的创建。

（14）单击 Motions > Rotational Joint Motion 命令。

（15）在图形窗口中选择旋转副 Driver_1.gear_revolute，完成旋转驱动的创建。

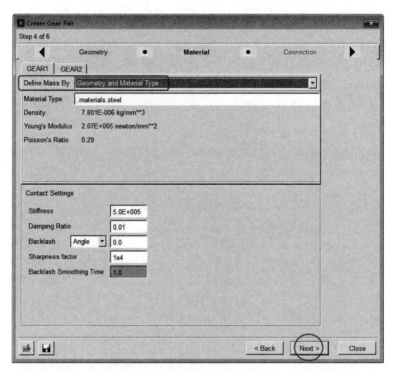

图 2-4　创建直齿轮副对话框 | Material

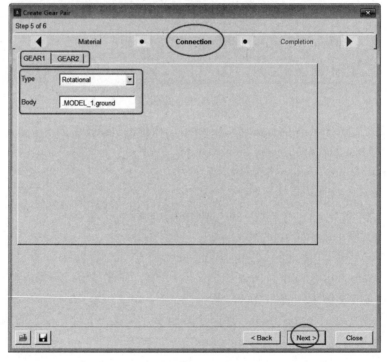

图 2-5　创建直齿轮副对话框 | Connection

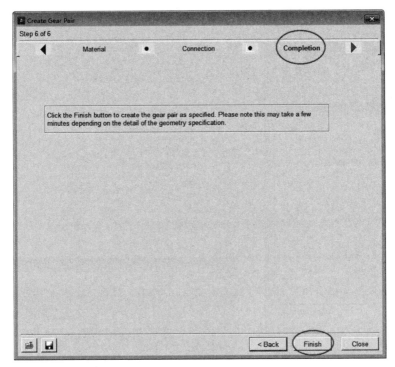

图 2-6　创建直齿轮副对话框 | Completion

(16) 单击 Tools > Database Navigator，弹出数据库对话框，如图 2-7 所示。

(17) 单击 Driver_1，选择 gear_revolute。

(18) 单击 Apply，弹出约束副信息窗口，如图 2-8 所示。

(19) 单击 Modify，弹出约束副修改窗口，如图 2-9 所示。

(20) 在约束副修改窗口中单击 Joint Friction，弹出摩擦系数修改窗口，如图 2-10 所示。

(21) Mu Static：0.2。

(22) Mu Dynamic：0.1。

(23) Modify Frication 中单击 OK。

(24) Modify Joint 中单击 OK。此时模型创建并设置完成，创建好的直齿轮传动副模型如图 2-11 所示。

(25) 单击 Simulation > Simulate 命令。

(26) End Time：5。

(27) Steps：500。

(28) 其余保持默认设置，单击 Start Simulation。

(29) 计算完成后，按 F8 切换到后处理模块。

绘制齿轮副在 3 个方向的受力及力矩，如图 2-12 至图 2-17 所示。从计算结果可以看出，齿轮的受力主要为齿间的接触冲击力。良好的加工精度及动平衡可以有效地抑制齿间的冲击，改善传动的平顺性。

图 2-7 数据库

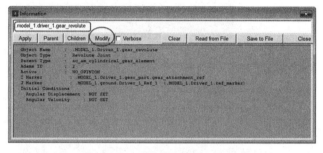

图 2-8 约束副信息窗口

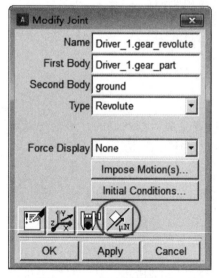

图 2-9 约束副修改窗口

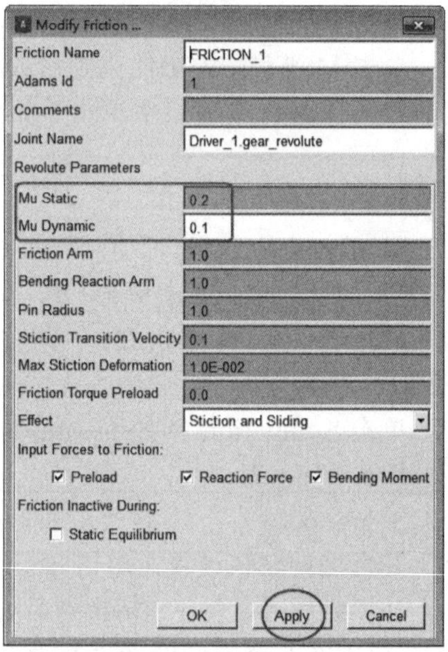

图 2-10 摩擦系数修改窗口

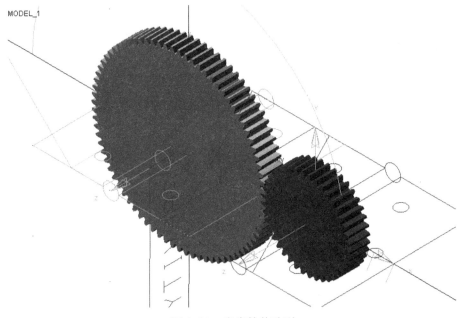

图 2-11 直齿轮传动副

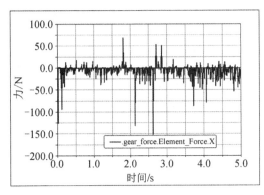

图 2-12 驱动齿轮 X 方向力

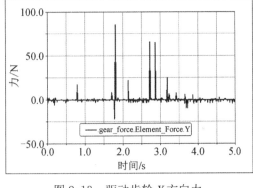

图 2-13 驱动齿轮 Y 方向力

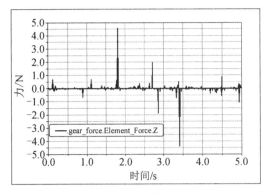

图 2-14 驱动齿轮 Z 方向力

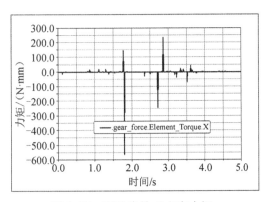

图 2-15 驱动齿轮 X 方向力矩

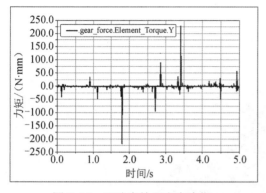

图 2-16　驱动齿轮 Y 方向力矩

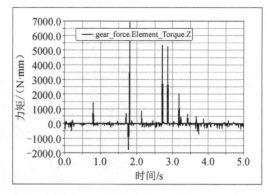

图 2-17　驱动齿轮 Z 方向力矩

2.2　锥齿轮传动

锥齿轮用来传递两相交轴之间的运动和动力。在一般机械中，锥齿轮两轴之间的交角等于 90°（可以不等于 90°）。锥齿轮有分度圆锥、齿顶圆锥、齿根圆锥和基圆锥；圆锥体有大端和小端，其对应大端的圆分别称为分度圆、齿顶圆、齿根圆和基圆。一对锥齿轮的运动相当于一对节圆锥做纯滚动。

锥齿轮的创建方法参考直齿轮，创建好的锥齿轮传动副如图 2-18 所示；后处理显示旋转角度，如图 2-19 和图 2-20 所示。

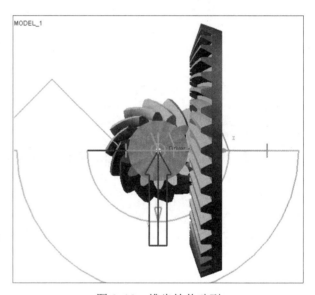

图 2-18　锥齿轮传动副

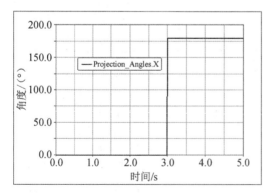

图 2-19　Driver_1 转动副 X 轴旋转投影角度

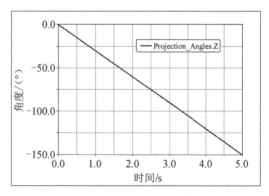

图 2-20　Driver_1 转动副 Z 轴旋转投影角度

2.3 蜗轮蜗杆齿轮传动

蜗轮蜗杆机构常用来传递两交错轴之间的运动和动力。蜗轮与蜗杆在其中间平面内相当于齿轮与齿条,蜗杆又与螺杆形状相似。蜗轮蜗杆机构的特点是传动比大,比交错轴斜齿轮机构紧凑;两轮啮合齿面间为线接触,其承载能力大大高于交错轴斜齿轮机构;蜗杆传动相当于螺旋传动,为多齿啮合传动,故传动平稳、噪声很小;当蜗杆的导程角小于啮合轮齿间的当量摩擦角时,机构具有自锁性,可实现反向自锁,即只能蜗杆带动蜗轮,而不能由蜗轮带动蜗杆,如在起重机械中使用的自锁蜗杆机构,其反向自锁性可起安全保护作用;当蜗轮蜗杆啮合传动时,啮合轮齿间的相对滑动速度大,故摩擦损耗大、效率低;蜗杆轴向力较大;主要应用于两轴交错、传动比大、传动功率不大或间歇工作的场合。

蜗轮蜗杆传动副的创建方法参考直齿轮,创建好的蜗轮蜗杆传动副如图2-21所示;后处理显示力、力矩,如图2-22和图2-23所示。

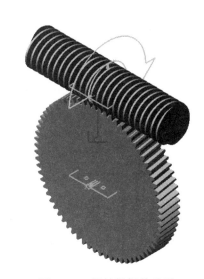

图 2-21 蜗轮蜗杆传动副

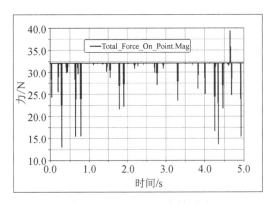

图 2-22 Driver_1 齿轮受力

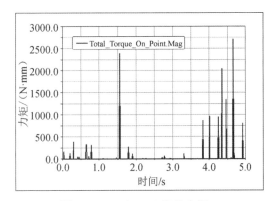

图 2-23 Driver_1 齿轮力矩

2.4 齿轮齿条传动

齿轮齿条在传动过程中有自己独有的运动特点,其与带传动相比主要优点有:① 传递动力大,为有效齿轮传动;② 齿轮传动用来传递任意两轴间的运动和动力,其圆周速度可达到 300 m/s，传递功率可达 105 kW，齿轮直径可从不到 1 mm 到 150 m 以上，是现代机械中应用最广的一种机械传动；③ 寿命长，工作平稳，可靠性高；④ 能保证恒定的传动比。其与带传动相比主要缺点有：① 制造、安装精度要求较高，因而成本也较高；② 不宜做远距离传动。

齿轮齿条传动副的创建方法参考直齿轮，创建好的齿轮齿条传动副如图 2-24 所示，后处理显示力、力矩，如图 2-25 和图 2-26 所示。

图 2-24 齿轮齿条传动副

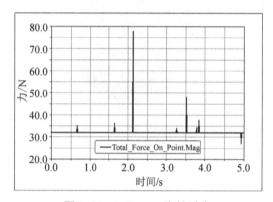

图 2-25 Driven_1 齿轮受力

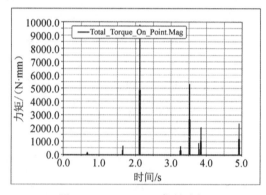

图 2-26 Driven_1 齿轮力矩

2.5 准双曲面齿轮传动

准双曲面齿轮指轴线偏置的锥齿轮，习惯称"双曲线齿轮"或"准双曲线齿轮"。准双曲面齿轮在汽车后桥总成开发中的重要性越来越受到开发者的重视，对齿轮的质量、传动的平稳性、承载能力及寿命方面的要求也越来越高。准双曲面齿轮由于齿面是复杂的曲面，很难得到比较精确的有限元模型。

准双曲面齿轮传动副的创建方法参考直齿轮，创建好的准双曲面齿轮传动副如图 2-27 所示；后处理显示力、力矩，如图 2-28 和图 2-29 所示。从计算结果看，准双曲面齿轮传动最大的优点是在传动过程中平顺性极好，齿间的接触冲击振动小，有利于提升零部件系统的疲劳特性及耐久特性。

图 2-27 准双曲面齿轮传动副

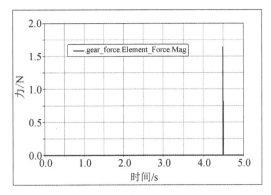

图 2-28 Driver_1_Driven_1 齿轮受力

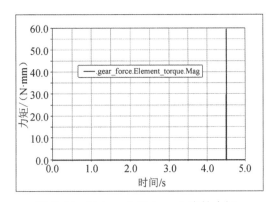

图 2-29 Driver_1_Driven_1 齿轮力矩

2.6 行星齿轮传动

与普通齿轮传动相比，行星齿轮传动具有许多独特优点，最显著的特点是在传递动力时可以进行功率分流，并且输入轴和输出轴处在同一水平线上。所以，行星齿轮传动现已被广泛应用于各种机械传动系统中的减速器、增速器和变速装置中，尤其是因其具有"高载荷、大传动比"的特点而在飞行器和车辆（特别是重型车辆）中得到大量应用。行星齿轮在发动机的扭矩传递上也发挥了很大的作用。发动机的转速扭矩等特性与路面行驶需求大相径庭，要把发动机的功率适当地分配到驱动轮，可以利用行星齿轮的上述特性来进行转换。汽车中的自动变速器也是利用行星齿轮的这些特性，通过离合器和制动器改变各个构件的相对运动关系而获得不同的传动比。行星齿轮的结构和工作状态复杂，其振动和噪声问题也比较突出，极易发生齿轮疲劳点蚀、齿根裂纹乃至齿轮或轴断裂等失效现象，从而影响到设备的运行精度、传递效率和使用寿命。

在包含行星齿轮的齿轮系统中，传动原理与定轴齿轮不同。由于存在行星架，因此可以有 3 条转动轴允许动力输入/输出，还可以用离合器或制动器之类的设备，在需要的时候限制其中一条轴的转动，只剩下两条轴进行传动。因此，互相啮合的齿轮之间的关系可以有多种组合：

（1）动力从太阳轮输入，从外齿圈输出，行星架通过机构锁死。
（2）动力从太阳轮输入，从行星架输出，外齿圈锁死。
（3）动力从行星架输入，从太阳轮输出，外齿圈锁死。
（4）动力从行星架输入，从外齿圈输出，太阳轮锁死。
（5）动力从外齿圈输入，从行星架输出，太阳轮锁死。
（6）动力从外齿圈输入，从太阳轮输出，行星架锁死。
（7）两股动力分别从太阳轮和外齿圈输入，合成后从行星架输出。
（8）两股动力分别从行星架和太阳轮输入，合成后从外齿圈输出。
（9）两股动力分别从行星架和外齿圈输入，合成后从太阳轮输出。
（10）动力从太阳轮输入，分两路从外齿圈和行星架输出。
（11）动力从行星架输入，分两路从太阳轮和外齿圈输出。
（12）动力从外齿圈输入，分两路从太阳轮和行星架输出。

行星齿轮传动副的创建方法参考直齿轮，其中创建过程中 Geometry 界面稍有不同，设置如图 2-30 所示。界面分太阳轮、行星架、行星轮 3 块：

（1）Sun Gear：下方设置保持默认。
（2）Ring Gear：下方设置保持默认。
（3）Planet Gear：默认为 3，更改为 5，即行星齿轮传动副包含 5 个行星轮。
（4）单击 Next，其余保持默认直至 Finish，完成行星齿轮组的创建，如图 2-31 所示。
（5）单击 Motions＞Rotational Joint Motion 命令。
（6）黄色行星轮 planet_1_gear.gear_revolute 添加驱动。
（7）单击 Simulation＞Simulate 命令。
（8）End Time：5。
（9）Steps：500。
（10）其余保持默认设置，单击 Start Simulation。
（11）计算完成后，按 F8 切换到后处理模块，行星齿轮 planet_1、太阳轮、行星架受力及力矩变化特性曲线如图 2-32 至图 2-41 所示。

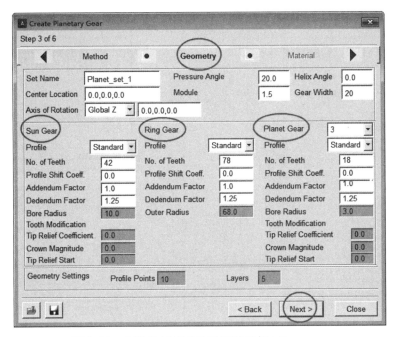

图 2-30　创建行星齿轮传动副对话框 | Geometry

图 2-31　行星齿轮传动副

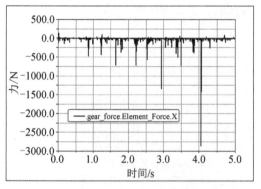

图 2-32 planet_1_to_ring X 方向受力

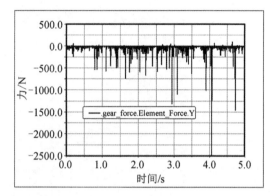

图 2-33 planet_1_to_ring Y 方向受力

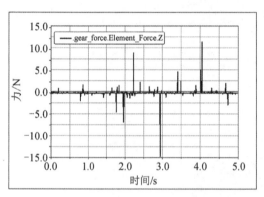

图 2-34 planet_1_to_ring Z 方向受力

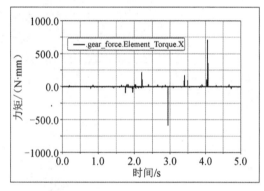

图 2-35 planet_1_to_ring X 方向力矩

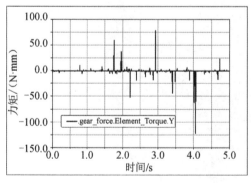

图 2-36 planet_1_to_ring Y 方向力矩

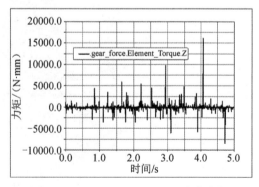

图 2-37 planet_1_to_ring Z 方向力矩

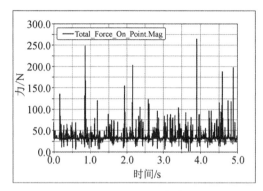

图 2-38 太阳轮合力

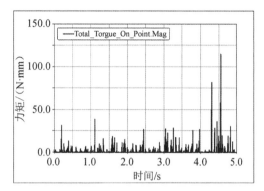

图 2-39 太阳轮合力矩

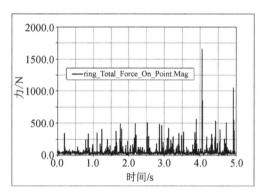

图 2-40 行星架合力

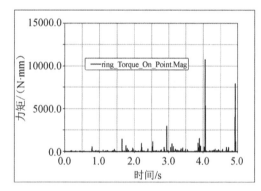

图 2-41 行星架合力矩

第 3 章　皮带传动

　　皮带模块可以预测皮带轮-皮带系统的设计和动态行为（如传动比、应变与载荷预测、合规性研究或者履带动力学），通过选择多 V 形槽皮带、梯形齿皮带及平滑带来确定皮带类型；采用二维联结建模方法来计算当旋转轴与全局轴（绝对坐标系）之一平行时段节与皮带轮之间的接触力；采用几何形状设置值来定义皮带轮的位置和几何参数；将张紧轮应用到皮带系统上，以便张紧额外的松弛度并控制皮带的走行；使用驱动元将作用力或者运动施加到皮带系统的任意皮带轮上。皮带传动是一种依靠摩擦力来传递运动和动力的机械传动。它的特点主要有：皮带有良好的弹性，在工作中能缓和冲击与振动，运动平稳无噪声；载荷过大时皮带在轮上打滑，因而可以防止其他零件损坏，起安全保护作用；皮带是中间零件，它可以在一定范围内根据需要来选定长度，以适应中心距要求较大的工作条件；结构简单，制造容易，安装和维修方便，成本较低。缺点是：靠摩擦力传动，不能传递大功率；传动中有滑动，不能保持准确的传动比，效率较低；在传递同样大的圆周力时，外廓尺寸和轴上受力都比齿轮传动等啮合传动大，皮带磨损较快，寿命较短。创建好的皮带传动如图 3-1 所示。

图 3-1　皮带传动

3.1　滑　轮

　　（1）启动 ADAMS/View。
　　（2）单击 Machinery > Belt > Create Pulleys，弹出创建滑轮界面，如图 3-2 所示，创建滑轮共包含 11 个子菜单界面，此时为 Type 界面。
　　（3）Belt System / Name：beltsys_1（默认皮带传动系统名称，可更改）。
　　（4）Pulley Set / Name：pulleyset_1（默认滑轮部件名称，可更改）。

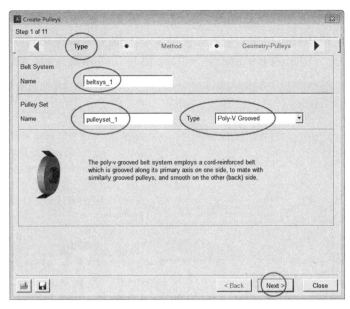

图 3-2　创建滑轮 | Type

（5）Type：Poly-V Grooved。

Type 下拉菜单有 3 个选项：

① Poly-V Grooved（多 V 形槽皮带）。

② Trapezoidal Toothed（梯形齿皮带或同步带）。

③ Smooth（平滑带）。

（6）单击 Next，切换到 Method 界面，如图 3-3 所示。

（7）Method：2D links。

Method 下拉菜单有 5 个选项：

① Constraint：此方法较简单，用于通过一个比率传输速度。当忽略了所涉及的力和分量，只考虑减速或加速时，使用该方法。因为它是一个理想的模型，所以滑轮只能表示为简单的圆盘。

② 2D links：皮带被约束到平面上。皮带采用刚性单元相互连接的平面零件段建模，并分析计算了段与滑轮之间的接触力。这种建模方法比三维连接要快，但旋转轴必须与全局轴之一平行。

③ 3D links：皮带被约束到平面上。皮带采用刚性单元相互连接的三维零件段建模，并通过分析计算段与滑轮之间的接触力。当旋转轴与全局轴不平行时使用此方法。

④ 3D links Nonplanar（非平面三维连接）：皮带采用刚性元件相互连接的三维零件段进行建模，并分析计算段与皮带轮之间的接触力。皮带可以横向穿过皮带轮，并适应皮带轮中的少量平面外偏移和错位。

⑤ 3D Simplified：代替大量的离散元件，皮带由一组具有创造性的零件、约束和力来表示，以重新呈现皮带的轴向柔度、弯曲、滚动和质量运输效果。因为它比离散化方法求解速度快得多，当皮带质量和阻力的影响可以忽略时使用该方法。当对横向带动力

学不感兴趣时,这些效果通常可以忽略。这种方法不支持连续、不受限制的闭环系统模拟;但对往复系统或某些闭环系统更好,其中模拟了最大滚子距离不超过几个跨度的带运动。

(8)单击 Next,切换到 Geometry-Pulleys 滑轮几何参数界面,如图 3-4 所示。

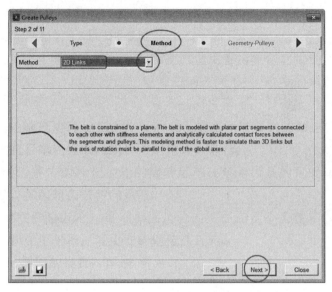

图 3-3　创建滑轮 | Method

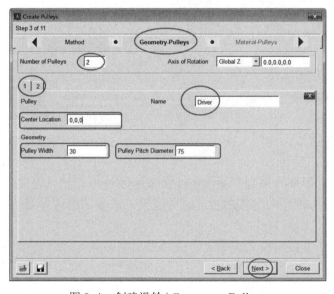

图 3-4　创建滑轮 | Geometry-Pulleys

(9) Number of Pulleys:2。皮带轮传动系统中包含两个滑轮,滑轮数量与下面的滑轮几何参数设置保持数量一致。

(10)单击 1。

(11) Name:Driver。

(12) Center Location：0，0，0。此处可以先建立参考点，然后依次选取。
(13) Pulley Width：30。
(14) Pulley Pitch Diameter：75。
(15) 单击 2。
(16) Name：Driven。
(17) Center Location：150，0，0。
(18) Pulley Width：30。
(19) Pulley Pitch Diameter：75。
(20) 单击 Next，切换到 Material-Pulleys 滑轮材料参数界面，如图 3-5 所示，保持默认设置。

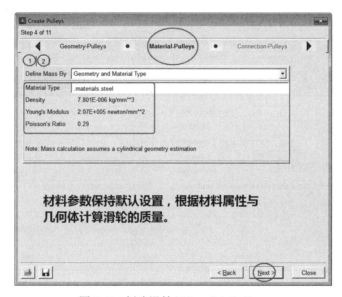

图 3-5　创建滑轮 | Material-Pulleys

(21) 单击 Next，切换到 Connection-Pulleys 滑轮约束参数界面。
(22) 单击 1。
(23) Type：Rotational。
(24) Body：.MODEL_1.ground，滑轮与大地之间采用转动副约束。
(25) 单击 2。
(26) Type：Rotational。
(27) Body：.MODEL_1.ground。滑轮与大地之间采用转动副约束。
(28) 单击 Next，切换到 Output-Pulleys 滑轮输出参数界面，保持默认设置。
(29) 单击 Next，切换到 Completion-Pulleys 滑轮完成参数界面，保持默认设置。
(30) 单击 Next，切换到 Geometry-Tensioners 张紧轮参数界面，如图 3-6 所示。

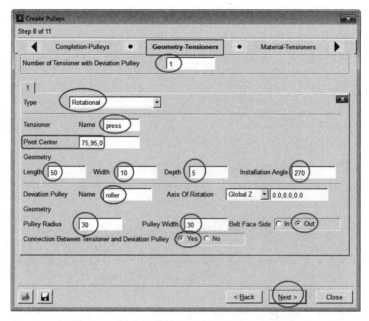

图 3-6 创建张紧轮 | Geometry-Tensioners

（31）Number of Tensioner with Deviation Pulley：1。

（32）Type：Rotational。

（33）Tensioner/Name：press。

（34）Pivot Center：75，95，0。

（35）Length：50。

（36）Width：10。

（37）Depth：5。

（38）Installation Angle：270。

（39）Deviation Pulley/Name：roller。

（40）Pulley Radius：30。

（41）Pulley Width：30。

（42）Belt Face Side：Out。

（43）Connection Between Tensioner and Deviation Pulley：Yes。

（44）单击 Next，切换到 Material-Tensioners 张紧轮材料参数界面，保持默认设置。

（45）单击 Next，切换到 Connection-Tensioners 张紧轮约束参数界面，如图 3-7 所示。

（46）Stiffness：1e5。

（47）Damping：100。

（48）Preload：0.0。

（49）单击 Next，切换到 Completion 参数设置。

（50）单击 Finish，完成滑轮、张紧轮的建模，如图 3-8 所示。

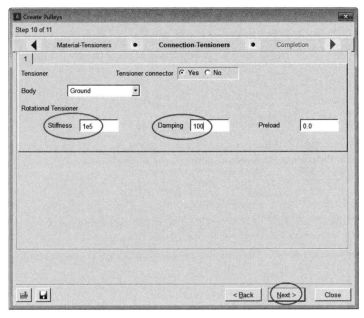

图 3-7　创建张紧轮 | Connection-Tensioners

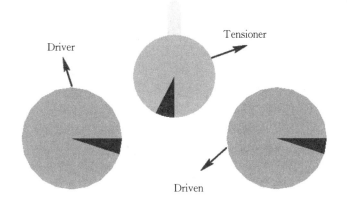

图 3-8　滑轮与张紧轮

3.2　皮　带

（1）单击 Machinery ＞ Belt ＞ Create Belt，弹出创建皮带界面，如图 3-9 所示，其共包含 7 个子菜单界面，此时为 Type 界面。

（2）Pulley Set/Name：pulleyset_1。通过 Pulley Set ＞ Guesses 选取已经创建好的滑轮。

（3）Belt System/Name：.MODEL_1.beltsys_1。系统自动默认命名。

（4）单击 Next，切换到 Method 界面。

（5）Method：2D links。

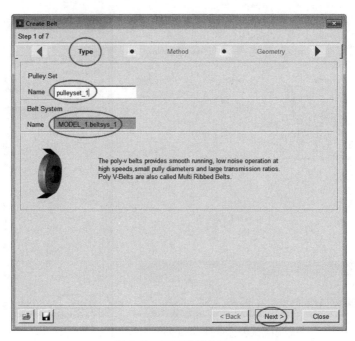

图 3-9 创建皮带 | Type

（6）单击 Next，切换到 Geometry 皮带几何参数界面，如图 3-10 所示。

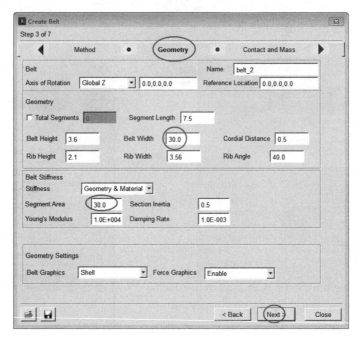

图 3-10 创建皮带 | Geometry

（7）Belt Width：30.0。
（8）Segment Area：30.0。

（9）单击 Next，切换到 Contact and Mass 皮带接触与质量参数界面，如图 3-11 所示，所有参数保持默认设置。

（10）单击 Next，切换到 Wrapping Order 皮带包裹顺序参数界面。

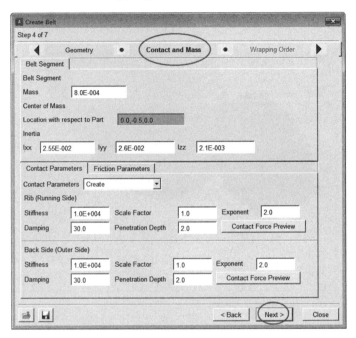

图 3-11　创建皮带 | Contact and Mass

（11）Wrapping Order：① pulleyset_1_Driver；② pulleyset_1dev_roller；③ pulleyset_1_Driven，注意输入顺序不能乱。

（12）单击 Next，弹出问题提示框，如图 3-12 所示，皮带共包含 72 个段块，单击 Yes，继续包裹皮带。皮带包裹完成后切换到 Output Request 输出请求界面。

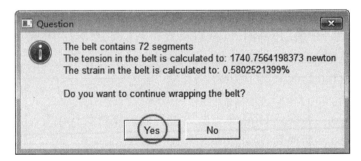

图 3-12　皮带创建问题提示框

（13）勾选 Segment Request。

（14）Link Part(s)：segment_57（皮带中第 57 个段块）。

（15）单击 Next，切换到 Completion 参数设置。

（16）单击 Finish，完成皮带的建模，如图 3-1 所示。

3.3 皮带驱动元

（1）单击 Machinery > Belt > Belt Actuation Input，弹出创建驱动元界面，如图 3-13 所示。创建驱动元共包含 5 个子菜单界面，此时为 Actuator 界面。

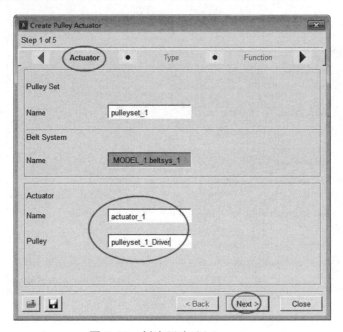

图 3-13　创建驱动元 | Actuator

（2）Actuator / Name：pulleyset_1。
（3）Pulley：pulleyset_1_Driver。
（4）单击 Next，切换到 Type 参数设置界面。
（5）Type：Motion。
（6）单击 Next，切换到 Function 参数设置界面，如图 3-14 所示。
（7）Function：User Defined。
（8）User Entered Func.：30.0*time。
（9）Direction：Anti Clockwise。
（10）单击 Next，切换到 Output 参数设置界面，保持默认设置。
（11）单击 Next，切换到 Completion 参数设置。
（12）单击 Finish，完成驱动元的创建。
（13）单击 Simulation > Simulate 命令。
（14）End Time：5。
（15）Steps：500。
（16）其余保持默认设置，单击 Start Simulation。
（17）计算完成后，按 F8 切换到后处理模块，皮带段块 57 所受轴向及法向接触力、驱动元转动角度及转动角速度如图 3-15 至 3-18 所示。

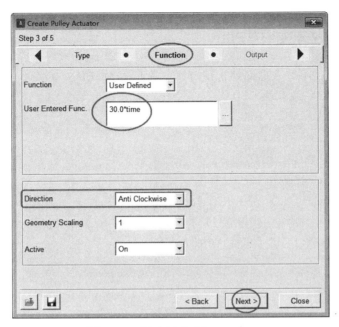

图 3-14 创建驱动元 | Function

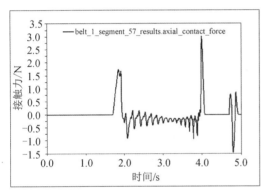

图 3-15 皮带段块轴向接触力

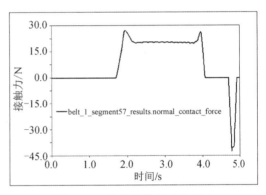

图 3-16 皮带段块法向接触力

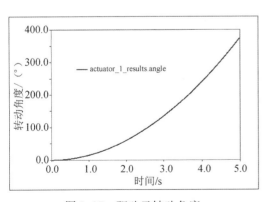

图 3-17 驱动元转动角度

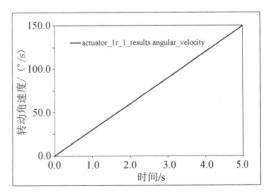

图 3-18 驱动元转动角速度

3.4 五轴系皮带轮传动

（1）工具条中选择参考点创建快捷方式，方向保持默认，创建6个参考点。
（2）参考点P1：-1400.0，550.0，0.0。
（3）参考点P2：-850.0，800.0，0.0。
（4）参考点P3：-300.0，750.0，0.0。
（5）参考点P4：0.0，500.0，0.0。
（6）参考点P5：-400.0，150.0，0.0。
（7）参考点T1：-850.0，350.0，0.0。
（8）创建滑轮与张紧轮，共包含11个界面，Step 1 of 11、Step 2 of 11 保持默认设置。
（9）切换到Step 3 of 11界面，如图3-19所示。

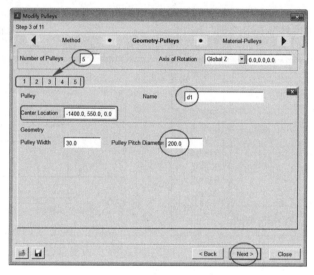

图3-19 五轴滑轮几何参数设置

（10）Number of Pulleys：5。皮带轮传动系统中包含5个滑轮，滑轮数量与下面的滑轮几何参数设置保持数量一致。
（11）单击1。
（12）Name：d1。
（13）Center Location：-1400.0，550.0，0.0。通过选取图形界面中的P1点获取位置信息。
（14）Pulley Width：30.0。
（15）Pulley Pitch Diameter：200.0。
（16）单击2。
（17）Name：d2。
（18）Center Location：-850.0，800.0，0.0。通过选取图形界面中的P2点获取位置信息。

（19）Pulley Width：30.0。

（20）Pulley Pitch Diameter：200.0。

（21）单击 3。

（22）Name：d3。

（23）Center Location：-300.0，750.0，0.0。通过选取图形界面中的 P3 点获取位置信息。

（24）Pulley Width：30.0。

（25）Pulley Pitch Diameter：200.0。

（26）单击 4。

（27）Name：d4。

（28）Center Location：0.0，500.0，0.0。通过选取图形界面中的 P4 点获取位置信息。

（29）Pulley Width：30.0。

（30）Pulley Pitch Diameter：300.0。

（31）单击 5。

（32）Name：d5。

（33）Center Location：-400.0，150.0，0.0。通过选取图形界面中的 P5 点获取位置信息。

（34）Pulley Width：30.0。

（35）Pulley Pitch Diameter：250.0。

（36）单击 Next，切换到 Step 8 of 11 参数设置。

（37）张紧轮与偏心滑轮几何建模参考图 3-6。

（38）Pivot Center：-850.0，350.0，0.0。通过选取图形界面中的 T1 点获取位置信息。

（39）Pulley Radius：200.0。

（40）单击 Next，直至完成剩余所有界面默认设置。

皮带和驱动元创建与两轴系皮带传动相似，皮带包裹依次按顺序选取 5 个滑轮和 1 个张紧轮，选择第 20 个皮带段块作为输出，建立好的五轴系皮带传动如图 3-20 所示，段块轴向与法向接触力如图 3-21 和图 3-22 所示，皮带张力如图 3-23 所示，驱动元旋转角度与力矩如图 3-24 和图 3-25 所示。模型存储于章节文件夹中。

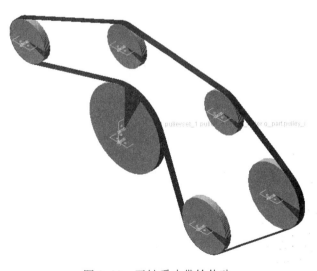

图 3-20　五轴系皮带轮传动

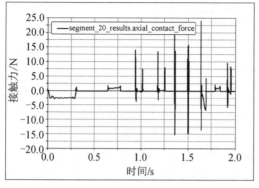
图 3-21 皮带段块轴向接触力

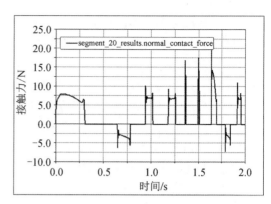
图 3-22 皮带段块法向接触力

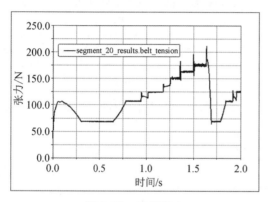
图 3-23 皮带张力

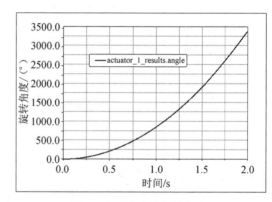
图 3-24 驱动元旋转角度

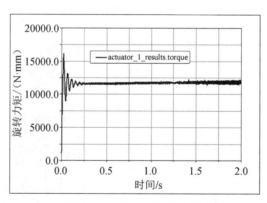
图 3-25 驱动元旋转力矩

第4章 链条传动

链条传动是一种通过链条将具有特殊齿形的主动链轮的运动和动力传递到从动链轮的传动方式。与皮带传动相比，链条传动无弹性滑动和打滑现象，平均传动比准确，工作可靠，效率高；传递功率大，过载能力强，相同工况下的传动尺寸小；所需张紧力小，作用于轴上的压力小；能在高温、潮湿、多尘、有污染等恶劣环境中工作。缺点是仅能用于两平行轴间的传动；成本高，易磨损，易伸长，传动平稳性差，运转时会产生附加动载荷、振动、冲击和噪声，不宜用在急速反向的传动中。链条传动仿真特点：① 通过选择滚子链和无声链来选择链类型；② 采用二维联结建模方法来计算当旋转轴与全局轴之一平行时链节与链轮之间的接触力；③ 将线性、非线性或高级合规性应用到滚子链上；④ 将枢轴、平移或固定导板应用到链系统上；⑤ 使用作用向导将作用力或者运动施加到链系统的任意链轮上。五轴系链条传动如图4-1所示。

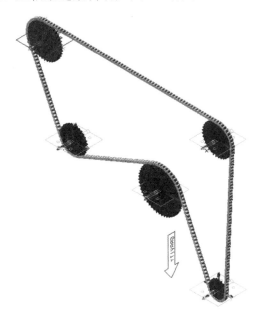

图4-1 五轴系链条传动

4.1 链 轮

（1）启动 ADAMS/View。

（2）单击 Machinery > Chain > Create Closed Loop Sprockets，创建链轮界面如图 4-2 所示。创建链轮共包含 11 个子菜单界面，此时为 Type 界面。

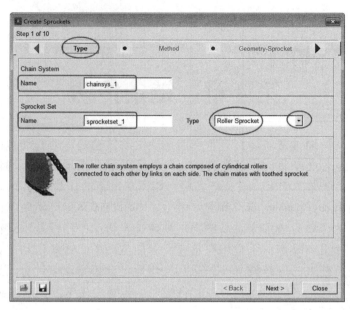

图 4-2 创建链轮 | Type

（3）Chain System / Name：chainsys_1（默认链条传动系统名称，可更改）。

（4）Sprocket Set / Name：sprocketset_1。

（5）Type：Roller Sprocket。

Type 下拉菜单有 2 个选项：

① Roller Sprocket：滚子链轮系统，采用由圆柱滚子组成的链条，每侧通过连杆相互连接。链条与带齿链轮配合。

② Silent Sprocket：无声链轮系统，也称为渐开链，采用由圆柱滚子组成的链条，圆柱滚子通过具有齿形轮廓的每个轴上的链节相互连接。链条与带齿链轮配合。

（6）单击 Next，切换到 Method 界面，如图 4-3 所示。

（7）Method：2D links。

Method 下拉菜单有 3 个选项：

① Constraint：一种用于通过比率传递速度的简单方法，当忽略所涉及的力和分量并且仅关注减速或加速时，使用此方法。

② 2D Links：链被约束到平面，该链条采用刚性单元相互连接的平面零件连杆进行建模，并对连杆、链轮和导轨之间的接触力进行分析计算。这种建模方法比三维链接模拟快，但旋转轴必须与全局轴之一平行。

③ 3D Links：链被约束到平面，该链条采用刚性元件相互连接的三维零件连杆进行建模，并通过分析计算得出连杆、链轮和导轨之间的接触力。当旋转轴与全局轴之一不平行时使用此方法。

（8）单击 Next，切换到 Geometry-Sprocket 链轮几何参数界面，如图 4-4 所示。

机械传动篇·第4章 链条传动

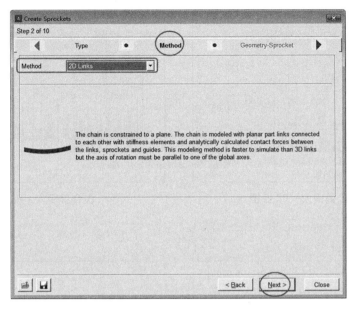

图 4-3 创建链轮 | Method

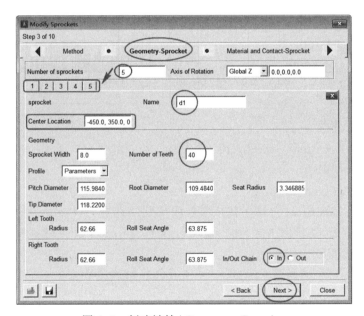

图 4-4 创建链轮 | Geometry-Sprocket

（9）Number of sprockets：5。链轮传动系统中包含 5 个链轮，链轮数量与下面的链轮几何参数设置保持数量一致。

（10）单击 1。

（11）Name：d1。

（12）Center Location：-450.0，350.0，0.0。此处可以先建立参考点，然后依次选取。

（13）Sprocket Width：8.0。

（14）Number of Teeth: 40。
（15）In/Out Chain: 勾选 In，其余参数保持默认设置。
（16）单击 2。
（17）Name: d2。
（18）Center Location: 150.0，350.0，0.0。
（19）Sprocket Width: 8.0。
（20）Number of Teeth: 35。
（21）In/Out Chain: 勾选 In，其余参数保持默认设置。
（22）单击 3。
（23）Name: d3。
（24）Center Location: 150.0，-100.0，0.0。
（25）Sprocket Width: 8.0。
（26）Number of Teeth: 20。
（27）In/Out Chain: 勾选 In，其余参数保持默认设置。
（28）单击 4。
（29）Name: d4。
（30）Center Location: -50.0，100.0，0.0。
（31）Sprocket Width: 8.0。
（32）Number of Teeth: 50。
（33）In/Out Chain: 勾选 Out，其余参数保持默认设置。
（34）单击 5。
（35）Name: d5。
（36）Center Location: -350.0，100.0，0.0。
（37）Sprocket Width: 8.0。
（38）Number of Teeth: 30。
（39）In/Out Chain: 勾选 In，其余参数保持默认设置。
（40）单击 Next，切换到 Material and Contact-Sprocket 链轮材料参数界面，如图 4-5 所示，保持默认设置。
（41）单击 Next，切换到 Connection-Sprocket 链轮约束参数界面。
（42）单击 1。
（43）Type: Rotational。
（44）Body: .MODEL_1.ground，链轮与大地之间采用转动副约束。
（45）单击 2。
（46）Type: Rotational。
（47）Body: .MODEL_1.ground。
（48）单击 3。
（49）Type: Rotational。
（50）Body: .MODEL_1.ground。

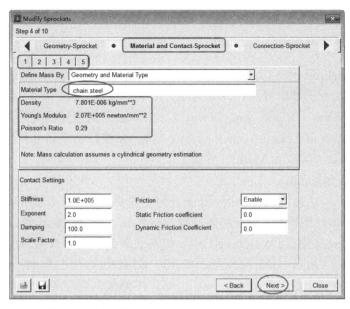

图 4-5　创建链轮 | Material and Contact-Sprocket

（51）单击 4。
（52）Type：Rotational。
（53）Body：.MODEL_1.ground。
（54）单击 5。
（55）Type：Rotational。
（56）Body：.MODEL_1.ground。
（57）单击 Next，切换到 Output-Sprocket 链轮输出参数界面，保持默认设置。
（58）单击 Next，切换到 Completion-Sprocket 链轮完成参数界面，保持默认设置。
（59）单击 Next，切换到 Geometry-Guide 链轮参数界面。
（60）Number of Guide：0。五轴系链轮传动不需要导链板。
（61）依次单击 Next，直至 Finish，完成链轮的建模，如图 4-6 所示。

图 4-6　链轮（左上角为驱动链轮，可通过参数修改链轮几何体颜色）

4.2 链条

(1) 单击 Machinery > Chain > Create Chain，弹出创建链条界面，如图 4-7 所示，创建链条共包含 8 个子菜单界面，此时为 Type 界面。

(2) Sprocket Set / Name：sprocketset_1，选取已经创建好的链轮系统名称。

(3) Chain System / Name：.chain.chainsys_1，系统默认链条名称。

(4) 单击 Next，切换到 Method 界面。

(5) Method：2D links。

(6) 单击 Next，切换到 Geometry 链条几何参数界面，如图 4-8 所示，保持默认设置。

(7) 单击 Next，切换到 Mass 链条质量参数界面，保持默认设置。

(8) 单击 Next，切换到 Wrapping Order 链条包裹链轮顺序参数界面，如图 4-9 所示。

(9) Wrapping Order：① sprocketset_1_d1；② sprocketset_1_d2；③ sprocketset_1_d3；④ sprocketset_1_d4；⑤ sprocketset_1_d5。注意输入顺序不能乱。

(10) 单击 Next，弹出问题提示框，如图 4-10 所示，链条共包含 257 个链条连接销，单击 Yes，继续包裹链条。需要注意的是，在包裹链条时可能会出现错误，这时需要调节 Geometry 界面中的 Chain Pitch 参数的大小，抑制链条连接时过大的误差所导致的错误。

(11) 皮带包裹完成后切换到 Output Request 输出请求界面。

(12) 勾选 Segment Request。

(13) Link Part(s)：link_1（链条中第 157 连接销）。

(14) 单击 Next，切换到 Completion 参数设置。

(15) 单击 Finish，完成链条的建模，如图 4-1 所示。

图 4-7　创建链条 | Type

图 4-8　创建链条 | Geometry

图 4-9 创建链条包裹链轮的顺序 | Wrapping Order

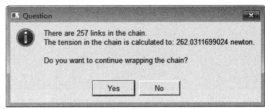

图 4-10 链条创建问题对话框

4.3 链条驱动元

（1）单击 Machinery > Chain > Create Sprocket Actuation Input，弹出创建链条驱动元界面，如图 4-11 所示。创建驱动元共包含 5 个子菜单界面，此时为 Actuator 界面。

（2）Actuator／Name：actuator_1。

（3）Sprocket：sprocketset_1_d1。

（4）单击 Next，切换到 Type 参数设置界面。

（5）Type：Motion。

（6）单击 Next，切换到 Function 参数设置界面，如图 4-12 所示。

（7）Function：User Defined。

（8）User Entered Func.：30.0*time。

（9）Direction：Anti Clockwise。

（10）单击 Next，切换到 Output 参数设置界面，保持默认设置。

（11）单击 Next，切换到 Completion 参数设置。

（12）单击 Finish，完成驱动元的创建。

（13）单击 Simulation > Simulate 命令。

（14）End Time：2。

（15）Steps：2000。

（16）其余保持默认设置，单击 Start Simulation。

（17）计算完成后（计算时间较长，建议采用服务器运行），按 F8 切换到后处理模块，链条 1 段所受接触力如图 4-13 所示，张力如图 4-14 所示；链轮 1 段受力及旋转参数如图 4-15 和图 4-16 所示。

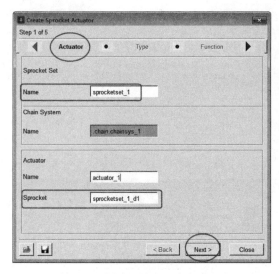

图 4-11　创建驱动元 | Actuator

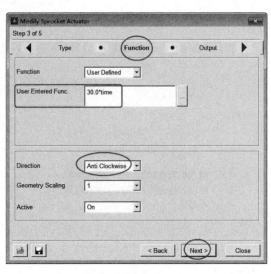

图 4-12　创建驱动元 | Function

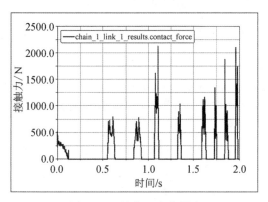

图 4-13　链条 1 段接触力

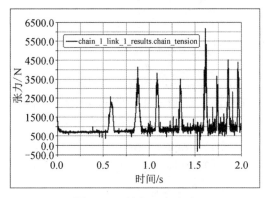

图 4-14　链条 1 段张力

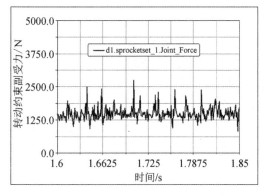

图 4-15　链轮 1 段转动约束副受力（放大局部曲线）

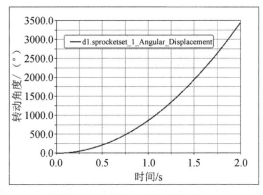

图 4-16　链轮 1 段转动角度

第 5 章 电动机

电动机（motor）是把电能转换成机械能的一种设备。它是利用通电线圈（定子绕组）产生旋转磁场并作用于转子形成磁电动力旋转扭矩。电动机按使用电源不同分为直流电动机和交流电动机，电力系统中的电动机大部分是交流电动机，可以是同步电动机或者是异步电动机（电机定子磁场转速与转子旋转转速不保持同步速）。电动机主要由定子与转子组成，通电导线在磁场中受力运动的方向跟电流方向和磁感线（磁场方向）方向有关。电动机的工作原理是磁场对电流受力的作用，使电动机转动。ADAMS/Machinery 电动机模块使工程师能够更加精确而轻松地表征电动机。针对不同的应用，选择不同的建模方法；使用分析方法时可从 DDC（并联或串联）、直流无刷电动机、步进电动机及交流同步电动机中进行选择；可采用外部方法，由 Easy5 或 MATLAB Simulink 来定义电机扭矩；计算所需的电机尺寸；预测电机扭矩对系统的影响；进行精密的位置控制；为其他机器部件获取真实驱动信号。电动机模型如图 5-1 所示。

图 5-1　电动机模型

5.1　电动机 Curve Based

（1）启动 ADAMS/View。
（2）单击 File > Import。
（3）File Type：Adams/View Command File（*.cmd）。
（4）File To Read：D:\MSC.Software\Adams_x64\2015\amachinery\examples\motor\Motor_Start.cmd。Motor_Start.cmd 具体在 ADAMS 软件安装的硬盘目录中，此处采用直接导入，也可以直接在图形窗口中建立相关的连杆机构。在建立电动机过程中，

首先建立被驱动机构，然后才能建立电动机模型。文件导入如图 5-2 所示。导入后的连杆机构如图 5-3 所示，曲柄一端与大地通过转动副连接，另一端与连杆采用球形副连接；摇臂一端与大地通过转动副连接，另一端与连杆通过万向节连接。

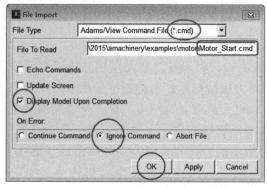

图 5-2　导入四连杆机构

图 5-3　连杆机构

（5）单击 Machinery > Motor > Create Motor 命令，弹出创建电动机对话框，如图 5-4 所示，创建电动机包含 6 个界面，此时为 Method 界面。

（6）Method：Curve Based。

（7）Curve Based：电动机转矩由用户提供的转矩 - 速度曲线定义。

（8）Analytical：电动机扭矩由下一个 PAG 上所选电动机类型的特定方程式集定义。

（9）External：电动机在 ADAMS/Controls 支持的任何软件外部建模。它通过外部系统库（ESL）导入模式或纳入 ADAMS 分析协同仿真模式。

（10）单击 Next，切换到 Motor Type 参数界面，保持默认设置。

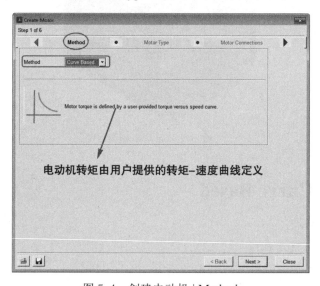

图 5-4　创建电动机 | Method

（11）单击 Next，切换到 Motor Connections 参数界面，如图 5-5 所示。

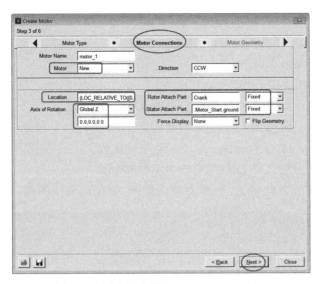

图 5-5 创建电动机 | Motor Connections

（12）Motor：New。

（13）Location：通过快捷方式选取（LOC_RELATIVE_TO（{0, 0, 0}，POINT_1）），也可以输入 Point1 点坐标 -35, 0, 0。

（14）Axis of Rotation：Global Z。

（15）Rotor Attach Part：Crank/Fixed，即曲柄与电动机转子通过固定副连接。

（16）Stator Attach Part：.Motor_Start. ground/Fixed，即定子（电动机壳体）与大地之间采用固定副连接。

（17）单击 Next，切换到 Motor Geometry 电动机几何参数界面，如图 5-6 所示。

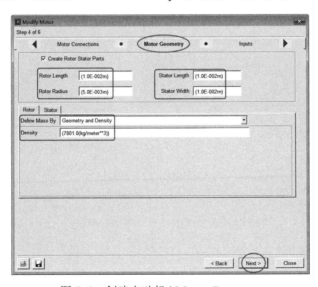

图 5-6 创建电动机 | Motor Geometry

（18）勾选 Create Rotor Stator Parts，创建电动机定子与转子几何体。

（19）Rotor Length：1.0E-002m。

（20）Rotor Radius：5.0E-003m。

（21）Stator Length：1.0E-002m。

（22）Stator Width：1.0E-002m。

（23）Define Mass By：选择 Geometry and Density。

（24）单击 Next，切换到 Inputs 参数界面，如图 5-7（a）所示；

（25）选择 Create Data Points；X、Y 列为默认数据，此数据可以用曲线形式表示，数据可以通过实验获取输入转换为真实的电动机特性。

（26）View as：Plot。此时 X、Y 列为默认数据，转换为曲线图形，如图 5-7（b）所示。

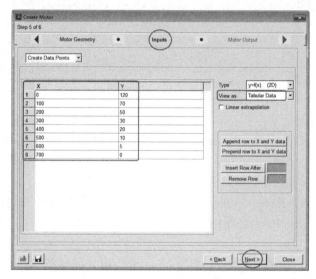

(a)

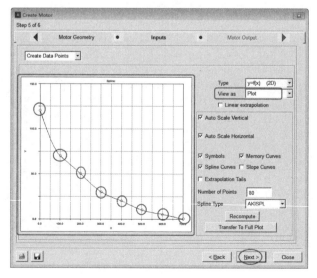

(b)

图 5-7　创建电动机 | Inputs

（27）单击 Next，切换到 Motor Output 参数界面，保持默认设置。

（28）单击 Finish，完成电动机创建，创建好的电动机驱动连杆模型如图 5-8 所示。

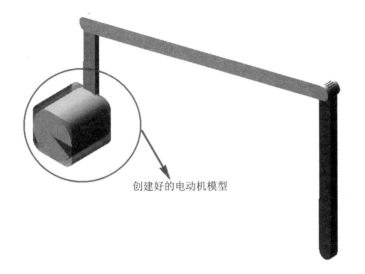

图 5-8　电动机驱动连杆模型

5.2　连杆驱动仿真

（1）单击 Simulation＞Simulate 命令。

（2）End Time：25。

（3）Steps：2500。

（4）其余保持默认设置，单击 Start Simulation。

（5）计算完成后，按 F8 切换到后处理模块，电动机及约束副计算参数结果如图 5-9 至图 5-16 所示。保存文件为 Motor_Start_link_Curve Based.bin。

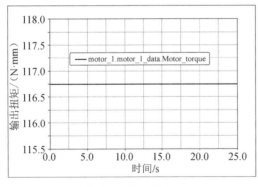

图 5-9　电动机输出扭矩

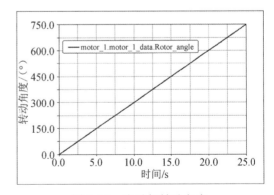

图 5-10　电动机转动角度

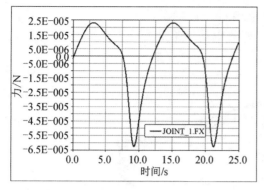

图 5-11 约束副 JOINT_1 X 方向受力

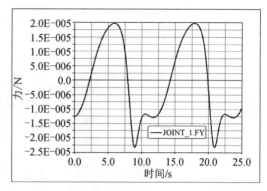

图 5-12 约束副 JOINT_1 Y 方向受力

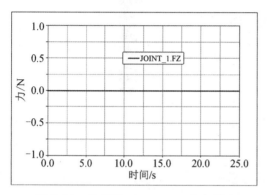

图 5-13 约束副 JOINT_1 Z 方向受力

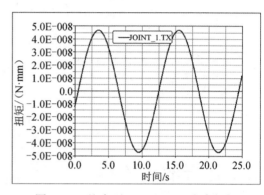

图 5-14 约束副 JOINT_1 X 方向扭矩

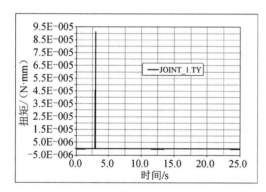

图 5-15 约束副 JOINT_1 Y 方向扭矩

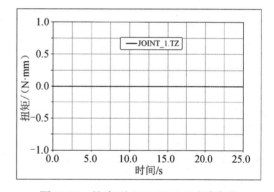

图 5-16 约束副 JOINT_1 Z 方向扭矩

5.3 电动机 Analytical

（1）打开 Motor_Start_link_Curve Based .bin。
（2）删除电动机模型，保留连杆机构。
（3）单击 Machinery > Motor > Create Motor 命令，弹出创建电动机对话框。
（4）Method：Analytical。

（5）单击 Next，切换到 Motor Type 参数界面，保持默认设置。

（6）Motor Type：DC，如图 5-17 所示。

Motor Type 下拉菜单有 4 个选项：

① AC synchronous（交流同步电动机）：交流同步电动机是一种在稳定状态下，轴的旋转与供电电流的频率同步的电动机。旋转周期精确地等于交流循环的整数倍。同步电动机的定子上装有电磁铁，产生一个磁场，该磁场随线电流的振荡而及时旋转。转子与磁场以相同的速度同步转动。

② DC（直流电动机）：直流电动机是由直流电源驱动的机械换向电动机，转子中的电流由换向器切换。串联和分流型直流电动机都可以用此选项表示。

③ Brushless DC（无刷直流电动机）：无刷直流电动机也被称为电子换向电动机。它们是同步电动机，由直流电源通过集成开关电源供电，产生交流电信号驱动。对于专门设计用于在转子经常停止在规定角度位置的模式下运行的电动机，使用步进电动机选项代替。

④ Stepper（步进电动机）：步进电动机是一种无刷同步电动机，它将数字脉冲转换为机械轴旋转。步进电动机每转一圈，分成若干步，每转一步，电动机必须发出单独的脉冲。步进电动机提供了一种不使用反馈传感器的精确定位和速度控制方法。

（7）单击 Next，切换到 Motor Connections 参数界面设置，可参考图 5-5。

（8）单击 Next，切换到 Motor Connections 参数界面设置，可参考图 5-6。

（9）单击 Next，切换到 Motor Geometry 参数界面，保持默认设置。

（10）单击 Next，切换到 Inputs 参数界面设置，如图 5-18 所示。

（11）No. of Conductors：100。

（12）Flux Per Pole：0.025。

（13）Source Voltage（V）：12。

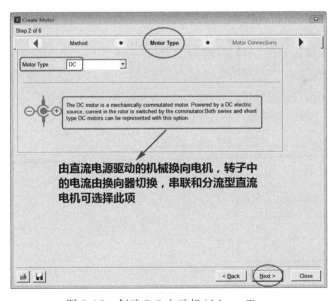

图 5-17　创建 DC 电动机 | Motor Type

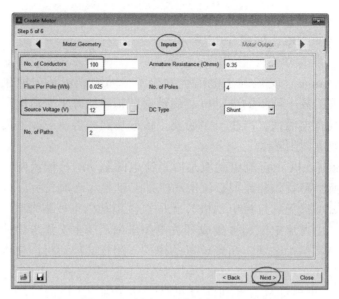

图 5-18　创建 DC 电动机 | Inputs

（14）No. of Paths：2。

（15）Armature Resistance（Ohms）：0.35。

（16）No. of Poles：4。

（17）DC Type：Shunt。

（18）单击 Next，切换到 Motor Output 参数界面，保持默认设置。

（19）单击 Finish，完成电动机创建，创建好的电动机（DC）驱动连杆模型可参考图 5-8。

（20）单击 Simulation ＞ Simulate 命令。

（21）End Time：1。

（22）Steps：1000。

（23）其余保持默认设置，单击 Start Simulation。

（24）计算完成后，按 F8 切换到后处理模块，电动机计算参数结果如图 5-19 至图 5-22 所示。保存文件为 Motor_Start_link_Analytical_DC .bin。

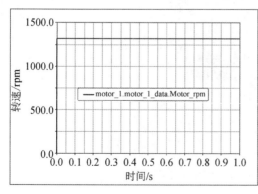

图 5-19　电动机转速

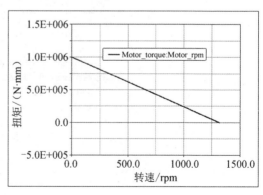

图 5-20　电动机扭矩 | 转速

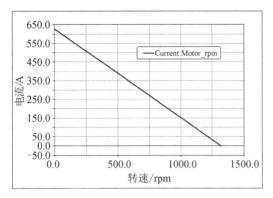
图 5-21 电动机电流与转速

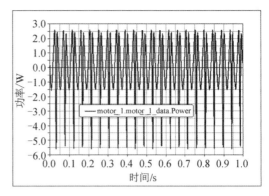
图 5-22 电动机功率

5.4 电动-链条-皮带耦合传动

工程上单一传动的案例相对较少，大多是不同传动副之间的耦合，如链条齿轮、皮带齿轮以及多种传动副之间的耦合。皮带传动与链条传动看似模型简单，其实非常复杂，属于接触范畴；皮带与链条包含多个皮带段块连接、链条销连接，传动距离越大，连接及接触的规模就越大，计算速度极为缓慢，有条件的推荐使用服务器计算。

电动-链条-皮带耦合传动建立好的模型如图 5-23 所示。建模过程中，先建立链轮、皮带轮及电动机定位的参考点，然后依次通过传动副模型建立链轮传动模型、皮带传动模型；链轮与皮带之间、电动机与链轮之间通过胡可副连接，最终建立电动机模型，仿真设置时长为 1s，步数为 1000，仿真结束后切换到后处理模型，链条、皮带、电动机计算参数如图 5-24 至图 5-32 所示，模型文件 ouhechuandong.bin 存储于章节文件中。

图 5-23 电动机-链条-皮带传动模型

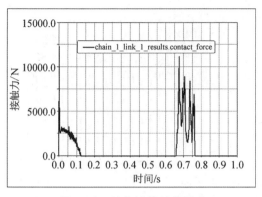

图 5-24 链条连接销接触力

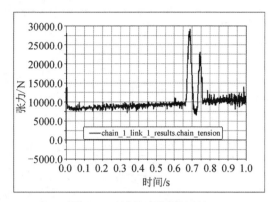

图 5-25 链条连接销张力

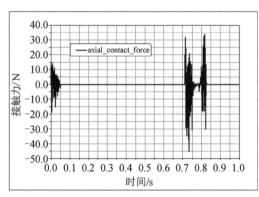

图 5-26 皮带轴向接触力

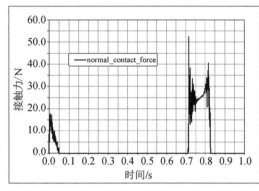

图 5-27 皮带法向接触力

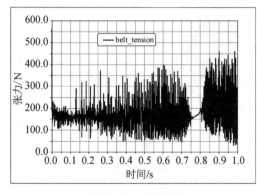

图 5-28 皮带张力

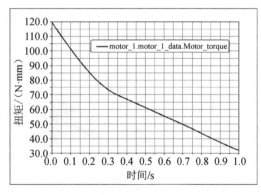

图 5-29 电动机扭矩特性

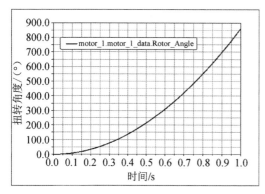
图 5-30 电动机转动角度

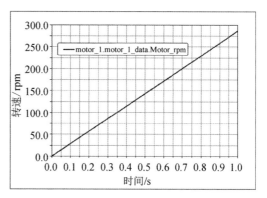
图 5-31 电动机转速

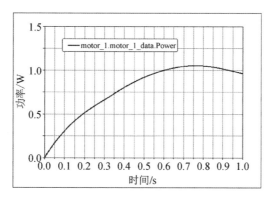
图 5-32 电动机功率

钢板弹簧篇

第6章 钢板弹簧模型

钢板弹簧是一种比较特殊的弹簧。板簧由不等长的簧片叠加而成,由于簧片之间有摩擦存在,在板簧运动过程中可以起到减震的作用,同时还可以作为导向机构保证车桥与车身之间的稳定连接。鉴于板簧的这些优点,在商用货车、农用车辆以及一些特种车辆中仍有使用。板簧建模的难点在于其非线性特性,即簧片之间的摩擦特性不能很好确定。板簧在研究过程中主要采用三段梁法、Beam(梁)法、有限元模态法。有限元模态法能较好地分析单片簧片的动态变形特性,采用模态中性文件 MNF 导入 ADMAS 中进行相关分析,结果精确,但计算量较大。需要注意的是,多片簧片叠加的板簧装配模型,由于装配体接触模态分析理论等仍不成熟,在分析中采用 MNF 的误差仍然较大,因为装配体的本质是把不同的簧片之间采用绑定,即整个板簧装配体为一个整体,忽略了簧片之间的摩擦移动,在路面较好、车身振幅过小环境下,原则上在垂向方向可以满足要求,除此之外误差较大。虽然有不少文献采用此方法对整车性能进行分析,仍需谨慎考虑其使用范围。与相关有限元专家沟通,两个物体以上的装配体接触模态计算结果不能保证,虽然有限元软件也能计算完成,但其是在初始变形状态下(后续并未继续变形)继续进行分析,结果并不能保证准确(采用 ABAQUS 软件进行相关模型验证)。SA 三段梁法是美国汽车工程学会 20 世纪 60 年代提出的对板簧的近似算法在 ADAMS 中的应用,它将板簧看成由中间的刚性钢板与两侧的简支梁构成,参数为板簧的径向扭转刚度,即采用轴套把刚性体与两端的简支梁连接起来,刚度特性可以通过实验测量。离散 Beam(梁)法采用无质量的柔性梁把离散刚体连接起来。Beam(梁)参数根据钢板弹簧界面形状与材料参数得出各簧片之间的接触力。利用 ADAMS 中的接触力定义中性面法可视为离散梁法。离散梁法建立的钢板弹簧与实际板簧模型接近,其精度较高,计算经济性好,综合特性优良。板簧几何模型如图 6-1 所示。

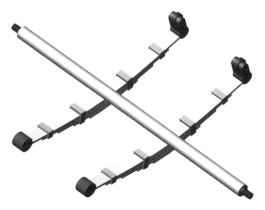

图 6-1 板簧几何模型

6.1 板簧工具箱介绍

Leafspring Toolkit 板簧工具箱是 ADAMS 2008 软件日本版提供的一个插件，能够建立由离散梁单元构成的高质量的板簧虚拟模型，并进行刚度分析、预加载和板簧模型装配，可以自动快速（或者手动添加相关通讯器，根据需要可以不建立驱动轴组件）地转换为 ADAMS/Car 模板。在装配好的板簧模型中，通过移动旋转板簧模型等可以建立双轴非独立悬架、可以添加转向系统构造前轴或者前双轴为转向轮，根据实际模型的物理结构可以自行拓展，实用性非常广阔。此插件的通用模块 View 和专业模块之间可以快速转换。本案例在 ADAMS/View 中建立 3 片板簧模型，再通过 cmd 文件转换导入 ADAMS/Car 中进行装配和添加通讯器（自动或者手动）。

（1）单击菜单 Tools ＞ Plugin Manager，弹出插件管理对话框。
（2）勾选 Leafspring Toolkit 后面的 Load、Load at Starup，在当前界面或启动软件时系统会自动加载插件。
（3）单击 OK，菜单栏上出现 Leaftool 菜单，在当前界面板簧工具箱加载完成。

6.2 OG profile

板簧的初始几何轮廓是通过平展的板簧的弯曲角度或者高度完成定义的。初始几何生成器根据输入的参数，会为每片板簧生成一组平展的梁单元，然后在弧高的测量点位置加上驱动，运行准静态分析后，平展的板簧可以变形为确定的弧高状态，即板簧前端与后端的形状完全相同，变形后板簧上表面内侧形状为初始几何轮廓。具体板簧的初始几何尺寸设置如图 6-2 所示。

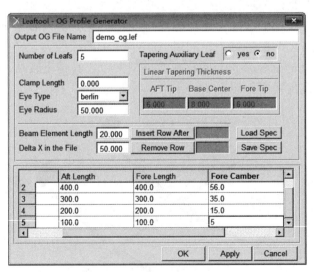

图 6-2　板簧几何创建对话框

（1）单击菜单 Leaftool ＞ OG Profile Generator，弹出板簧几何创建对话框。

（2）Output OG File Name：demo_og.lef。

（3）Number of Leafs：5。

（4）Clamp Length：0.000。

（5）Eye Type（卷耳类型，包括 none、berlin、up、down 4 种）：berlin。

（6）Eye Radius：50.000。

（7）Tapering Auxiliary Leaf(副簧厚度渐变)：no。板簧厚度渐变，需要定义板簧安装夹持中心、前端、后端的厚度，板簧从夹持中心到板簧前、后端的厚度呈线性变化。

（8）Aft Camber、Aft Length、Fore Length、Fore Camber、Thickness（需要注意板簧厚度是等厚度还是厚度渐变化）：5 片簧的初始几何参数见表 6-1。在创建板簧过程中，其中 Aft（Fore）Camber 参数比较难确定，需要根据经验多尝试几次几何模型，使初始几何参数达到最理想的状态。

表 6-1　板簧几何参数

Leafspring	Aft Camber	Aft Length	Fore Length	Fore Camber	Thickness
1	80.0	500.0	500.0	80.0	10.0
2	56.0	400.0	400.0	56.0	10.0
3	35.0	300.0	300.0	35.0	10.0
4	15.0	200.0	200.0	15.0	10.0
5	5.0	100.0	100.0	5.0	10.0

（9）Beam Element Length：20.000。

（10）Delta X in the File：50.000。

（11）Insert Row After：4。第 4 行之后插入一行。

（12）Remove Row：保持默认，不输入。

（13）Load Spec：保持默认，如有保存好的几何数据可以直接载入。

（14）Save Spec：输入完参数之后单击，另存为 banhuang_5pian.def。

（15）单击 OK，弹出板簧创建对话框，如图 6-3 所示。

（16）Model Name：LEAFSPRING_5pian。

（17）File Name：demo_og.lef，直接选择。

（18）# of leaf：5。

（19）Leaf width *1：60,60,60,60,60。

（20）# of aft（fore）-half parts 1：20,16,12,8,4。

（21）Leaf inactive length *1：0,0,0,0,0，在此不考虑板簧夹持的有效长度。

（22）Leaf offset *1：0,12.5,25,37.5,50，这样设置后，即夹持有限长度小区域附近簧片之间的间隙为 2.5 mm。

（23）Eye aft（fore）flag：Berlin。

（24）Eye aft（fore）diameter：50（40）。

（25）# of interleaf forces：3。

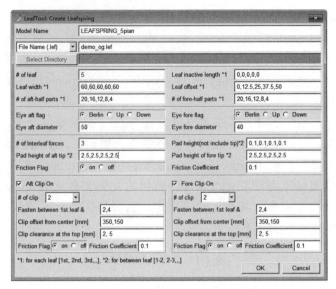

图 6-3 板簧创建对话框

（26）Pad height（not include tip）*2：0.1，0.1，0.1，0.1。

（27）Pad height of aft（fore）tip：2.5，2.5，2.5，2.5。

（28）Friction Flag：on。

（29）Friction Coefficient：0.1。

（30）勾选 Aft（Fore）Clip ON，在板簧模型上显示弹簧夹。

（31）# of clip：2。

（32）Fasten between 1st leaf &：2，4。

（33）Clip offset from center [mm]：350，150。

（34）Clip clearance at the top：2.5。

（35）Friction Flag：on。

（36）Friction Coefficient：0.1。

（37）单击 OK，弹出板簧连接创建对话框，如图 6-4 所示。

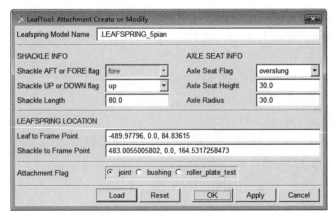

图 6-4 板簧连接创建对话框

6.3 板簧模型

（1）Leafspring Model Name：LEAFSPRING_5pian。

（2）Shackle AFT or FORE flag：fore。

（3）Shackle UP or DOWN flag：up。

（4）Shackle Length：80.0。

（5）Axle Seat Flag：overslung。

（6）Axle Radius：30.0。

（7）Axle Seat Height：30.0。

（8）Attachment Flag：joint，通过铰接副连接。bushing，通过轴套连接；roller_plate_test，通过实验研究定义的相关运动副。

（9）Leaf to Frame Point：右击 Pick location，在屏幕上选择卷耳中心点；x、y、z 坐标值可以修改。

（10）Shackle to Frame Point：右击 Pick location，在屏幕上选择吊耳中心点；x、y、z 坐标值可以修改。

（11）Load：推荐使用这种方式，此方式获取各参数与右击 Pick location 在屏幕上选择卷耳中心点的参数相同。

（12）Reset：恢复到初始状态，便于重新复制更新。

（13）单击 OK，完成单个板簧模型的创建。5 片簧模型如图 6-5 所示。

（14）单击菜单：Leaftool > Specify Parameters，弹出板簧参数修改对话框，板簧参数的设置如图 6-6 所示。勾选椭圆内的选项可以对里面的参数进行相关修改，其中衬套参数一般通过实验获取；簧片之间的摩擦系数很难通过实验获取，一般为经验值；板簧的材料参数通过查取相关材料的本构关系，需要对其进行修改；其他参数可以保持默认。簧片的材料是 60Si2Mn，弹性模量为 2.06E+5，剪切模量为 7.99E+4，泊松比为 0.29，密度为 7.74E-9。

（15）E Modulus：2.06E+005。

（16）G Modulus：7.99E+004。

（17）单击 OK，完成板簧模型的参数设置。

（18）单击 File > Save As 命令，保存为 LEAFSPRING_5pian 模板，如图 6-7 所示。

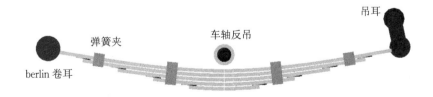

图 6-5 5 片簧模型

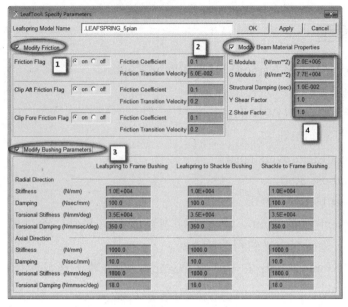

图 6-6 板簧参数修改对话框

图 6-7 保存板簧模型

用记事本格式打开 banhuang_5pian.lef 文件,文件中的参数是基于 Leaftool 的 GUI 操作结果,也可以直接在文件中修改相关的参数,然后保存于载入软件中,其效果与在软件中修改一样。直接在文件中修改相关参数速度较快,对于熟悉文件结构的人员推荐使用。文件中具体包含的 5 片板簧的详细参数如下:

```
$------------------------------------------------------------MDI_HEADER(标题)
[MDI_HEADER]
 FILE_TYPE     = 'ef'
 FILE_VERSION  = 1.0
 FILE_FORMAT   = 'ASCII'
$------------------------------------------------------------UNITS(单位)
[UNITS]
 LENGTH  = 'mm'
 ANGLE   = 'degrees'
 FORCE   = 'newton'
 MASS    = 'kg'
 TIME    = 'second'
```

```
$------------------------------------------LEAFSPRING_HEADER（板簧标题）
[LEAFSPRING_HEADER]
 NAME          =   'Administrator'
 TIMESTAMP     =   '2017/10/04,21:25:20'
 #_OF_LEAF     =   5
 DIMENSION     =   2
 HEADER_SIZE   =   10
(COMMENTS)
{comment_string}
'ADAMS/Car sample leafspring data'
$-------------------------------------LEAF_1（主簧，第一片簧参数）[LEAF_1]
{     x                z              thick}
   -489.97796       84.83615         10.00000
   -450.00000       74.36901         10.00000
   -400.00000       61.50054         10.00000
   -350.00000       49.15792         10.00000
   -300.00000       37.61883         10.00000
   -250.00000       27.14541         10.00000
   -200.00000       18.04074         10.00000
   -150.00000       10.49215         10.00000
   -100.00000        4.85369         10.00000
    -50.00000        1.23573         10.00000
      0.00000        0.00000         10.00000
     50.00000        1.23573         10.00000
    100.00000        4.85369         10.00000
    150.00000       10.49215         10.00000
    200.00000       18.04074         10.00000
    250.00000       27.14541         10.00000
    300.00000       37.61883         10.00000
    350.00000       49.15792         10.00000
    400.00000       61.50054         10.00000
    450.00000       74.36901         10.00000
    489.97796       84.83615         10.00000
$------------------------------------------LEAF_2（第二片簧参数）[LEAF_2]
{     x                z              thick}
   -394.57732       54.00000         10.00000
   -350.00000       44.83784         10.00000
   -300.00000       34.86157         10.00000
```

x	z	thick
-250.00000	25.51838	10.00000
-200.00000	17.17774	10.00000
-150.00000	10.10893	10.00000
-100.00000	4.72465	10.00000
-50.00000	1.21508	10.00000
0.00000	0.00000	10.00000
50.00000	1.21508	10.00000
100.00000	4.72465	10.00000
150.00000	10.10893	10.00000
200.00000	17.17774	10.00000
250.00000	25.51838	10.00000
300.00000	34.86157	10.00000
350.00000	44.83784	10.00000
394.57732	54.00000	10.00000

$--LEAF_3（第三片簧参数）[LEAF_3]
{   x   z   thick}

x	z	thick
-345.88675	43.00000	10.00000
-300.00000	34.45419	10.00000
-250.00000	25.51248	10.00000
-200.00000	17.32221	10.00000
-150.00000	10.30768	10.00000
-100.00000	4.84019	10.00000
-50.00000	1.26356	10.00000
0.00000	0.00000	10.00000
50.00000	1.26356	10.00000
100.00000	4.84019	10.00000
150.00000	10.30768	10.00000
200.00000	17.32221	10.00000
250.00000	25.51248	10.00000
300.00000	34.45419	10.00000
345.88675	43.00000	10.00000

$--LEAF_4（第四片簧参数）[LEAF_4]
{   x   z   thick}

x	z	thick
-298.69873	20.00000	10.00000
-250.00000	15.14382	10.00000
-200.00000	10.44127	10.00000
-150.00000	6.27833	10.00000
-100.00000	2.98973	10.00000

```
       -50.00000             0.78303            10.00000
         0.00000             0.00000            10.00000
        50.00000             0.78303            10.00000
       100.00000             2.98973            10.00000
       150.00000             6.27833            10.00000
       200.00000            10.44127            10.00000
       250.00000            15.14382            10.00000
       298.69873            20.00000            10.00000
$------------------------------------------LEAF_5（第五片簧参数）[LEAF_5]
{         x                    z                  thick}
      -199.32404            10.00000             8.00000
      -150.00000             6.17431             8.49500
      -100.00000             2.94587             8.99683
       -50.00000             0.76475             9.49847
         0.00000             0.00000            10.00000
        50.00000             0.76475             9.49847
       100.00000             2.94587             8.99683
       150.00000             6.17431             8.49500
       199.32404            10.00000             8.00000
```

6.4 板簧分析

板簧模型创建好之后，对其进行静态分析，验证其刚度特性，通过与实验刚度对比验证模型的正确性及准确性。如果实验条件受限，可以采用现有方法验证板簧的刚度。采用 ABAQUS 有限元元件能很好地模拟部件之间的接触特性，同时由于其非线性计算能力较强，其分析结果与实验结果接近，可以代替刚度试验验证板簧的正确性。

（1）单击菜单 Leaftool＞Analysis，弹出板簧分析对话框，如图 6-8 所示。

（2）Leafspring Model Name：.LEAFSPRING_5pian。

（3）Analysis Name：LEAF_ANALYSIS。

（4）Steps：20。同时勾选 Save Analysis。

（5）Attachment Flag：joint，通过铰接副连接。

（6）Applied Load Parameters：勾选 Vertical Fz（N），设置为 10000，其余参数保持默认。

（7）单击 Simulation，对板簧进行仿真，仿真完成后按 F8 进入后处理模块。

（8）单击菜单 Leaftool＞Leaftool Plot，弹出板簧图形绘制配置对话框，如图 6-9 所示。此对话框可以绘制板簧相关的 4 幅图形，如图 6-10 至图 6-13 所示，分别为板簧刚度曲线、阻尼系数曲线、状态曲线、位移曲线。其相对在后处理模块单独绘图要方便快捷。

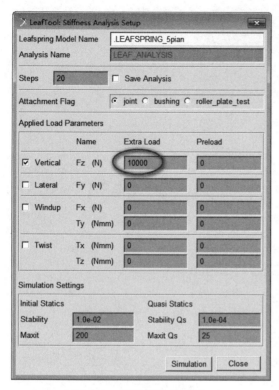

图 6-8 板簧分析对话框

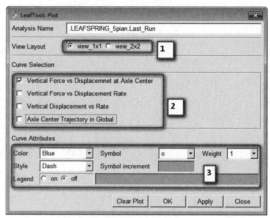

图 6-9 板簧图形绘制配置对话框

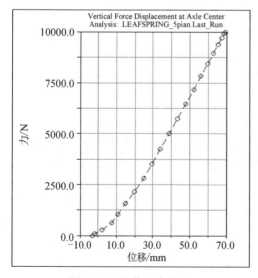

图 6-10 板簧刚度曲线

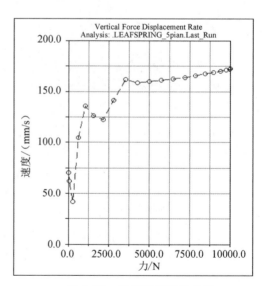

图 6-11 板簧阻尼系数曲线

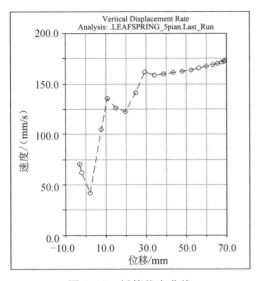

图 6-12 板簧状态曲线

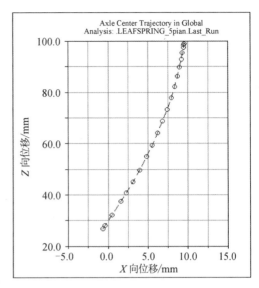

图 6-13 板簧位移曲线

（9）View Layout：View_1×1。

① view_1×1：显示单条曲线，与 Curve Selection 配合使用，可以单个勾选下列需要绘制的曲线，单击 Apply 在视窗上显示出对应的图形。

A. Vertical Force vs Displacement at Axle Center：板簧刚度曲线。

B. Vertical Force vs Displacement Rate：板簧阻尼系数。

C. Vertical Displacement vs Rate：板簧状态曲线。

D. Axle Center Trajectory in Global：板簧位移曲线。

② view_2×2：显示 4 条曲线。系统在绘制图形时会把 4 条曲线在视窗中全部显示出来。从图 6-10 可以看出，5 片簧装配体的刚度较大，约等于 142.9 N/mm。

（10）至此，单个板簧模型分析完成。实际车辆中板簧在装配过程中会存在一定的预载，簧片在分离状态下并非图片中的曲率，在力的作用下，一般在位移约束下装配好的板簧模型本身会存在预应力。本例板簧模型在装配好后不存在预应力，具有板簧的形而无其实质。

6.5 预载荷施加

如上所述，创建好的 5 片簧模型处于自由状态，实际车辆上的板簧在装配过程中存在预载荷，因此需要对自由状态的板簧施加预载荷，载荷的实际大小以整车处于静止状态的簧载质量在车轴的精确分配为主，可以通过平面平衡方程快速计算得出，关键是要确定整车质心的位置。

（1）单击菜单 Leaftool＞Preloaded Model，弹出板簧预载荷对话框，如图 6-14 所示。

（2）Leafspring Model Name：.LEAFSPRING_5pian。

（3）New Model Name：LEAF_PRELOADED_5pian。

（4）Attachment Flag：joint，通过铰接副连接。

(5) Vertical Load (N): 3000。
(6) Axle Center Location (x, y, z) (mm): 保持系统默认。
(7) Axle Center Height: 保持系统默认。
(8) 其余参数保持默认,单击 OK 完成板簧模型预载荷的施加。

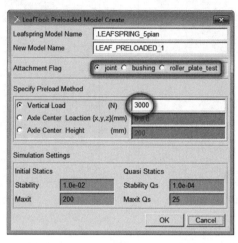

图 6-14 板簧预载荷对话框

6.6 板簧模型装配

板簧一般应用于非独立悬架上,需要将左右板簧通过一根轴连接起来。在装配过程中,板簧在车轴上的具体安装位置因车型不同而异,需要对其精确调整,因为其安装位置会影响整车的侧倾特性。

(1) 单击菜单 Leaftool > Leafspring Assembly,弹出板簧装配对话框,如图 6-15 所示。

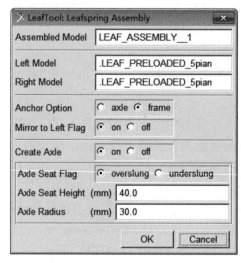

图 6-15 板簧装配对话框

（2）Left Model：.LEAF_PRELOADED_5pian。

（3）Right Model：.LEAF_PRELOA DED_5pian。

左右板簧模型也可以选择自由状态板簧模型 LEAFSPRING_5pian，在此全部选择装配预载荷模型.LEAF_PRELOADED_5pian。

（4）Anchor Option：选择 Axle。

Anchor Option 下拉菜单有 2 个选项：

① axle：根据车轴中心和安装高度定位板簧位置。

② frame：根据板簧到车架安装点和吊耳到车架安装点距离定位板簧位置。

（5）Mirror to Left Flag：on。

（6）Create Axle：on。

（7）Axle Seat Flag：overslung。

（8）Axle Radius：30.0。

（9）单击 OK 完成板簧模型装配，如图 6-1 所示。

板簧模型装配完成之后车轮的轮距为 1400 mm，板簧安装位置距离车轴对称中心为 200 mm。实际的板簧及车轮的轮距因不同的车型而不同，因此要对车轮的轮距及板簧的安装位置进行调整。在调整过程中采用 move 命令，选择所要移动的全部部件，根据实际距离进行偏移和旋转。

（10）单击 File ＞ Save As 命令，保存为 LEAFSPRING_5pian.bin 模板。

（11）单击 File ＞ Export 命令，File Type 选择 cmd 格式，输出完成后，在对应的文件夹中出现 LEAF_ASSEMBLY__5pian.cmd。

6.7 转换模板 ADAMS/Car

转换过程主要是通过添加通讯器及相关约束完成，此过程可以手动完成，自动创建好的悬架模型包括驱动轴及显示组件。驱动轴在仿真过程中并没有实际用处，删除相关部件、安装件、结构框等并不影响非独立悬架的正确仿真。

（1）启动 ADAMS/Car，转换到专家模板，单击 File ＞ Import 命令，File Type 选择 cmd 格式，File To Read 为 LEAF_ASSEMBLY__5pian.cmd，如图 6-16 所示。

（2）单击 OK，ASSEMBLY__5pian 模型导入 ADAMS/Car 中。

（3）单击菜单 Leaftool ＞Porting ADAMS/Car，弹出板簧转换对话框，如图 6-17 所示。

（4）Template Name：banhuang_5pian_asm。

（5）Option：Add Axle，装配模型中添加驱动轴。

（6）Attachment：U-bolt，车轴与板簧座采用约束连接。

（7）Wheel Gauge（mm）：1600。

（8）Axle Seat Height（mm）：30。

（9）单击 OK 完成板簧模型转换为 ADAMS/Car 中的模型，通过子系统建立及悬架装配可以进行悬架系统的仿真，也可以与转向系统相配仿真（需要在此悬架模型基础上建立转向的相关部件)。

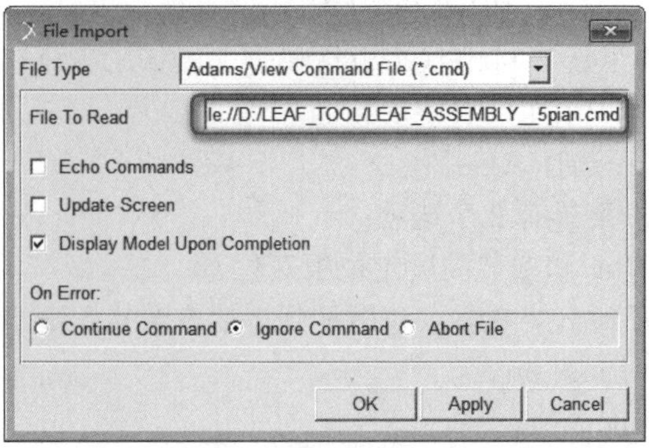

图 6-16 文件输入对话框

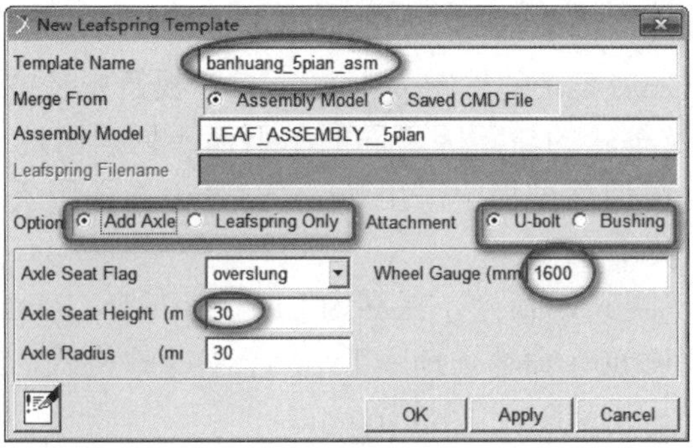

图 6-17 板簧转换对话框

非独立板簧悬架与悬架测试台通讯器进行匹配,匹配结果如下(在转换过程中,对需要添加的通讯器以及可以删除的通讯器进行标注):

```
!---- -- Matched communicators:----------------- 匹配的通讯器
Input Communicator Name:ci[lr]_tripot_to_differential
Located in:_banhuang_5pian_asm
Output Communicator Name:co[lr]_tripot_to_differential
Output from:__MDI_SUSPENSION_TESTRIG
Communicator Matching Name:tripot_to_differential
Input Communicator Name:ci[lr]_diff_tripot
Located in:__MDI_SUSPENSION_TESTRIG
Output Communicator Name:co[lr]_diff_tripot
Output from:_banhuang_5pian_asm
```

(1)以下通讯器可以删除,对应三脚架到变速箱部件及安装部件:

```
Communicator Matching Name:camber_angle
Input Communicator Name:ci[lr]_camber_angle
```

```
Located in:_MDI_SUSPENSION_TESTRIG
Output Communicator Name:co[lr]_camber_angle
Output from:_banhuang_5pian_asm
Communicator Matching Name:toe_angle
Input Communicator Name:ci[lr]_toe_angle
Located in:_MDI_SUSPENSION_TESTRIG
Output Communicator Name:co[lr]_toe_angle
Output from:_banhuang_5pian_asm
Communicator Matching Name:suspension_parameters_array
Input Communicator Name:cis_suspension_parameters_ARRAY
Located in:_MDI_SUSPENSION_TESTRIG
Output Communicator Name:cos_suspension_parameters_ARRAY
Output from:_banhuang_5pian_asm
```

（2）以下通讯器在设置悬架参数时自动创建：

```
Communicator Matching Name:wheel_center
Input Communicator Name:ci[lr]_wheel_center
Located in:_MDI_SUSPENSION_TESTRIG
Output Communicator Name:co[lr]_wheel_center
Output from:_banhuang_5pian_asm
Communicator Matching Name:suspension_mount
Input Communicator Name:ci[lr]_suspension_mount
Located in:_MDI_SUSPENSION_TESTRIG
Output Communicator Name:co[lr]_suspension_mount
Output from:_banhuang_5pian_asm
Communicator Matching Name:suspension_upright
Input Communicator Name:ci[lr]_suspension_upright
Located in:_MDI_SUSPENSION_TESTRIG
Output Communicator Name:co[lr]_suspension_upright
Output from:_banhuang_5pian_asm
```

（3）以下通讯器在悬架与试验台装配时起定位作用，需要添加：

```
Communicator Matching Name:driveline_active
Input Communicator Name:cis_driveline_active
Located in:_MDI_SUSPENSION_TESTRIG
Output Communicator Name:cos_driveline_active
Output from:_banhuang_5pian_asm
```

（4）以下通讯器可以删除，对应驱动轴的激活与抑制：

```
!--- -- Unmatched input communicators:---! 不匹配的输入通讯器
```

```
Input Communicator Name:cis_body
Class:mount
From Minor Role:any
Matching Name(s):body
In Template:_banhuang_5pian_asm
```

（5）以下通讯器需要添加：

```
Input Communicator Name:cis_testrig_flag
Class:parameter_integer
From Minor Role:any
Matching Name(s):testrig_flag
In Template:_banhuang_5pian_asm
Input Communicator Name:ci[lr]_jack_frame
Class:mount
From Minor Role:any
Matching Name(s):jack_frame
In Template:__MDI_SUSPENSION_TESTRIG
Input Communicator Name:cis_leaf_adjustment_steps
Class:parameter_integer
From Minor Role:any
Matching Name(s):leaf_adjustment_steps
In Template:__MDI_SUSPENSION_TESTRIG
Input Communicator Name:cis_powertrain_to_body
Class:mount
From Minor Role:any
Matching Name(s):powertrain_to_body
In Template:__MDI_SUSPENSION_TESTRIG
Input Communicator Name:cis_steering_rack_joint
Class:joint_for_motion
From Minor Role:any
Matching Name(s):steering_rack_joint
In Template:__MDI_SUSPENSION_TESTRIG
Input Communicator Name:cis_steering_wheel_joint
Class:joint_for_motion
From Minor Role:any
Matching Name(s):steering_wheel_joint
In Template:__MDI_SUSPENSION_TESTRIG
!--- -- Unmatched output communicators:---!不匹配的输出通讯器
```

```
Output Communicator Name:co[lr]_arb_bushing_mount
Class:mount
To Minor Role:sny
Matching Name(s):arb_bushing_mount
In Template:_banhuang_5pian_asm
Output Communicator Name:co[lr]_droplink_to_suspension
Class:mount
To Minor Role:sny
Matching Name(s):droplink_to_suspension
In Template:_banhuang_5pian_asm
Output Communicator Name:co[lr]_diff_tripot_ori
Class:orientation
To Minor Role:sny
Matching Name(s):diff_tripot_ori
In Template:_banhuang_5pian_asm
Output Communicator Name:cos_axle
Class:mount
To Minor Role:sny
Matching Name(s):axle
In Template:_banhuang_5pian_asm
Output Communicator Name:cos_leaf_adjustment_multiplier
Class:array
To Minor Role:any
Matching Name(s):leaf_adjustment_multiplier
In Template:__MDI_SUSPENSION_TESTRIG
Output Communicator Name:cos_characteristics_input_ARRAY
Class:array
To Minor Role:any
Matching Name(s):characteristics_input_array
In Template:__MDI_SUSPENSION_TESTRIG
```

6.7.1 板簧子系统建立

（1）把模板转换到标准模式，单击 File > New > Subsystem 命令。
（2）Subsystem Name：leafspring_5。
（3）Minor Role：front。
（4）Template Name：mdids://my_adams/templates.tbl/_banhuang_5pian_asm.tpl。
（5）单击 OK，完成 5 片簧装配体系统 leafspring_5 创建。

6.7.2 板簧装配模型

（1）单击 File > New > Suspension Assembly 命令。
（2）Assembly Name：leafspring_5_asm。
（3）Suspension Subsystem：mdids：//my_adams/subsystems.tbl/leafsping_5.sub。
（4）Suspension Test Rig：MDI_SUSPENSION_TESTRIG。
（5）单击 OK，完成非独立悬架模型的装配。视窗弹出如下装配信息（包含悬架不匹配的通讯器及悬架特征等）：

```
Creating the suspension assembly:'leafspring_5_asm'...
Moving the front suspension subsystem:'leafspring_5'...
Assembling subsystems...
Assigning communicators...
WARNING:The following input communicators were not assigned during assembly:
        leafsping_5.cis_body (attached to ground)
        leafsping_5.cis_testrig_flag
        testrig.cil_jack_frame (attached to ground)
        testrig.cir_jack_frame (attached to ground)
        testrig.cis_leaf_adjustment_steps
        testrig.cis_powertrain_to_body (attached to ground)
        testrig.cis_steering_rack_joint
        testrig.cis_steering_wheel_joint
Assignment of communicators completed.
Assembly of subsystems completed.
Suspension assembly ready.
```

6.8 板簧悬架反向激振仿真

悬架的两侧车轮在垂直方向以相反的方向运动，可以与转向系统装配仿真，仿真时可以设定转向的角度。双轮反向激振仿真主要用来模拟车辆在坑洼不平的路面上行驶时悬架系统的动态特征。

（1）单击 Simulate > Suspension Analysis > Opposite Travel 命令，弹出反向激振仿真对话框，如图 6-18 所示。
（2）Output Prefix：p2。
（3）Number of Steps：200。
（4）3 号方框中分别输入模块 80 与 -80，分别指上跳行程与回弹行程，其余参数保持默认。
（5）单击 OK，完成非独立悬架在 C 模式下的仿真，如图 6-19 所示。

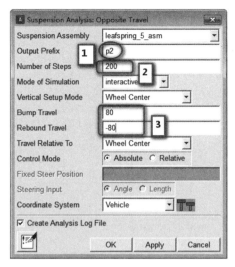

图 6-18 反向激振仿真对话框

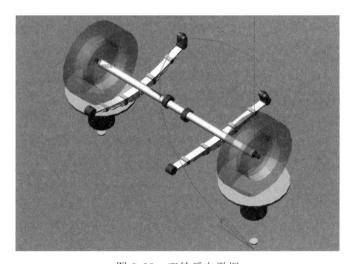

图 6-19 双轮反向激振

（6）按 F8，此时从标准模块进入后处理模块，绘制左右车轮上下反向跳动时定位参数的变换曲线。

（7）Simulation：p2_opposite_travel。

（8）单击 Data，在弹出的对话框中选择 Request＞wheel_travel；Component＞vertical left。

（9）单击 OK，把左侧车轮垂直输入（vertical left）作为横坐标。

（10）Filter：user defined。

（11）Request：分别选择 camber_angle、caster_angle。

（12）Component：同时选择 left、right。

（13）单击 Add Curves，绘制出 camber_angle、caster_angle 曲线，如图 6-20 和图 6-21 所示。

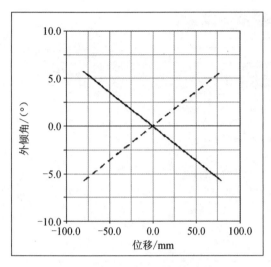 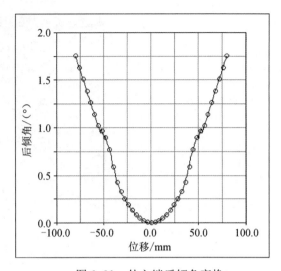

图 6-20　车轮外倾角变换　　　　图 6-21　外主销后倾角变换

第 7 章　钢板弹簧模型——非线性梁

钢板弹簧建模方法较多，推荐采用 Beam（梁）建立板簧模型，其综合特性较好。本章通过案例介绍 4 片叠加板簧模型的建立，建模的核心是非线性梁及接触的施加，接触重复施加过程需要谨慎，务必保证接触面的准确对应关系。另外，采用点面约束模拟弹簧夹，保证弹簧装配体在运动过程中接触面不产生分离，否则会导致在大载荷状态下模型计算错误。此案例主要讲解板簧的建模方法，商用车整车研发设计过程中需要保证板簧垂向刚度与实验刚度曲线准确吻合，此过程需要多次调试模型才能完成。建立好的 4 片板簧装配模型如图 7-1 所示。

图 7-1　4 片板簧装配模型

7.1　非线性梁

7.1.1　板簧硬点参数

（1）启动 ADAMS/Car，选择专家模块进入建模界面。
（2）单击 File > New 命令，弹出新建模板对话框，如图 7-2 所示。
（3）Template Name：my_leaf_4。Major Role：suspension。单击 OK。
（4）单击 Build > Hardpoint > New 命令，弹出创建硬点对话框，如图 7-3 所示。
（5）Hardpoint Name：p0。Type：left。Location：0.0，-1000.0，-125.0。
（6）单击 Apply，完成 p0 硬点的创建。重复硬点创建步骤，完成如下硬点参数的建立。

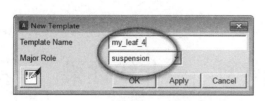

图 7-2 新建模板对话框

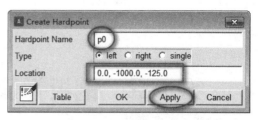

图 7-3 创建硬点对话框

```
hardpoint name      symmetry      x_value      y_value      z_value
--------------      --------      -------      -------      -------
a2                  left/right    -550.0       -600.0       0.0
a3                  left/right    -450.0       -600.0       0.0
a4                  left/right    -350.0       -600.0       0.0
a5                  left/right    -250.0       -600.0       0.0
a6                  left/right    -150.0       -600.0       0.0
a7                  left/right    -50.0        -600.0       0.0
a8                  left/right    0.0          -600.0       0.0
a9                  left/right    50.0         -600.0       0.0
a10                 left/right    150.0        -600.0       0.0
a11                 left/right    250.0        -600.0       0.0
a12                 left/right    350.0        -600.0       0.0
a13                 left/right    450.0        -600.0       0.0
a14                 left/right    550.0        -600.0       0.0
b3                  left/right    -450.0       -600.0       -30.0
b4                  left/right    -350.0       -600.0       -30.0
b5                  left/right    -250.0       -600.0       -30.0
b6                  left/right    -150.0       -600.0       -30.0
b7                  left/right    -50.0        -600.0       -30.0
b8                  left/right    0.0          -600.0       -30.0
b9                  left/right    50.0         -600.0       -30.0
b10                 left/right    150.0        -600.0       -30.0
b11                 left/right    250.0        -600.0       -30.0
b12                 left/right    350.0        -600.0       -30.0
b13                 left/right    450.0        -600.0       -30.0
c5                  left/right    -250.0       -600.0       -60.0
c6                  left/right    -150.0       -600.0       -60.0
c7                  left/right    -50.0        -600.0       -60.0
c8                  left/right    0.0          -600.0       -60.0
c9                  left/right    50.0         -600.0       -60.0
```

c10	left/right	150.0	-600.0	-60.0
c11	left/right	250.0	-600.0	-60.0
p0	left/right	0.0	-1000.0	-125.0
p1	left/right	-650.0	-600.0	30.0
p2	left/right	-550.0	-600.0	30.0
p3	left/right	-450.0	-600.0	30.0
p4	left/right	-350.0	-600.0	30.0
p5	left/right	-250.0	-600.0	30.0
p6	left/right	-150.0	-600.0	30.0
p7	left/right	-50.0	-600.0	30.0
p8	left/right	0.0	-600.0	30.0
p9	left/right	50.0	-600.0	30.0
p10	left/right	150.0	-600.0	30.0
p11	left/right	250.0	-600.0	30.0
p12	left/right	350.0	-600.0	30.0
p13	left/right	450.0	-600.0	30.0
p14	left/right	550.0	-600.0	30.0
p15	left/right	650.0	-600.0	30.0
p16	left/right	600.0	-600.0	250.0

（7）单击 Build > Suspension Parameters > Toe/Camber Values > Set 命令，弹出悬架参数对话框，如图 7-4 所示。前束角输入 0.0；外倾角输入 0.0；单击 OK，完成参数创建。与此同时，系统自动建立两个输出通讯器：col[r]_toe_angle、col[r]_camber_angle。

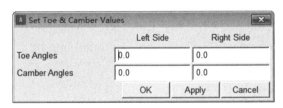

图 7-4　悬架参数对话框

（8）单击 Build > Construction Frame > New 命令，弹出创建结构框对话框，如图 7-5 所示。

（9）Construction Frame：._my_leaf_4.ground.cfl_wheel_center。

（10）Type：left。

（11）Coordinate Reference：._my_leaf_4.ground.hpl_p0。

（12）Location：0，0，0。

（13）Location in：local。

（14）Orientation Dependency：Toe/Camber。

（15）Variable Type：Parameter Variables。
（16）Toe Parameter Variable：._my_leaf_4.pvl_toe_angle。
（17）Camber Parameter Variable：._my_leaf_4.pvl_camber_angle。
（18）单击 Apply，完成._my_leaf_4.ground.cfl_wheel_center 结构框的创建。

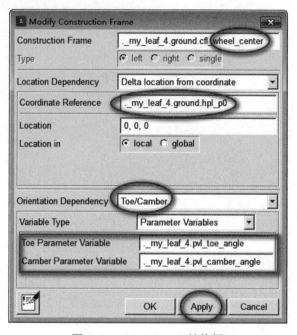

图 7-5　wheel_center 结构框

（19）Construction Frame：._my_leaf_4.ground.cfs_axle_center。
（20）Type：single。
（21）Centered between：Two Coordinates。
（22）Coordinate Reference #1：._my_leaf_4.ground.hpl_p0。
（23）Coordinate Reference #2：._my_leaf_4.ground.hpr_p0。
（24）Orient using：Euler Angles。
（25）Euler Angles：0，0，0。
（26）单击 Apply，完成._my_leaf_4.ground.cfs_axle_center 结构框的创建。
（27）Construction Frame：._my_leaf_4.ground.cfl_p1。
（28）Type：left。
（29）Coordinate Reference：._my_leaf_4.ground.hpl_p1。
（30）Location：0，0，0。
（31）Location in：local。
（32）Orientation Dependency：User-entered values。
（33）Orient using：Euler Angles。
（34）Euler Angles：0，0，0。

（35）单击 Apply，完成 ._my_leaf_4.ground.cfl_p1 结构框的创建。

（36）Construction Frame：._my_leaf_4.ground.cfl_p8。

（37）Type：left。

（38）Coordinate Reference：._my_leaf_4.ground.hpl_p8。

（39）Location：0，0，0。

（40）Location in：local。

（41）Orientation Dependency：User-entered values。

（42）Orient using：Euler Angles。

（43）Euler Angles：0，90，0。

（44）单击 Apply，完成 ._my_leaf_4.ground.cfl_p8 结构框的创建。

（45）Construction Frame：._my_leaf_4.ground.cfl_p15。

（46）Type：left。

（47）Coordinate Reference：._my_leaf_4.ground.hpl_p15。

（48）Location：0，0，0。

（49）Location in：local。

（50）Orientation Dependency：User-entered values。

（51）Orient using：Euler Angles。

（52）Euler Angles：0，90，0。

（53）单击 Apply，完成 ._my_leaf_4.ground.cfl_p15 结构框的创建。

（54）Construction Frame：._my_leaf_4.ground.cfl_p16。

（55）Type：left。

（56）Coordinate Reference：._my_leaf_4.ground.hpl_p16。

（57）Location：0，0，0。

（58）Location in：local。

（59）Orientation Dependency：User-entered values。

（60）Orient using：Euler Angles。

（61）Euler Angles：0，90，0。

（62）单击 OK，完成 ._my_leaf_4.ground.cfl_p16 结构框的创建。

（63）单击 Build > Suspension Parameters > Characteristics Array > Set 命令，此设置主要用于设置悬架的转向主销，如图 7-6 所示。

（64）Steer Axis Calculation：Instant Axis。

（65）Suspension Type：Dependent。

（66）Part：._my_leaf_4.gel_spindle。

（67）Coordinate Reference：._my_leaf_4.ground.cfl_wheel_center。

（68）单击 OK，完成悬架参数变量设置。

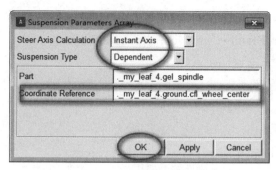

图 7-6　悬架参数变量设置

7.1.2　非线性梁部件

（1）单击 Build ＞ Part ＞ Nonlinear Beam ＞ New 命令，弹出创建非线性梁对话框，如图 7-7 所示。

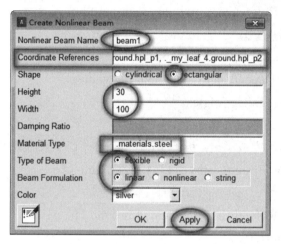

图 7-7　非线性梁部件 Beam1

（2）Nonlinear Beam Name：beam1。

（3）Coordinate Reference（依次输入如下硬点信息，硬点信息属性不能乱，右击鼠标选择 Pick 选取）：

```
[1]._my_leaf_4.ground.hpl_p1,
[2]._my_leaf_4.ground.hpl_p2,
[3]._my_leaf_4.ground.hpl_p3,
[4]._my_leaf_4.ground.hpl_p4,
[5]._my_leaf_4.ground.hpl_p5,
[6]._my_leaf_4.ground.hpl_p6,
[7]._my_leaf_4.ground.hpl_p7,
[8]._my_leaf_4.ground.hpl_p8,
```

```
[9]._my_leaf_4.ground.hpl_p9,
[10]._my_leaf_4.ground.hpl_p10,
[11]._my_leaf_4.ground.hpl_p11,
[12]._my_leaf_4.ground.hpl_p12,
[13]._my_leaf_4.ground.hpl_p13,
[14]._my_leaf_4.ground.hpl_p14,
[15]._my_leaf_4.ground.hpl_p15;
```

（4）Shape：rectangular。
（5）Height：30。
（6）Width：100。
（7）Material Type：.materials.steel。
（8）Type of Beam：flexible。
（9）Beam Formulation：linear。
（10）单击 Apply，完成 ._my_leaf_4.nrl_1_beam1 部件的创建。
（11）Nonlinear Beam Name：beam2。
（12）Coordinate Reference（依次输入如下硬点信息，硬点信息属性不能乱，右击鼠标选择 Pick 选取）：

```
[1]._my_leaf_4.ground.hpl_a2,
[2]._my_leaf_4.ground.hpl_a3,
[3]._my_leaf_4.ground.hpl_a4,
[4]._my_leaf_4.ground.hpl_a5,
[5]._my_leaf_4.ground.hpl_a6,
[6]._my_leaf_4.ground.hpl_a7,
[7]._my_leaf_4.ground.hpl_a8,
[8]._my_leaf_4.ground.hpl_a9,
[9]._my_leaf_4.ground.hpl_a10,
[10]._my_leaf_4.ground.hpl_a11,
[11]._my_leaf_4.ground.hpl_a12,
[12]._my_leaf_4.ground.hpl_a13,
[13]._my_leaf_4.ground.hpl_a14;
```

（13）Shape：rectangular。
（14）Height：30。
（15）Width：100。
（16）Material Type：.materials.steel。
（17）Type of Beam：flexible。
（18）Beam Formulation：linear。

（19）单击 Apply，完成 ._my_leaf_4.nrl_1_beam2 部件的创建。
（20）Nonlinear Beam Name：beam3。
（21）Coordinate Reference（依次输入如下硬点信息，硬点信息属性不能乱，右击鼠标选择 Pick 选取）：

```
    [1]._my_leaf_4.ground.hpl_b3,
    [2]._my_leaf_4.ground.hpl_b4,
    [3]._my_leaf_4.ground.hpl_b5,
    [4]._my_leaf_4.ground.hpl_b6,
    [5]._my_leaf_4.ground.hpl_b7,
    [6]._my_leaf_4.ground.hpl_b8,
    [7]._my_leaf_4.ground.hpl_b9,
    [8]._my_leaf_4.ground.hpl_b10,
    [9]._my_leaf_4.ground.hpl_b11,
    [10]._my_leaf_4.ground.hpl_b12,
    [11]._my_leaf_4.ground.hpl_b13;
```

（22）Shape：rectangular。
（23）Height：30。
（24）Width：100。
（25）Material Type：.materials.steel。
（26）Type of Beam：flexible。
（27）Beam Formulation：linear。
（28）单击 Apply，完成 ._my_leaf_4.nrl_1_beam3 部件的创建。
（29）Nonlinear Beam Name：beam4。
（30）Coordinate Reference（依次输入如下硬点信息，硬点信息属性不能乱，右击鼠标选择 Pick 选取）：

```
    [1]._my_leaf_4.ground.hpl_c5,
    [2]._my_leaf_4.ground.hpl_c6,
    [3]._my_leaf_4.ground.hpl_c7,
    [4]._my_leaf_4.ground.hpl_c8,
    [5]._my_leaf_4.ground.hpl_c9,
    [6]._my_leaf_4.ground.hpl_c10,
    [7]._my_leaf_4.ground.hpl_c11;
```

（31）Shape：rectangular。
（32）Height：30。
（33）Width：100。
（34）Material Type：.materials.steel。

（35） Beam Formulation：linear。

（36）单击 OK，完成 ._my_leaf_4.nrl_1_beam4 部件的创建。

7.1.3 车轴 rear_axle 部件

（1）单击 Build > Part > General Part > New 命令，弹出创建部件对话框，如图 7-8 所示。

（2） General Part：._my_leaf_4.ges_rear_axle。

（3） Type：left。

（4） Location Dependency：Centered between coordinates。

（5） Centered between：Two Coordinates。

（6） Coordinate Reference #1：._my_leaf_4.ground.hpl_p0。

（7） Coordinate Reference #2：._my_leaf_4.ground.hpr_p0。

（8） Orient using：Euler Angles。

（9） Euler Angles：0.0，0.0，0.0。

（10） Mass：1。

（11） Ixx：1。

（12） Iyy：1。

（13） Izz：1。

（14） Density：Material。

（15） Material Type：.materials.steel。

（16）单击 OK，完成 ._my_leaf_4.ges_rear_axle 部件的创建。

（17）单击 Build > Geometry > Link > New 命令，弹出创建几何体对话框，如图 7-9 所示。

（18） Link Name：._my_leaf_4.ges_rear_axle.gralin_rear_axle。

（19） General Part：._my_leaf_4.ges_rear_axle。

（20） Coordinate Reference #1：._my_leaf_4.ground.hpl_p0。

（21） Coordinate Reference #2：._my_leaf_4.ground.hpr_p0。

（22） Radius：50.0。

（23） Color：white。

（24）选择 Calculate Mass Properties of General Part 复选框，当几何体建立好之后会更新对应部件的质量和惯量参数。

（25） Density：Material。

（26） Material Type：steel。

（27）单击 OK，完成车轴 ._my_leaf_4.ges_rear_axle.gralin_rear_axle 几何体的创建。

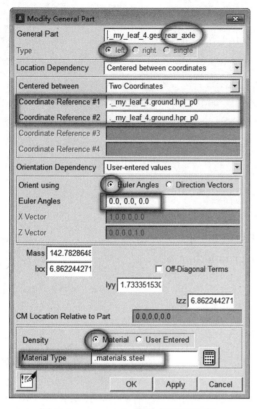
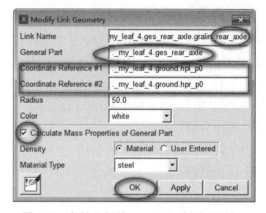

图 7-8 rear_axle 部件创建对话框　　图 7-9 车轴几何体 rear_axle 创建对话框

7.1.4 轮毂 spindle 部件

（1）单击 Build > Part > General Part > New 命令，弹出创建部件对话框，可参考图 7-8。

（2）General Part：._my_leaf_4.gel_spindle。

（3）Location Dependency：Delta location from coordinate。

（4）Coordinate Reference：._my_leaf_4.ground.cfl_wheel_center。

（5）Location：0，0，0。

（6）Location in：local。

（7）Orientation Dependency：Delta orientation from coordinate。

（8）Construction Frame：._my_leaf_4.ground.cfl_wheel_center。

（9）Orientation：0，0，0。

（10）Mass：1。

（11）Ixx：1。

（12）Iyy：1。

（13）Izz：1。

（14）Density：Material。

（15）Material Type：.materials.steel。

（16）单击 OK，完成 ._my_leaf_4.gel_spindle 部件的创建。

（17）单击 Build > Geometry > Cylinder > New 命令，弹出创建几何体对话框，如图 7-10 所示。

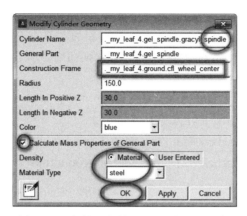

图 7-10　车轴几何体 spindle 创建对话框

（18）Cylinder Name：._my_leaf_4.gel_spindle.gracyl_spindle。

（19）General Part：._my_leaf_4.gel_spindle。

（20）Construction Frame：._my_leaf_4.ground.cfl_wheel_center。

（21）Radius：150.0。

（22）Length In Positive Z：30.0。

（23）Length In Negative Z：30.0。

（24）Color：blue。

（25）选择 Calculate Mass Properties of General Part 复选框。

（26）单击 OK，完成轮毂圆柱体 ._my_leaf_4.gel_spindle.gracyl_spindle 几何体的创建。

7.1.5　吊耳 shackle 部件

（1）单击 Build > Part > General Part > New 命令，弹出创建部件对话框，可参考图 7-8。

（2）General Part：._my_leaf_4.gel_shackle。

（3）Type：single。

（4）Location Dependency：Centered between coordinates。

（5）Centered between：Two Coordinates。

（6）Coordinate Reference #1：._my_leaf_4.ground.hpl_p15。

（7）Coordinate Reference #2：._my_leaf_4.ground.hpr_p15。

（8）Orient using：Euler Angles。

（9）Euler Angles：0.0，0.0，0.0。

（10）Mass：1。

（11）Ixx：1。

（12）Iyy：1。

（13）Izz：1。

（14）Density：Material。

（15）Material Type：.materials.steel。

（16）单击 OK，完成 ._my_leaf_4.gel_shackle 部件的创建。

（17）单击 Build ＞ Geometry ＞ Link ＞ New 命令，弹出创建几何体对话框，可参考图 7-9。

（18）Link Name：._my_leaf_4.gel_shackle.gralin_shackle。

（19）General Part：._my_leaf_4.gel_shackle。

（20）Coordinate Reference #1：._my_leaf_4.ground.hpl_p15。

（21）Coordinate Reference #2：._my_leaf_4.ground.hpr_p15。

（22）Radius：20.0。

（23）Color：yellow。

（24）选择 Calculate Mass Properties of General Part 复选框，当几何体建立好之后会更新对应部件的质量和惯量参数。

（25）Density：Material。

（26）Material Type：steel。

（27）单击 OK，完成车轴 ._my_leaf_4.gel_shackle.gralin_shackle 几何体的创建。

7.2 簧片接触力

（1）单击 Tools ＞ Adams/View Interface 命令，切换到 View 通用界面，如图 7-11 所示。

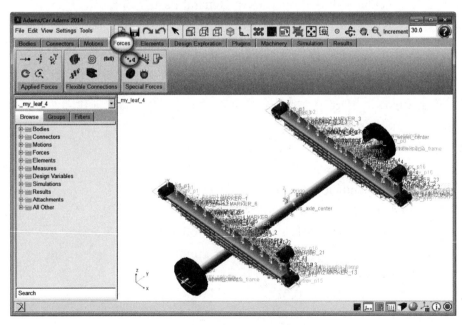

图 7-11　ADAMS|View 通用界面

（2）单击 Forces > Create a Contact 命令，弹出创建接触对话框，如图 7-12 所示。

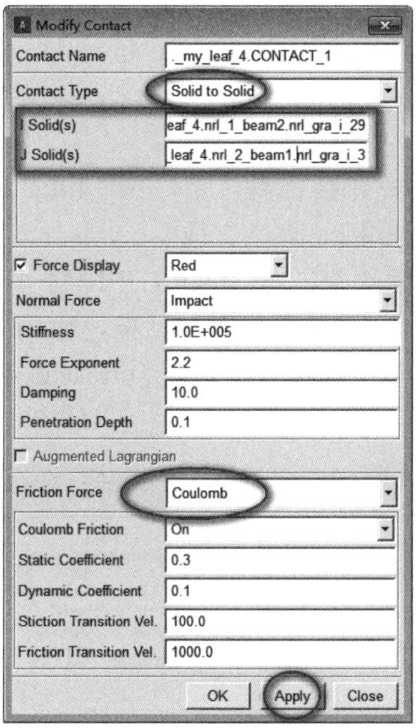

图 7-12　接触创建对话框

（3）Contact Type：Solid to Solid。
（4）I Solid（s）：._my_leaf_4.nrl_1_beam2.nrl_gra_i_29。
（5）J Solid（s）：._my_leaf_4.nrl_2_beam1.nrl_gra_i_3。
（6）Force Display：Red。
（7）Normal Force：Impact。
（8）Force Exponent：2.2。
（9）Damping：10.0。
（10）Friction Force：Coulomb。
（11）Coulomb Friction：On。
（12）Static Coefficient：0.3。
（13）Dynamic Coefficient：0.1。

（14）其余参数保持默认，单击 Apply，完成 ._my_leaf_4.CONTACT_1 接触设置。重复上述步骤，完成所有对应接触面的接触设置，特别强调接触面要一一对应，此模型包含 102 个接触。

7.3　弹簧夹

弹簧夹的主要作用是保障弹簧在上下运动过程中装配（模型中为接触）的两簧片不产生分离。弹簧夹是通过约束关系中的点面约束抽象而来，当钢板弹簧长度较大时，在板簧接触的端部和大概中间部位约束。在大载荷冲击下，点面约束是保障整车静平衡或者板簧计算模型收敛的必要条件。

（1）单击 Connectors ＞ Primitives＞ Create an inplane Joint Primitive 命令。

（2）Construction：2 Bodies-1 Location。

（3）Normal To Grid。

（4）用鼠标分别选择钢板弹簧部件 ._my_leaf_4.nrl_1_beam2、._my_leaf_4.nrl_2_beam1 及 ._my_leaf_4.ground.hpl_p1 点，完成 ._my_leaf_4.JPRIM_1 点面约束的创建。

（5）在模型树上右击点面约束 ._my_leaf_4.JPRIM_1，单击 Modify 或者双击点面约束 ._my_leaf_4.JPRIM_1，弹出点面约束对话框，如图 7-13 所示。此模型建立过程中共包含 12 个点面约束。本章节提供板簧模型 _my_leaf_4.tpl，读者可以根据模型详细查看接触与点面约束的施加。

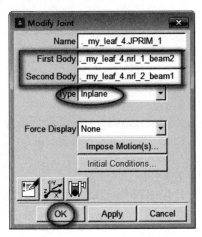

图 7-13　点面约束对话框

7.4　板簧模型约束

（1）单击 Tools ＞ Select Mode ＞ Switch To A/Car Template Builder 命令，切换到 ADAMS/Car 专家界面。

（2）单击 Build ＞ Part ＞ Mount ＞ New 命令。

（3）Mount Name：._my_leaf_4.mts_leafspring_to_body。

（4）Coordinate Reference：._my_leaf_4.ground.cfs_axle_center。

（5）To Minor Role：inherit。

（6）单击 OK，完成 ._my_leaf_4.mts_leafspring_to_body 安装部件的创建。

（7）部件 nrl_1_beam1 与安装件 leafspring_to_body 之间 revolute 约束：

① 单击 Build ＞ Attachments ＞ Joint ＞ New 命令，弹出创建约束件对话框，如图 7-14 所示。

② Joint Name：._my_leaf_4.jklrev_p1。

③ I Part：._my_leaf_4.nrl_1_beam1。
④ J Part：._my_leaf_4.mts_leafspring_to_body。
⑤ Joint Type：revolute。
⑥ Active：kinematic mode。
⑦ Location Dependency：Delta location from coordinate。
⑧ Coordinate Reference：._my_leaf_4.ground.hpl_p1。
⑨ Location：0，0，0。

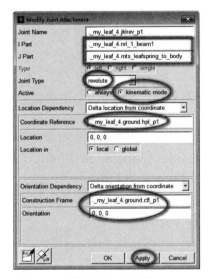

图 7-14　刚性约束对话框 revolute

⑩ Location in：local。
⑪ Orientation Dependency：Delta orientation from coordinate。
⑫ Construction Frame：._my_leaf_4.ground.cfl_p1。
⑬ 单击 Apply，完成 ._my_leaf_4.jklrev_p1 约束副的创建。
（8）部件 nrl_15_beam1 与安装件 leafspring_to_body 之间 revolute 约束：
① Joint Name：._my_leaf_4.jklrev_p15。
② I Part：._my_leaf_4.nrl_15_beam1。
③ J Part：._my_leaf_4.gel_leafspring_to_body。
④ Joint Type：revolute。
⑤ Active：kinematic mode。
⑥ Location Dependency：Delta location from coordinate。
⑦ Coordinate Reference：._my_leaf_4.ground.hpl_p15。
⑧ Location：0，0，0。
⑨ Location in：local。
⑩ Orientation Dependency：Delta orientation from coordinate。
⑪ Construction Frame：._my_leaf_4.ground.cfl_p15。

⑫ 单击 Apply，完成 ._my_leaf_4.jklrev_p15 约束副的创建。

（9）部件 shackle 与安装件 leafspring_to_body 之间 revolute 约束：

① Joint Name：p16。

② I Part：._my_leaf_4.gel_shackle。

③ J Part：._my_leaf_4.mts_leafspring_to_body。

④ Joint Type：revolute。

⑤ Active：kinematic mode。

⑥ Location Dependency：Delta location from coordinate。

⑦ Coordinate Reference：._my_leaf_4.ground.hpl_p16。

⑧ Location：0，0，0。

⑨ Location in：local。

⑩ Orientation Dependency：Delta orientation from coordinate。

⑪ Construction Frame：._my_leaf_4.ground.cfl_p16。

⑫ 单击 Apply，完成 ._my_leaf_4.jklrev_p16 约束副的创建。

（10）部件 spindle 与 rear_axle 之间 revolute 约束：

① Joint Name：._my_leaf_4.jolrev_spindle。

② I Part：._my_leaf_4.gel_spindle。

③ J Part：._my_leaf_4.ges_rear_axle。

④ Joint Type：revolute。

⑤ Active：always。

⑥ Location Dependency：Delta location from coordinate。

⑦ Coordinate Reference：._my_leaf_4.ground.cfl_wheel_center。

⑧ Location：0，0，0。

⑨ Location in：local。

⑩ Orientation Dependency：Delta orientation from coordinate。

⑪ Construction Frame：._my_leaf_4.ground.cfl_wheel_center。

⑫ 单击 Apply，完成 ._my_leaf_4.jolrev_spindle 约束副的创建。

（11）部件 rear_axle 与 nrl_4_beam4 之间 fixed 约束：

① Joint Name：._my_leaf_4.jolfix_axle。

② I Part：._my_leaf_4.ges_rear_axle。

③ J Part：._my_leaf_4.nrl_4_beam4。

④ Joint Type：fixed。

⑤ Active：always。

⑥ Location Dependency：Delta location from coordinate。

⑦ Coordinate Reference：._my_leaf_4.ground.hpl_c8。

⑧ Location：0，0，0。

⑨ Location in：local。

⑩ 单击 Apply，完成 ._my_leaf_4.jolfix_axle 约束副的创建。

（12）部件 nrl_8_beam1 与 nrl_7_beam2 之间 fixed 约束：
① Joint Name: beam1。
② I Part: ._my_leaf_4.nrl_8_beam1。
③ J Part: ._my_leaf_4.nrl_7_beam2。
④ Joint Type: fixed。
⑤ Active: always。
⑥ Location Dependency: Delta location from coordinate。
⑦ Coordinate Reference: ._my_leaf_4.ground.hpl_p8。
⑧ Location: 0, 0, 0。
⑨ Location in: local。
⑩ 单击 Apply，完成 ._my_leaf_4.jolfix_beam1 约束副的创建。

（13）部件 nrl_7_beam2 与 nrl_6_beam3 之间 fixed 约束：
① Joint Name: ._my_leaf_4.jolfix_beam2。
② I Part: ._my_leaf_4.nrl_7_beam2。
③ J Part: ._my_leaf_4.nrl_6_beam3。
④ Joint Type: fixed。
⑤ Active: always。
⑥ Location Dependency: Delta location from coordinate。
⑦ Coordinate Reference: ._my_leaf_4.ground.hpl_a8。
⑧ Location: 0, 0, 0。
⑨ Location in: local。
⑩ 单击 Apply，完成 ._my_leaf_4.jolfix_beam2 约束副的创建。

（14）部件 nrl_6_beam3 与 nrl_4_beam4 之间 fixed 约束：
① Joint Name: ._my_leaf_4.jolfix_beam3。
② I Part: ._my_leaf_4.nrl_6_beam3。
③ J Part: ._my_leaf_4.nrl_4_beam4。
④ Joint Type: fixed。
⑤ Active: always。
⑥ Location Dependency: Delta location from coordinate。
⑦ Coordinate Reference: ._my_leaf_4.ground.hpl_b8。
⑧ Location: 0, 0, 0。
⑨ Location in: local。
⑩ 单击 OK，完成 ._my_leaf_4.jolfix_beam3 约束副的创建。

（15）单击 Build > Attachments > Bushing > New 命令，弹出创建衬套对话框。

（16）部件 nrl_1_beam1 与 leafspring_to_body 之间 bushing 约束：
① Bushing Name: ._my_leaf_4.bkl_p1。
② I Part: ._my_leaf_4.nrl_1_beam1。
③ J Part: ._my_leaf_4.mts_leafspring_to_body。

④ Inactive：kinematic mode。
⑤ Preload：0，0，0。
⑥ Tpreload：0，0，0。
⑦ Offset：0，0，0。
⑧ Roffset：0，0，0。
⑨ Geometry Length：100.0。
⑩ Geometry Radius：50.0。
⑪ Property File：mdids：//acar_shared/bushings.tbl/mdi_0001.bus。
⑫ Location Dependency：Delta location from coordinate。
⑬ Coordinate Reference：._my_leaf_4.ground.hpl_p1。
⑭ Location：0，0，0。
⑮ Location in：local。
⑯ Orientation Dependency：Delta location from coordinate。
⑰ Construction Frame：._my_leaf_4.ground.cfl_p1。
⑱ Orientation：0，0，0。
⑲ 单击 Apply，完成 ._my_leaf_4.bkl_p1 轴套的创建。

（17）部件 nrl_4_beam1 与 shackle 之间 bushing 约束：

① Bushing Name：._my_leaf_4.bkl_p15。
② I Part：._my_leaf_4.nrl_1_beam1。
③ J Part：._my_leaf_4.gel_shackle。
④ Inactive：kinematic mode。
⑤ Preload：0，0，0。
⑥ Tpreload：0，0，0。
⑦ Offset：0，0，0。
⑧ Roffset：0，0，0。
⑨ Geometry Length：100.0。
⑩ Geometry Radius：50.0。
⑪ Property File：mdids：//acar_shared/bushings.tbl/mdi_0001.bus。
⑫ Location Dependency：Delta location from coordinate。
⑬ Coordinate Reference：._my_leaf_4.ground.hpl_p15。
⑭ Location：0，0，0。
⑮ Location in：local。
⑯ Orientation Dependency：Delta location from coordinate。
⑰ Construction Frame：._my_leaf_4.ground.cfl_p15。
⑱ Orientation：0，0，0。
⑲ 单击 Apply，完成 ._my_leaf_4.bkl_p15 轴套的创建。

（18）部件 leafspring_to_body 与 shackle 之间 bushing 约束：

① Bushing Name：._my_leaf_4.bkl_p16。

② I Part：._my_leaf_4.mts_leafspring_to_body。

③ J Part：._my_leaf_4.gel_shackle。

④ Inactive：kinematic mode。

⑤ Preload：0，0，0。

⑥ Tpreload：0，0，0。

⑦ Offset：0，0，0。

⑧ Roffset：0，0，0。

⑨ Geometry Length：100.0。

⑩ Geometry Radius：50.0。

⑪ Property File：mdids：//acar_shared/bushings.tbl/mdi_0001.bus。

⑫ Location Dependency：Delta location from coordinate。

⑬ Coordinate Reference：._my_leaf_4.ground.hpl_p16。

⑭ Location：0，0，0。

⑮ Location in：local。

⑯ Orientation Dependency：Delta location from coordinate。

⑰ Construction Frame：._my_leaf_4.ground.cfl_p16。

⑱ Orientation：0，0，0。

⑲ 单击 OK，完成 ._my_leaf_4.bkl_p16 轴套的创建。

7.5 板簧悬架通讯器

（1）单击 Build ＞ Communicator ＞ Output ＞ New 命令，弹出输出通讯器对话框。

（2）Output Communicator Name：._my_leaf_4.col_suspension_mount。

（3）Matching Name(s)：suspension_mount。

（4）Type：left。

（5）Entity：mount。

（6）To Minor Role：inherit。

（7）Part Name：._my_leaf_4.gel_spindle。

（8）单击 Apply，完成 ._my_leaf_4.col_suspension_mount 通讯器的创建。

（9）Output Communicator Name：._my_leaf_4.col_wheel_center。

（10）Matching Name(s)：wheel_center。

（11）Type：left。

（12）Entity：Location。

（13）To Minor Role：inherit。

（14）Coordinate Reference Name：._my_leaf_4.ground.cfl_wheel_center。

（15）单击 Apply，完成 ._my_leaf_4.col_wheel_center 通讯器的创建。

（16）Output Communicator Name：._my_leaf_4.col_suspension_upright。

（17）Matching Name(s)：suspension_upright。

（18）Type: left。
（19）Entity: mount。
（20）To Minor Role: inherit。
（21）Part Name: ._my_leaf_4.ges_rear_axle。
（22）单击 OK，完成 ._my_leaf_4.col_suspension_upright 通讯器的创建。
（23）保存模型，至此 4 片板簧装配模型建立完成。

7.6 反向激振实验

车辆反向激振实验完成后如图 7-15 所示。车辆上下跳动幅值在 $-30\sim30$ mm，由于板簧接触特性的存在，模型在计算过程中速度较为缓慢，计算完成后板簧接触力及各参数如图 7-16 至图 7-24 所示。

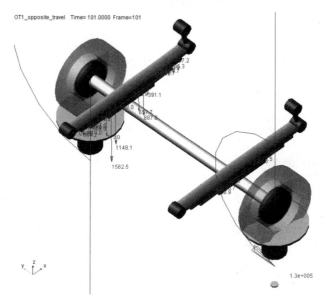

图 7-15 车轮反向激振实验

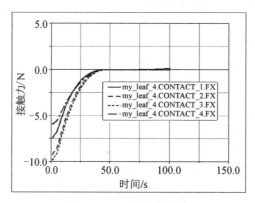

图 7-16 X 方向接触力

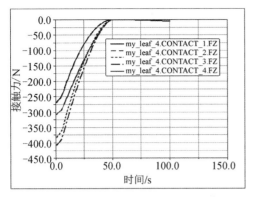

图 7-17 Z 方向接触力

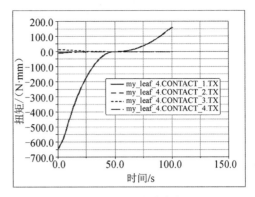

图 7-18 X 方向扭矩

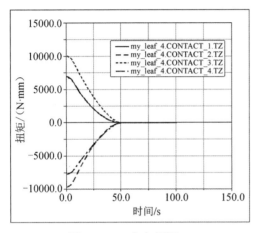

图 7-19 Y 方向扭矩

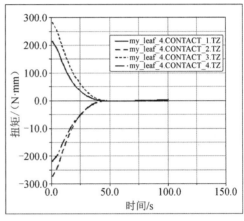

图 7-20 Z 方向扭矩

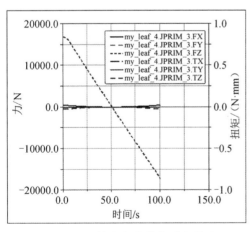

图 7-21 板簧中段弹簧夹受力状态

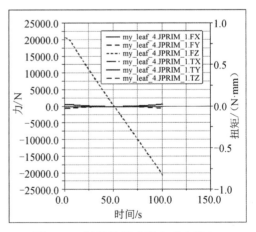

图 7-22 板簧前段弹簧夹受力状态

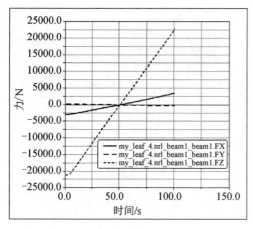 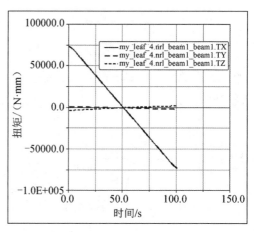

图 7-23 柔性梁垂向受力状态　　图 7-24 柔性梁扭矩

第8章　柔性体板簧模型

钢板弹簧力学模型较为复杂，建模难度大。目前钢板弹簧装配体分为簧片接触式与非接触式。接触式簧片装配在受力时，簧片间会产生滑动摩擦、挤压等复杂力学现象，这是导致长期使用过程中簧片断裂失效的根本原因。同时还需要考虑簧片的曲率特性，当各簧片的曲率相同时，簧片叠加装配后不需要考虑装配预应力；当各簧片的曲率半径不同时，需考虑装配预应力，建模难度也相应增加。近些年，少片非接触式相同曲率的板簧在商用车上应用较多，此种板簧装配体由3~4片叶片弹簧构成，除簧片中间部位，各簧片间需添加垫片并通过骑马螺栓与车轴固定，其余部位簧片间均不存在接触。不同板簧类型其有限元力学模型均不相同，同一个板簧模型其建模方式亦可多样。本章讨论几种不同类型的板簧模型。壳单元板簧模型如图8-1所示。

图8-1　壳单元板簧模型

8.1　壳单元板簧模态分析

板簧有限元力学模型较为复杂，其计算效率很低。针对此问题，本节介绍一种等曲率的壳单元板簧模型，各簧片用其中性面替代，此时板簧的单元数量及节点数量较少，计算效率提升较大。建立好的壳单元板簧模型 leaf_shell.inp 存储在章节文件中，请读者自行查阅学习。

壳单元板簧模型几何、材料属性及装配模型建立不再重复，请读者导入查看；如需要自建模型，可以在导入模型后测量前后端及中间的位置参数，板簧厚度为8 mm，宽度为50 mm，弹性模量为2.06E+5，泊松比为0.29，密度为7.74E-9。装配好的板簧几何模型如图 8-2 所示。

（1）切换到分析部 Step 界面，完成 2 个分析部创建，如图 8-3 所示。Step-1 为模态分析步，设置提取前 20 阶模态，参数如图 3-4 所示。Step-2 为子结构生成，子结构即把整个连杆作为单一部件。Step-2 子结构在 Basic 选项卡设置子结构标示（Substructure identifier：Z101），点选 Whole model，在后续方框中选择整个模型，如图 8-5 所示；切换到 Options 选项卡，勾选 Specify retained eigenmodes by：，点选 Mode range，在 Data 方框中输入 1，20，1，如图 8-6 所示。

图 8-2　板簧几何装配体

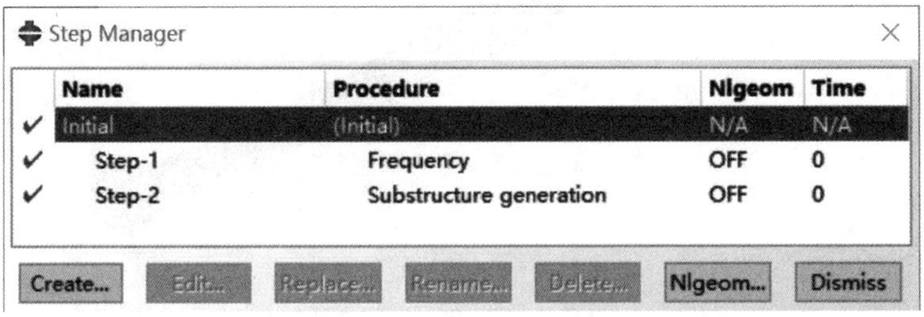

图 8-3　分析步

（2）切换到 Interaction 界面，在板簧两端圆孔中心创建 RP（参考点），建立 RP 与孔内表面的 MPC 多点约束，如图 8-7 所示；簧片面之间建立绑定约束，如图 8-8 所示。

说明：

① 板簧装配体 MNF 中性文件能够计算成功，同时也能在 ADAMS 中仿真成功，但不意味着板簧中性文件是正确的。原因在于板簧模型簧片之间采用绑定约束，绑定约束使得簧片之间不能产生移动，与实际板簧运动状态不符。如果板簧变形范围较小且变化速度非常慢，可以近似采用绑定约束进行处理或者板簧模型在装配体中合并成一个整体进行处理。

② 簧片之间建立接触特性，接触属性中设置簧片接触后不分离。在模态分析之前建立一个静力分析步，施加较小的集中力（具体力的大小视模型情况而定）使簧片间的

接触特性产生作用，进而进行后续的模态分析。此种方案模态计算结果与绑定约束处理比较误差不大。设置簧片间产生接触后不分离与簧片间采用绑定约束处理相似。

（3）切换到网格划分 Mesh 界面，设置壳单元网格全局尺寸为 5 mm，网格划分完成后如图 8-9 所示，共包含 1956 个四边形单元，经检查，网格全部符合要求；

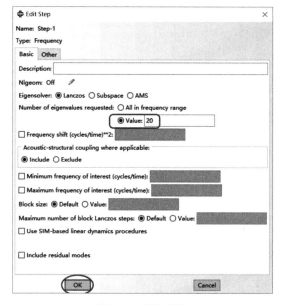

图 8-4　频率参数

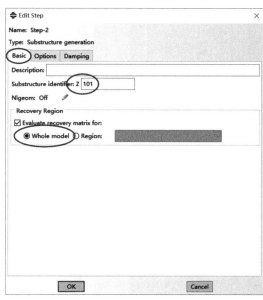

图 8-5　Basic 选项卡设置

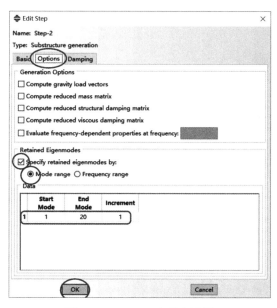

图 8-6　Options 选项卡设置

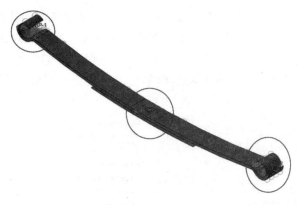

图 8-7　板簧装配体 MPC 约束

图 8-8　板簧装配体 tie 约束

图 8-9　板簧网格模型

（4）切换到 Load 界面，在 Step-1 分析步下把 RP-1、RP-2、RP-3 这 3 个参考点完全固定；Step-2 分析步下选择 Retained nodal dofs，单击继续，弹出编辑界面对话框，如图 8-10 所示，选择 RP-1、RP-2、RP-3 这 3 个参考点，勾选全部约束。

（5）切换到 Job 界面，在模型下单击编辑关键字，弹出关键字命令窗口，如图 8-11 所示。

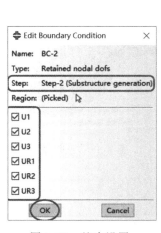

图 8-10　约束设置

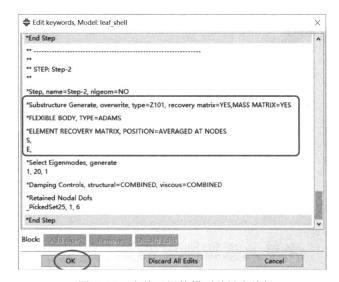

图 8-11　壳单元板簧模型关键字编辑

壳单元板簧模型添加关键字信息注释如下：

MASS MATRIX=YES　　　%质量矩阵
*FLEXIBLE BODY, TYPE=ADAMS　　　%转换为 ADAMS 关键字；
*ELEMENT RECOVERY MATRIX, POSITION=AVERAGED AT NODES　　　%计算结果中显示应力应变
S,
E,

（6）创建 leaf_shell 分析作业并提交运算，运算完成后可以在后处理模块中显示连杆的模态变形及对应的频率；前 4 阶模态变形如图 8-12 至图 8-15 所示。

（7）打开 Abaqus Command，输入 cd D：\ADAMS_MNF，切换命令至 ADAMS_MNF 文件夹。

（8）继续输入以下命令：abaqus adams job=leaf_shell substructure_sim=leaf_shell_Z101 model_odb=leaf_shell length=mm mass=tonne time=sec force=N，命令输入完成后，Abaqus Command 完成提交并运算后产生 leaf_shell.mnf 中性文件。

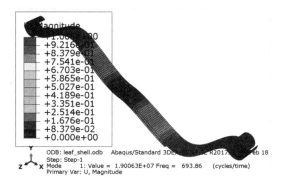

图 8-12　一阶模态变形

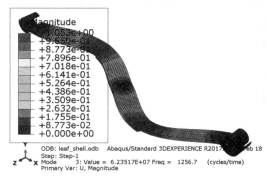

图 8-13　三阶模态变形

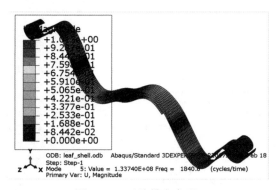
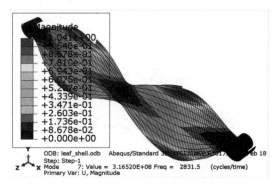

图 8-14　五阶模态变形　　　　　　　　　图 8-15　七阶模态变形

8.2　壳单元板簧刚度测试

（1）启动 ADAMS/View，选择 New Model。
（2）New Model：leaf_shell。
（3）单击 OK，完成壳单元板簧模型创建，如图 8-16 所示。

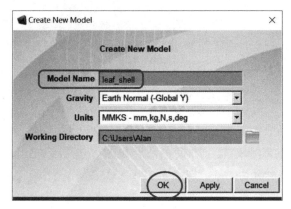

图 8-16　壳单元板簧测试模型

采用 ABAQUS 有限元制作好的壳单元板簧测试模型模态中性文件 MNF 存储在章节文件中。

（4）单击 Flexible Bodies > Adams Flex（Create a Flexible Body）命令，弹出创建柔性体对话框，如图 8-17 所示。
（5）Flexible Body Name：.leaf_shell.FLEX_leaf_shell。
（6）MNF：D:\ADAMS_MNF\leaf_shell.mnf，其余参数保持默认。
（7）单击 OK，完成扭壳单元板簧柔性体 leaf_shell 的导入。
（8）Shackle 部件：
① 单击 Bodies > Construction > Marker 命令，创建参考点。
② Add to Ground。
③ Don't Attach。

④ 右击鼠标，参考点位置输入 350.0,102.4,25.0。
⑤ 单击 OK，完成硬点创建。
⑥ 右击硬点，选择 Rename，重命名为 Shackle_ref。
⑦ 单击 Bodies > Geometry Cylinder 命令，创建圆柱几何体。
⑧ 选择 New Part。
⑨ Radius：10.0。
⑩ 选择硬点 FLEX_leaf_shell.INT_NODE_4972 与 Shackle_ref 完成圆柱形部件创建。
⑪ 右击圆柱体部件，选择 Rename，重命名为 Shackle。

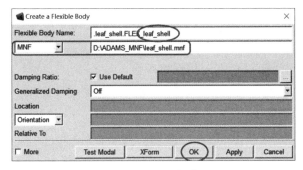

图 8-17　壳单元板簧模型导入

（9）部件 FLEX_leaf_shell 与 ground 之间 Revolute 约束：
① 设置工作网格在 XY 屏幕上，位置在 FLEX_leaf_shell.INT_NODE_4973 参考点上。
② 单击 Connection > Joints > Create a Revolute Joint 命令。
③ 2 Bod-1 Loc，即衬套的定位为两个位置一个点。
④ Normal to Grid，即衬套方向与网格垂直。
⑤ 按先后顺序选取部件 FLEX_leaf_shell 与 ground，再选取点 .leaf_shell.FLEX_leaf_shell.INT_NODE_4971。
⑥ 单击 OK，完成 JOINT_1 约束副的创建。
⑦ 右击 JOINT_1，选择 Rename，重命名为 leaf_shell_to_ground，如图 8-18 所示。

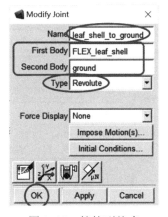

图 8-18　铰接副约束

（10）部件 FLEX_leaf_shell 与 shackle 之间 Revolute 约束：

① 单击 Connection > Joints > Create a Revolute Joint 命令。

② 2 Bod-1 Loc，即衬套的定位为两个位置一个点。

③ Normal to Grid，即衬套方向与网格垂直。

④ 按先后顺序选取部件 FLEX_leaf_shell 与 shackle，再选取点 .leaf_shell.FLEX_leaf_shell.INT_NODE_4972。

⑤ 单击 OK，完成 JOINT_2 约束副的创建。

⑥ 右击 JOINT_2，选择 Rename，重命名为 leaf_shell_to_shackle。

（11）部件 shackle 与 ground 之间 Revolute 约束：

① 单击 Connection > Joints > Create a Revolute Joint 命令。

② 2 Bod-1 Loc，即衬套的定位为两个位置一个点。

③ Normal to Grid，即衬套方向与网格垂直。

④ 按先后顺序选取部件 shackle 与 ground，再选取点 Shackle_ref。

⑤ 单击 OK，完成 JOINT_3 约束副的创建。

⑥ 右击 JOINT_3，选择 Rename，重命名为 shackle_to_ground。

（12）板簧测试力：

① 单击 Forces > Applied Forces > Create a Force 命令。

② 选择参考点 .leaf_shell.FLEX_leaf_shell.INT_NODE_4973，方向为 Y 方向，完成 SFORCE_1 创建。

③ 右击 SFORCE_1，选择 Modify，修改力，如图 8-19 所示。

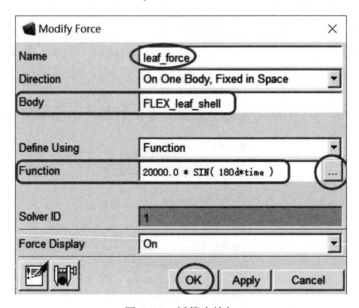

图 8-19 板簧力施加

④ Function：20000.0 * SIN(180d*time)，此处施加的力为循环变力，随着时间的增加，在 0.5 s 内力从 0 N 增加大 20000 N，从 0.5～1.0 s 力从 20000 N 减小为 0 N，如图 8-20 所示。

⑤ 单击 OK，完成力施加。

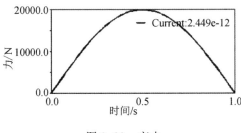

图 8-20 变力

至此，基于壳单元的板簧刚度测试模型建立完成，如图 8-21 所示，对板簧进行 1 s 仿真，以 .leaf_shell.FLEX_leaf_shell.INT_NODE_4973 为测试点，测出其在 Y 方向的位移及循环变力，对应的壳单元板簧刚度如图 8-22 所示。需要说明的是，板簧的刚度在力的施加与释放过程中是两条不同的刚度曲线。图 8-23 所示为刚度局部位移段放大图，从图中可以看出，板簧压缩与释放刚度曲线未重合，这主要是因为簧片间摩擦（主要因素）、装配等造成死区。板簧刚度在合理的变化范围内为线性。

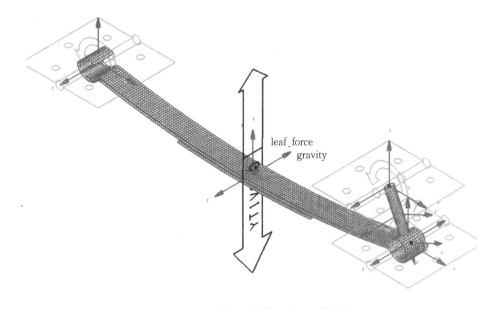

图 8-21 壳单元板簧刚度测试模型

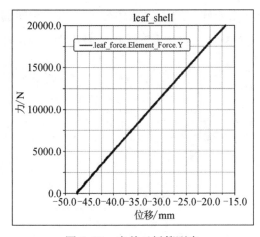 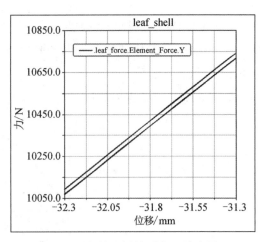

图 8-22 壳单元板簧刚度　　　　　图 8-23 壳单元板簧刚度（放大图）

8.3 实体单元板簧模型

本节建立实体单元板簧模型，参数与壳单元板簧相同；建立好的实体单元板簧模型 leaf_solid.inp 存储在章节文件中，请读者自行查阅学习。实体单元模型的约束、材料属性、边界条件处理、载荷步与壳单元板簧模型均相同，分析完成后对标壳单元与实体单元板簧模型数据。

8.3.1 实体单元板簧模型与壳单元板簧模型频率数据对比

实体单元板簧模型建模及分析过程不再重复其步骤，此处仅展示实体单元板簧模型，如图 8-24 所示。两者的模态对比结果如图 8-25 和图 8-26 所示。从分析结果看，两个模型高频模态相似度极好，可以由壳单元替代实体单元，提升单个模型及整车模型（商用车整车模型，如果悬架包含钢板弹簧等接触非线性特性）的计算效率。

图 8-24 实体单元板簧模型

1	Mode	1: Value = 1.90063E+07 Freq =	693.86	(cycles/time)
2	Mode	2: Value = 2.06405E+07 Freq =	723.07	(cycles/time)
3	Mode	3: Value = 6.23517E+07 Freq =	1256.7	(cycles/time)
4	Mode	4: Value = 1.02481E+08 Freq =	1611.2	(cycles/time)
5	Mode	5: Value = 1.33740E+08 Freq =	1840.6	(cycles/time)
6	Mode	6: Value = 1.43870E+08 Freq =	1909.0	(cycles/time)
7	Mode	7: Value = 3.16520E+08 Freq =	2831.5	(cycles/time)
8	Mode	8: Value = 3.33148E+08 Freq =	2904.9	(cycles/time)
9	Mode	9: Value = 4.53753E+08 Freq =	3390.2	(cycles/time)
10	Mode	10: Value = 4.89247E+08 Freq =	3520.3	(cycles/time)
11	Mode	11: Value = 5.01833E+08 Freq =	3565.3	(cycles/time)
12	Mode	12: Value = 6.19303E+08 Freq =	3960.7	(cycles/time)
13	Mode	13: Value = 1.02149E+09 Freq =	5086.7	(cycles/time)
14	Mode	14: Value = 1.04931E+09 Freq =	5155.5	(cycles/time)
15	Mode	15: Value = 1.20116E+09 Freq =	5516.0	(cycles/time)
16	Mode	16: Value = 1.26009E+09 Freq =	5649.6	(cycles/time)
17	Mode	17: Value = 1.60862E+09 Freq =	6383.3	(cycles/time)
18	Mode	18: Value = 1.73449E+09 Freq =	6628.4	(cycles/time)
19	Mode	19: Value = 1.84296E+09 Freq =	6832.5	(cycles/time)
20	Mode	20: Value = 1.98026E+09 Freq =	7082.4	(cycles/time)

图 8-25 壳单元板簧模型频率

1	Mode	1: Value = 1.77423E+07 Freq =	670.39	(cycles/time)
2	Mode	2: Value = 1.92738E+07 Freq =	698.72	(cycles/time)
3	Mode	3: Value = 6.00569E+07 Freq =	1233.4	(cycles/time)
4	Mode	4: Value = 1.00242E+08 Freq =	1593.5	(cycles/time)
5	Mode	5: Value = 1.21812E+08 Freq =	1756.6	(cycles/time)
6	Mode	6: Value = 1.30491E+08 Freq =	1818.1	(cycles/time)
7	Mode	7: Value = 2.94458E+08 Freq =	2731.1	(cycles/time)
8	Mode	8: Value = 3.08534E+08 Freq =	2795.6	(cycles/time)
9	Mode	9: Value = 4.26510E+08 Freq =	3286.9	(cycles/time)
10	Mode	10: Value = 4.61930E+08 Freq =	3420.6	(cycles/time)
11	Mode	11: Value = 4.86145E+08 Freq =	3509.2	(cycles/time)
12	Mode	12: Value = 6.00824E+08 Freq =	3901.2	(cycles/time)
13	Mode	13: Value = 9.25350E+08 Freq =	4841.4	(cycles/time)
14	Mode	14: Value = 9.50426E+08 Freq =	4906.6	(cycles/time)
15	Mode	15: Value = 1.08361E+09 Freq =	5239.1	(cycles/time)
16	Mode	16: Value = 1.13858E+09 Freq =	5370.3	(cycles/time)
17	Mode	17: Value = 1.60672E+09 Freq =	6379.6	(cycles/time)
18	Mode	18: Value = 1.66222E+09 Freq =	6488.8	(cycles/time)
19	Mode	19: Value = 1.84556E+09 Freq =	6837.3	(cycles/time)
20	Mode	20: Value = 1.90694E+09 Freq =	6950.1	(cycles/time)

图 8-26 实体单元板簧模型频率

8.3.2 实体单元板簧模型与壳单元板簧模型刚度特性对比

（1）打开 Abaqus Command，输入 cd D：\ADAMS_MNF，切换命令至 ADAMS_MNF 文件夹。

（2）继续输入以下命令：abaqus adams job=leaf_solid_asm substructure_sim=leaf_solid_asm_Z101 model_odb=leaf_solid_asm length=mm mass=tonne time=sec force=N，命令输入完成后，Abaqus Command 完成提交并运算后产生 leaf_solid.mnf 中性文件。

(3) 将制作完成的基于实体单元的板簧模型中性文件 leaf_solid.mnf 导入 ADAMS/View 中，具体的导入过程及约束、变载荷等过程不再重复。

ADAMS/View 中建立好的基于实体单元板簧刚度测试模型如图 8-27 所示，板簧刚度特性曲线如图 8-28 所示，与壳单元板簧刚度特性曲线（图 8-22）对比，刚度变化趋势相同。在刚度变化过程中，实体单元板簧模型的刚度特性有较多的小波纹，刚度特性曲线放大后如图 8-29 所示，这主要是使用不用的单元特性所导致（壳单元与实体单元特性差异）。实体单元板簧模型更符合工程实际，但从计算效率上看，在复杂模型中更推荐采用壳单元板簧模型。

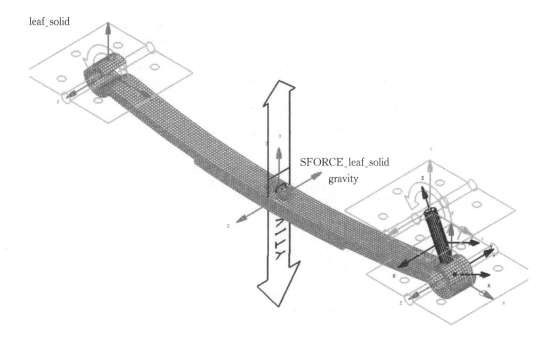

图 8-27 实体单元板簧刚度测试模型

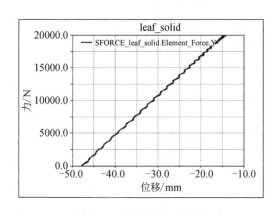

图 8-28 实体单元板簧刚度

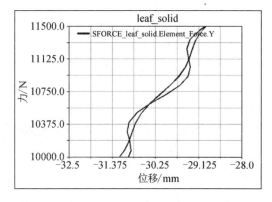

图 8-29 实体单元板簧刚度（放大图）

8.4 非接触式板簧模型

由于簧片间存在接触（主要是簧片间的滑移与挤压），因此整车在多工况、长时间使用过程中容易造成簧片断裂失效。近些年，商用车多采用少片非接触式板簧，板簧装配体由 3~4 片板簧构成，其除与车轴固定处（骑马螺栓处）簧片间有垫片，其余部分簧片之间均不存在接触，这种少片簧的优势是可以极大程度地减少后桥悬架的质量，同时可以提升板簧的疲劳及耐久特性。本节讨论两种非接触式板簧的建模方法：① 装配式板簧：分别绘制各簧片与衬垫，装配成板簧模型，分析其模态并制作模态中性文件。② 整体式板簧：直接绘制整体式板簧的几何模型，绘制过程中预留簧片之间的间隙，同时把簧片与车轴固定处作为一个整体处理。③ 采用 ADAMS/View 测试对比两种板簧的动态参数。

8.4.1 装配式板簧模型

（1）在 ABAQUS 草图模块中绘制簧片与垫片的草图，如图 8-30 和图 8-31 所示。板簧装配体共 3 个簧片、2 个垫片。板簧的厚度为 8 mm，宽度为 50 mm，其他参数如草图标注，单位：mm。

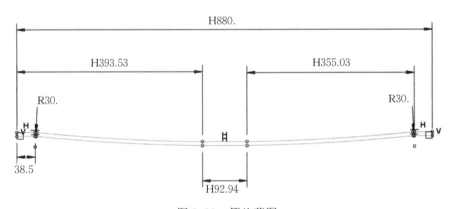

图 8-30 簧片草图

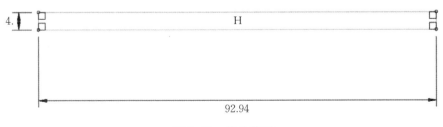

图 8-31 垫片草图

（2）簧片三维几何模型通过拉伸绘制完成后，在簧片两端及簧片中间绘制螺孔，螺孔的直径为 10 mm。由于 3 片板簧几何完全一致，因此第一片板簧绘制完成后通过复制的方式快速完成第二片、第三片板簧与衬垫的建模。簧片与衬垫几何模型绘制完成后通过装配得到非接触式板簧模型，如图 8-32 所示。非接触式簧片之间的间隙为 4 mm，大小与衬垫的厚度相同。非接触式板簧装配体模型文件 leaf_solid_asm.inp 存储在章节文件中，请读者自行调阅学习。读者也可在 ABAQUS 中的板簧模型中通过测量板簧的参数绘制板簧几何模型并装配。板簧的材料参数：弹性模量为 2.06E+5，泊松比为 0.29，密度为 7.74E-9。材料参数建立完成之后并通过截面属性赋予 3 个簧片与 2 个垫片。

图 8-32　非接触式簧片装配模型（装配式建模）

（3）板簧装配与材料属性制作完成后切换到 Mesh 网格划分模块，划分网格之前需要对板簧的几何模型进行适当的切分，以保证网格质量较高。板簧装配体模型共包含 5902 个六面体单元，经检查所有单元均符合要求。

（4）切换到分析部 Step 界面，完成 2 个分析部创建，可参考图 8-3，Step-1 为模态分析步，设置提取前 20 阶模态，参数可参考图 8-4。Step-2 为子结构生成，子结构即把整个连杆作为一个单一部件。Step-2 子结构在 Basic 选项卡设置子结构标示（Substructure identifier：Z101），点选 Whole model，在后续方框中选择整个模型，可参考图 8-5；切换到 Options 选项卡，勾选 Specify retained eigenmodes by：，点选 Mode range，在 Data 方框中输入 1，20，1，可参考图 8-6。

（5）切换到 Interaction 界面，在板簧两端及中间、垫片的螺栓孔中心创建 RP，建立 RP 与孔内表面的 MPC 多点约束，如图 8-33 所示；簧片中间部位与垫片之间建立绑定约束，如图 8-34 所示。

（6）切换到 Load 界面，在 Step-1 分析步下把 RP-1 至 RP-11 这 11 个参考点完全固定；Step-2 分析步下选择 Retained nodal dofs，单击继续弹出编辑界面对话框，可参考图 8-10，选择 RP-1 至 RP-11 共 11 个参考点，勾选全部约束。

（7）切换到 Job 界面，在模型下单击编辑关键字，选择 leaf_solid_asm，添加如下信息：

```
MASS MATRIX=YES        % 质量矩阵
 *FLEXIBLE BODY, TYPE=ADAMS        % 转换为 ADAMS 关键字；
 *ELEMENT RECOVERY MATRIX, POSITION=AVERAGED AT NODES        % 计
```

算结果中显示应力应变

S,

E,

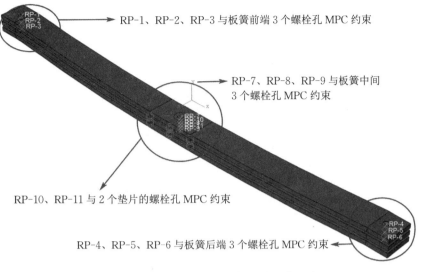

图 8-33　装配式非接触式簧片装配体约束

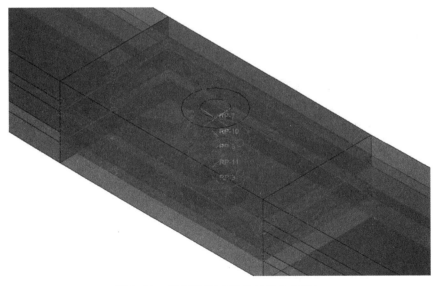

图 8-34　绑定约束（簧片与垫片之间）

（8）创建 leaf_solid_asm 分析作业并提交运算，计算前 20 阶频率结果，如图 8-35 所示。

1	Mode	1: Value = 3.56432E+06 Freq =	300.48	(cycles/time)
2	Mode	2: Value = 3.63411E+06 Freq =	303.40	(cycles/time)
3	Mode	3: Value = 3.78134E+06 Freq =	309.49	(cycles/time)
4	Mode	4: Value = 3.79779E+06 Freq =	310.16	(cycles/time)
5	Mode	5: Value = 3.83172E+06 Freq =	311.54	(cycles/time)
6	Mode	6: Value = 3.83428E+06 Freq =	311.65	(cycles/time)
7	Mode	7: Value = 2.03518E+07 Freq =	718.00	(cycles/time)
8	Mode	8: Value = 2.06978E+07 Freq =	724.07	(cycles/time)
9	Mode	9: Value = 2.11661E+07 Freq =	732.22	(cycles/time)
10	Mode	10: Value = 2.11777E+07 Freq =	732.42	(cycles/time)
11	Mode	11: Value = 2.14771E+07 Freq =	737.58	(cycles/time)
12	Mode	12: Value = 2.14975E+07 Freq =	737.93	(cycles/time)
13	Mode	13: Value = 3.45612E+07 Freq =	935.65	(cycles/time)
14	Mode	14: Value = 4.95067E+07 Freq =	1119.8	(cycles/time)
15	Mode	15: Value = 5.25837E+07 Freq =	1154.1	(cycles/time)
16	Mode	16: Value = 5.26860E+07 Freq =	1155.2	(cycles/time)
17	Mode	17: Value = 5.35709E+07 Freq =	1164.9	(cycles/time)
18	Mode	18: Value = 5.35875E+07 Freq =	1165.1	(cycles/time)
19	Mode	19: Value = 5.62274E+07 Freq =	1193.4	(cycles/time)
20	Mode	20: Value = 6.34094E+07 Freq =	1267.4	(cycles/time)

图 8-35　频率结果（装配式板簧模型）

8.4.2　整体式板簧模型

（1）整体式板簧模型草图如图 8-36 所示，草图绘制完成后直接通过拉伸完成整体式板簧三维的建模。整体式非接触式板簧装配体模型文件 leaf_solid_full.inp 存储在章节文件中，请读者自行调阅学习。板簧的材料参数：弹性模量为 2.06E+5，泊松比为 0.29，密度为 7.74E-9。材料参数建立完成之后并通过截面属性赋予整个板簧模型。与装配式板簧模型对比，整体式板簧模型在三维模型建模及后续的约束处理中相对简单很多（簧片与垫片之间的绑定约束、板簧及垫片中的 6 个螺栓孔处 MPC 约束均不用考虑）。板簧模型建立好之后在整体式板簧前后两端及中间部位创建直径为 10 mm 的圆孔。整体式板簧网格划分质量也相对较好，六面体单元共计 11694 个。整体式板簧有限元模型如图 8-37 所示。

（2）切换到分析部 Step 界面，完成 2 个分析部创建，可参考图 8-3，Step-1 为模态分析步，设置提取前 20 阶模态，参数可参考图 8-4。Step-2 为子结构生成，子结构即把整个连杆作为一个单一部件。Step-2 子结构在 Basic 选项卡设置子结构标示（Substructure identifier：Z101），点选 Whole model，在后续方框中选择整个模型，可参考图 8-5；切换到 Options 选项卡，勾选 Specify retained eigenmodes by：，点选 Mode range，在 Data 方框中输入 1，20，1，可参考图 8-6。

（3）切换到 Interaction 界面，在板簧两端及中间、垫片的螺栓孔中心创建 RP，建立 RP 与孔内表面的 MPC 多点约束，如图 8-38 所示。

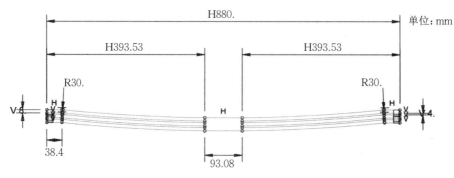

图 8-36　整体式板簧模型草图

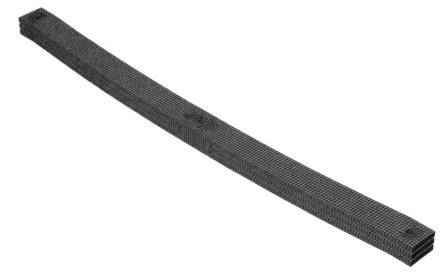

图 8-37　整体式板簧有限元模型

（4）切换到 Load 界面，在 Step-1 分析步下把 RP-1 至 RP-7 这 7 个参考点完全固定；Step-2 分析步下选择 Retained nodal dofs，单击继续弹出编辑界面对话框，可参考图 8-10，选择 RP-1 至 RP-7 共 7 个参考点，勾选全部约束。

（5）切换到 Job 界面，在模型下单击编辑关键字，选择 leaf_solid_full，添加如下信息：

```
MASS MATRIX=YES          % 质量矩阵
 *FLEXIBLE BODY, TYPE=ADAMS        % 转换为 ADAMS 关键字；
 *ELEMENT RECOVERY MATRIX, POSITION=AVERAGED AT NODES        % 计
算结果中显示应力应变
 S,
 E,
```

（6）创建 leaf_solid_full 分析作业并提交运算，计算前 20 阶频率结果，如图 8-39 所示。对比图 8-34 与图 8-39 可发现，两种模型频率计算结果几乎完全相同，由于整体

式建模较为简单、单元质量较高，同时不用考虑簧片与垫片之间的绑定约束，因此在做非接触式板簧模型时可优先考虑整体式建模方法。

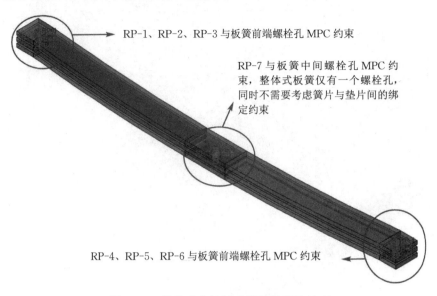

图 8-38　整体式非接触式簧片装配体约束

1	Mode	1: Value = 3.56559E+06 Freq =	300.53	(cycles/time)
2	Mode	2: Value = 3.63200E+06 Freq =	303.31	(cycles/time)
3	Mode	3: Value = 3.78236E+06 Freq =	309.53	(cycles/time)
4	Mode	4: Value = 3.79904E+06 Freq =	310.21	(cycles/time)
5	Mode	5: Value = 3.83183E+06 Freq =	311.55	(cycles/time)
6	Mode	6: Value = 3.83341E+06 Freq =	311.61	(cycles/time)
7	Mode	7: Value = 2.03718E+07 Freq =	718.35	(cycles/time)
8	Mode	8: Value = 2.06955E+07 Freq =	724.03	(cycles/time)
9	Mode	9: Value = 2.11653E+07 Freq =	732.20	(cycles/time)
10	Mode	10: Value = 2.11659E+07 Freq =	732.22	(cycles/time)
11	Mode	11: Value = 2.14722E+07 Freq =	737.49	(cycles/time)
12	Mode	12: Value = 2.14889E+07 Freq =	737.78	(cycles/time)
13	Mode	13: Value = 3.44865E+07 Freq =	934.64	(cycles/time)
14	Mode	14: Value = 4.93616E+07 Freq =	1118.2	(cycles/time)
15	Mode	15: Value = 5.23589E+07 Freq =	1151.6	(cycles/time)
16	Mode	16: Value = 5.24897E+07 Freq =	1153.1	(cycles/time)
17	Mode	17: Value = 5.33413E+07 Freq =	1162.4	(cycles/time)
18	Mode	18: Value = 5.33627E+07 Freq =	1162.6	(cycles/time)
19	Mode	19: Value = 5.59255E+07 Freq =	1190.2	(cycles/time)
20	Mode	20: Value = 6.31784E+07 Freq =	1265.0	(cycles/time)

图 8-39　频率结果（整体式板簧模型）

8.5 装配式与整体式非接触式板簧刚度测试

（1）启动 ADAMS/View，选择 New Model。
（2）New Model：leaf_asm_an_full_test。
（3）Working Directory：D:\ADAMS_MNF。
（4）单击 OK，完成非接触式板簧模型创建，如图 8-40 所示。
（5）单击 Flexible Bodies > Adams Flex(Create a Flexible Body) 命令，弹出创建柔性体对话框，如图 8-41 所示。

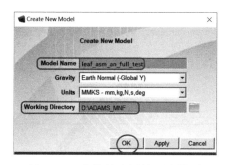

图 8-40　非接触式板簧测试模型

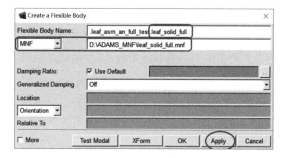

图 8-41　整体式非接触板簧柔性体导入

（6）Flexible Body Name：.leaf_asm_an_full_test.leaf_solid_full。
（7）MNF：D:\ADAMS_MNF\leaf_solid_full.mnf，其余参数保持默认。
（8）单击 Apply，完成整体式非接触式板簧柔性体 leaf_solid_full 的导入。
（9）Flexible Body Name：.leaf_asm_an_full_test.leaf_solid_asm。
（10）MNF：D:\ADAMS_MNF\leaf_solid_asm.mnf，其余参数保持默认。
（11）Location：0，-300，0。
（12）单击 OK，完成装配式非接触式板簧柔性体 leaf_solid_asm 的导入。

8.5.1　转接部件

板簧前后端部需要与车架进行连接，同时簧片间也要通过约束处理。由于板簧是一个整体部件，因此簧片间不能进行约束处理，需在板簧上建立额外的部件（一般为无质量的部件或小质量的部件）。此处的方案是在板簧前后端部建立小质量的转接部件球形体，这样簧片间不仅能添加约束，而且簧片与车架（大地）间亦可以添加约束处理。

（1）单击 Bodies > Geometry Sphere 命令，创建球形几何体。
（2）选择 New Part。
（3）Radius：4.0。
（4）选择考点 leaf_solid_full.INT_NODE_18574 完成球形部件创建。
（5）右击球形部件，选择 Rename，重命名为 P1。
（6）重复上述步骤，完成 12 个转接部件的建立，按顺序分别命名为 P2、P3、P4、P5、P6、P7、P8、P9、P10、P11、P12。柔性体板簧参考点与转接部件对应关系见表 8-1。

表 8-1 转接部件参考点

柔性体参考点	转接部件
leaf_solid_full.INT_NODE_18575	P2
leaf_solid_full.INT_NODE_18576	P3
leaf_solid_full.INT_NODE_18577	P4
leaf_solid_full.INT_NODE_18578	P5
leaf_solid_full.INT_NODE_18579	P6
leaf_solid_asm.INT_NODE_30237	P7
leaf_solid_asm.INT_NODE_30238	P8
leaf_solid_asm.INT_NODE_30239	P9
leaf_solid_asm.INT_NODE_30240	P10
leaf_solid_asm.INT_NODE_30241	P11
leaf_solid_asm.INT_NODE_30242	P12

8.5.2 板簧吊耳部件

（1）单击 Bodies > Construction > Marker 命令，创建参考点。

（2）Add to Ground。

（3）Don't Attach。

（4）右击鼠标，参考点位置输入：350.0，414.3，25.0。

（5）单击 OK，完成硬点创建。

（6）右击硬点，选择 Rename，重命名为 Shackle_ref_1。

（7）单击 Bodies > Geometry Cylinder 命令，创建圆柱几何体。

（8）选择 New Part。

（9）Radius：10.0。

（10）选择硬点 leaf_solid_full.INT_NODE_18577 与 Shackle_ref_1 完成圆柱体部件创建。

（11）右击圆柱体部件，选择 Rename，重命名为 Shackle_1。

（12）单击 Bodies > Construction > Marker 命令，创建参考点。

（13）Add to Ground。

（14）Don't Attach。

（15）右击鼠标，参考点位置输入：350.0，114.3，25.0。

（16）单击 OK，完成硬点创建。

（17）右击硬点，选择 Rename，重命名为 Shackle_ref_2。

（18）单击 Bodies > Geometry Cylinder 命令，创建圆柱几何体。

（19）选择 New Part。

（20）Radius：10.0。

（21）选择硬点 leaf_solid_asm.INT_NODE_30240 与 Shackle_ref_2 完成圆柱体部件创建。

（22）右击圆柱体部件，选择 Rename，重命名为 Shackle_2。

8.5.3 约束方案

整体式与装配式非接触式板簧模型在刚度测试时，各部件之间的约束对应关系见表 8-2，约束副均垂直于工作网格（即 XY 平面）。

表 8-2 部件约束关系

部件 1	部件 2	约束关系	约束位置参考点
Leaf_solid_full	P1	固定副	leaf_solid_full.INT_NODE_18574
	P2		leaf_solid_full.INT_NODE_18575
	P3		leaf_solid_full.INT_NODE_18576
	P4		leaf_solid_full.INT_NODE_18577
	P5		leaf_solid_full.INT_NODE_18578
	P6		leaf_solid_full.INT_NODE_18579
	Ground	铰接副	leaf_solid_full.INT_NODE_18575
	shackle_1		leaf_solid_full.INT_NODE_18578
Shackle_1	Ground		ground.shackle_ref_1
P1	P2	固定副	leaf_solid_full.INT_NODE_18574
P3	P2		leaf_solid_full.INT_NODE_18576
P4	P5		leaf_solid_full.INT_NODE_18577
P6	P6		leaf_solid_full.INT_NODE_18579
Leaf_solid_asm	P7	固定副	leaf_solid_asm.INT_NODE_30237
	P8		leaf_solid_asm.INT_NODE_30238
	P9		leaf_solid_asm.INT_NODE_30239
	P10		leaf_solid_asm.INT_NODE_30240
	P11		leaf_solid_asm.INT_NODE_30241
	P12		leaf_solid_asm.INT_NODE_30242
	Ground	铰接副	leaf_solid_asm.INT_NODE_30238
	shackle_2		leaf_solid_asm.INT_NODE_30241
Shackle_2	Ground		ground.shackle_ref_2
P7	P8	固定副	leaf_solid_asm.INT_NODE_30237
P9	P8		leaf_solid_asm.INT_NODE_30239
P10	P11		leaf_solid_asm.INT_NODE_30240
P12	P11		leaf_solid_asm.INT_NODE_30242

8.5.4 板簧测试力

(1) 单击 Forces > Applied Forces > Create a Force 命令。

(2) 选择参考点 leaf_solid_full.INT_NODE_18579，方向为 Y 方向，完成 SFORCE_1 创建。

(3) 右击 SFORCE_1，选择 Modify。

(4) Function：7000.0 * SIN(180d*time)，即最大力为 7000 N，对应的频率为 0.5 Hz。

(5) 单击 Apply，完成力修正。

(6) 选择参考点 leaf_solid_asm.INT_NODE_30244，方向为 Y 方向，完成 SFORCE_2 创建。

(7) 右击 SFORCE_2，选择 Modify。

(8) Function：7000.0 * SIN(180d*time)，即最大力为 7000 N，对应的频率为 0.5 Hz。

(9) 单击 OK，完成力施加。

至此，非接触式板簧刚度测试模型建立完成，如图 8-42 所示，对板簧进行 1 s 仿真，计算非接触式板簧刚度特性曲线，如图 8-43 和图 8-44 所示。从曲线变化趋势看，两种模型变化趋势相似度极高。

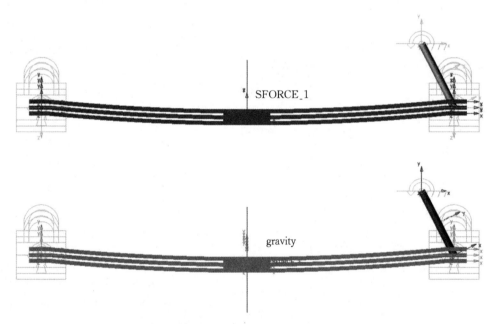

图 8-42　板簧测试模型（整体式与装配式同时测试）

为进一步验证其刚度特性，需考虑不同频率特性下非接触式板簧的刚度特性，当频率增加 10 倍，即当频率为 5 Hz 时：

(1) 右击 SFORCE_1，选择 Modify。

(2) Function：7000.0 * SIN(1800d*time)，此时对应的频率为 5 Hz。

(3) 单击 OK，完成力修正。

(4) 右击 SFORCE_2，选择 Modify。
(5) Function：7000.0 * SIN(180d*time)。
(6) 单击 OK，完成力施加。

当对板簧施加的力频率为 5 Hz 时，对板簧进行 1 s 仿真，计算非接触式板簧刚度特性曲线，如图 8-45 和图 8-46 所示。从曲线变化趋势看，两种模型变化趋势相似度极高。

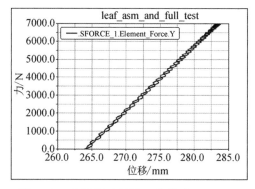

图 8-43 非接触式板簧（整体式、0.5 Hz）

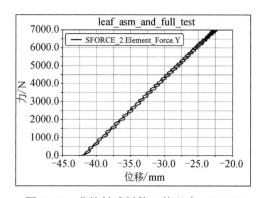

图 8-44 非接触式板簧（装配式、0.5 Hz）

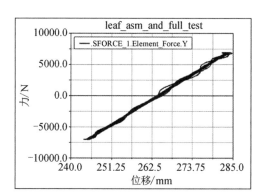

图 8-45 非接触式板簧（整体式、5 Hz）

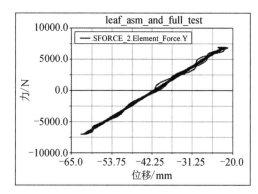

图 8-46 非接触式板簧（装配式、5 Hz）

悬架篇

第 9 章　横置板簧悬架

横置板簧悬架较为少见，目前科尔维特跑车前后悬架均采用此类悬架，沃尔沃后悬架亦采用此类悬架。横置板簧上有不同距离的螺孔，固定不同的螺孔位置，可以改变板簧的刚度，进而调整整车底盘的特性。横置板簧同时相当于一根横拉杆，对整车的稳定性起到提升作用。安装横置板簧后，螺旋弹簧可以省去，增大悬架系统的空间，减小非簧载质量，从而车辆的制动特性明显改善。建立好的横置板簧双 A 臂悬架模型如图 9-1 所示。

图 9-1　横置板簧双 A 臂悬架模型

9.1　横置板簧前处理

（1）启动 Abaqus/CAE，切换到 Part 模块，草图绘制完成后，通过拉伸厚度至 5 mm，完成几何体的创建，如图 9-2 所示。

图 9-2　板簧三维模型（20 mm×5 mm）

（2）切换到 Property 界面，创建材料属性：弹性模量为 2.1E+5，泊松比为 0.3，密度为 7.9E-9。材料属性参数一定要保持正确（不同软件的单位不同），否则会导致计算出的模态出错。材料属性参数通过界面属性赋予到三维模型上，赋予成功后，板簧几何体颜色变为浅绿色。材料界面属性如图 9-3 所示。

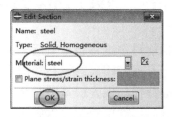

图 9-3　材料界面属性

（3）切换到 Assembly 界面，单击装配完成单体部件装配。

（4）切换到分析部 Step 界面，完成 2 个分析部创建，如图 9-4 所示。Step-1 为模态分析步，设置提取前 20 阶模态。Step-2 为子结构生成，子结构即把整个连杆作为一个单一部件。Step-2 子结构在 Basic 选项卡设置子结构标示（Substructure identifier: Z101），点选 Whole model，在后续方框中选择整个模型，如图 9-5 所示；切换到 Options 选项卡，勾选 Specify retained eigenmodes by:，点选 Mode range，在 Data 方框中输入 1，20，1，如图 9-6 所示。

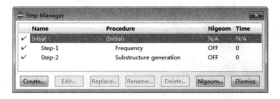

图 9-4　分析步设置

图 9-5　Basic 选项卡设置

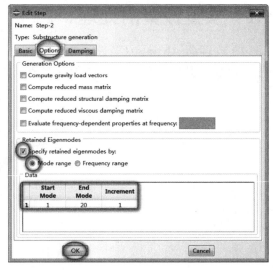

图 9-6　Options 选项卡设置

（5）切换到 Interaction 界面，在连杆两圆孔中心创建 RP，建立 RP 与孔内表面的 MPC 多点约束，如图 9-7 所示。

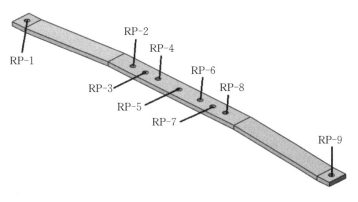

图 9-7　RP 约束

板簧长度中心线上设计 9 个孔，孔直径为 5 mm。此板簧有 4 种刚度：RP-5 为板簧长度的中心，固定 RP-5 时，单侧臂 RP-5 与 RP-1 之间的刚度为 A，单侧臂 RP-5 与 RP-9 之间的刚度为 A；RP-4 与 RP-6 关于 RP-5 对称，固定 RP-4 与 RP-6 时，单侧臂 RP-4 与 RP-1 之间的刚度为 B，单侧臂 RP-6 与 RP-9 之间的刚度为 B；RP-3 与 RP-7 关于 RP-5 对称，固定 RP-3 与 RP-5 时，单侧臂 RP-3 与 RP-1 之间的刚度为 C，单侧臂 RP-5 与 RP-9 之间的刚度为 C；RP-2 与 RP-8 关于 RP-5 对称，固定 RP-2 与 RP-8 时，单侧臂 RP-2 与 RP-1 之间的刚度为 D，单侧臂 RP-8 与 RP-9 之间的刚度为 D。RP-1 和 RP-9 与下控制臂刚性固定连接。

（6）切换到网格划分 Mesh 界面，设置网格全局尺寸为 2 mm，网格划分完成后如图 9-8 所示，共包含 5488 个六面体单元，经检查，网格全部符合要求。

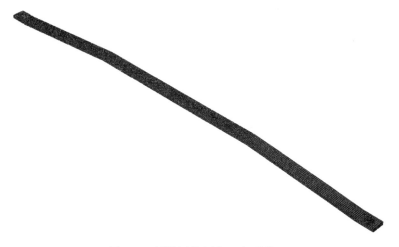

图 9-8　板簧网格划分（六面体）

（7）切换到 Load 界面，在 Step-1 分析步下把 RP-1、RP-2 这 2 个参考点完全固定。

（8）Step-2 分析步下选择 Retained nodal dofs，单击继续弹出编辑界面对话框，如图 9-9 所示，勾选全部约束。

（9）切换到 Job 界面，在模型下单击编辑关键字，弹出关键字命令窗口，如图 9-10 所示。

在图片位置处添加关键字符如下：

```
 MASS MATRIX=YES      %质量矩阵
*FLEXIBLE BODY, TYPE=ADAMS     %转换为 ADAMS 关键字；
*ELEMENT RECOVERY MATRIX, POSITION=AVERAGED AT NODES      %计算结果中显示应力应变
S,
E,
```

（10）创建 fsae_leaf_20p5 分析作业并提交运算，运算完成后可以在后处理模块中显示连杆的模态变形及对应的频率。前 4 阶模态变形如图 9-11 至图 9-14 所示。

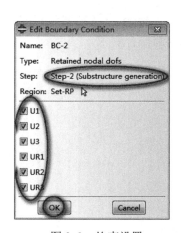

图 9-9　约束设置

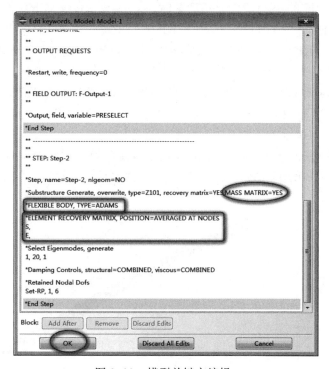

图 9-10　模型关键字编辑

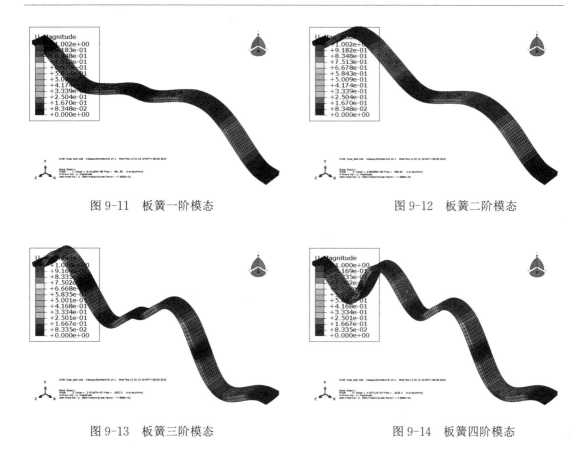

图 9-11　板簧一阶模态　　　　　　　　图 9-12　板簧二阶模态

图 9-13　板簧三阶模态　　　　　　　　图 9-14　板簧四阶模态

9.2　横置板簧 MNF

（1）打开 Abaqus Command，输入 cd D：\ADAMS_MNF，切换命令至 ADAMS_MNF 文件夹。

（2）继续输入以下命令：abaqus adams job= fsae_leaf_20p5 substructure_sim= fsae_leaf_20p5_Z101 model_odb= fsae_leaf_20p5 length=mm mass=tonne time=sec force=N，命令输入完成后，Abaqus Command 完成提交并运算后产生 fsae_leaf_20p5.mnf 中性文件。

（3）板簧子数据块完成计算后通过转换命令生成板簧中性文件 MNF，在 ADAMS 中导入中性文件添加约束、驱动计算板簧刚度。单侧臂刚度测试过程如下：RP-9 处添加与 Y 轴平行的移动副，在移动副上添加驱动位移，每秒运动 20 mm，分别固定约束 RP-5、RP-6、RP-7、RP-8 计算出刚度 A、B、C、D，如图 9-15 所示，刚度 A 为 26.10 N/mm，刚度 B 为 56.04 N/mm，刚度 C 为 107.54 N/mm，刚度 D 为 232.55 N/mm。从计算结果可以看出，同一片钢板弹簧，通过改变力臂大小，刚度实现了约 9 倍范围的变化。

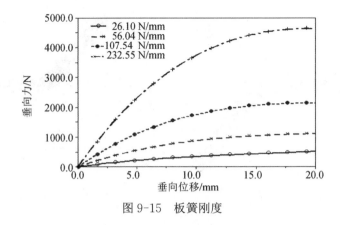

图 9-15 板簧刚度

9.3 横置板簧双 A 臂悬架模型

（1）启动 ADAMS/Car，选择专家模块进入建模界面。

（2）单击 File > New 命令，弹出建模对话框，如图 9-16 所示。

图 9-16 建模对话框

（3）Template Name：fsae_suspension_rear_axle。

（4）Major Role：suspension。

（5）单击 OK。

（6）单击 Build > Hardpoint > New 命令，弹出创建硬点对话框，如图 9-17 所示。

（7）Hardpoint Name：drive_shaft_inr。

（8）Type：left。

（9）Location：1500，-200，225。

（10）单击 Apply，完成 drive_shaft_inr 硬点的创建。此时在屏幕上显示出左右对称的 2 个硬点。依次类推，重复上述步骤完成图 9-18 中所有硬点的创建，创建完成后单击 OK。

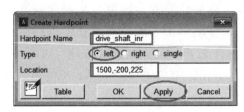

图 9-17 创建硬点对话框

	loc x	loc y	loc z
hpl_arb_bushing_mount	1651.0	-127.0	101.6
hpl_drive_shaft_inr	1500.0	-200.0	225.0
hpl_lca_front	1270.0	-127.0	127.0
hpl_lca_outer	1498.6	-482.6	101.6
hpl_lca_rear	1651.0	-127.0	127.0
hpl_strut_low	1498.6	-375.0	101.6
hpl_strut_low_ref	1498.6	-375.0	1.6
hpl_strut_up	1498.6	-345.0	401.6
hpl_strut_up_ref	1498.6	-345.0	501.6
hpl_tierod_inner	1676.4	-127.0	152.4
hpl_tierod_outer	1574.8	-457.2	152.4
hpl_uca_front	1270.0	-152.4	304.8
hpl_uca_outer	1549.4	-482.6	355.6
hpl_uca_rear	1625.6	-152.4	304.8
hpl_wheel_center	1524.0	-558.8	228.6
hps_global	1524.0	0.0	0.0

图 9-18　后推力杆式双横臂悬架硬点数据

9.3.1　上控制臂部件 uca

（1）单击 Build ＞ Part ＞ General Part ＞ New 命令，弹出创建部件对话框。图 9-19 所示为已经建立好的横置板簧悬架模型，通过右击 ._fsae_suspension_rear_axle.gel_uca 部件，在弹出的快捷菜单中单击 Modify。

（2）General Part：._fsae_suspension_rear_axle.gel_uca。

（3）Location Dependency：Centered between coordinates。

（4）Centered between：Three Coordinates，上控制臂部件 uca 的位于 3 点坐标的中心位置。

（5）Coordinate Reference #1：._fsae_suspension_rear_axle.ground.hpl_uca_front。

（6）Coordinate Reference #2：._fsae_suspension_rear_axle.ground.hpl_uca_rear。

（7）Coordinate Reference #3：._fsae_suspension_rear_axle.ground.hpl_uca_outer。

（8）Orient using：Euler Angles，部件定向采用欧拉角模式。

（9）Euler Angles：0.0，0.0，0.0。

（10）Mass：1。

（11）Ixx：1。

（12）Iyy：1。

（13）Izz：1。

（14）Density：Material。

（15）Material Type：.materials.steel。

(16) 单击 OK，完成 ._fsae_suspension_rear_axle.gel_uca 部件的创建。

(17) 单击 Build > Geometry > Link > New 命令，弹出创建连杆几何体对话框，如图 9-20 所示。

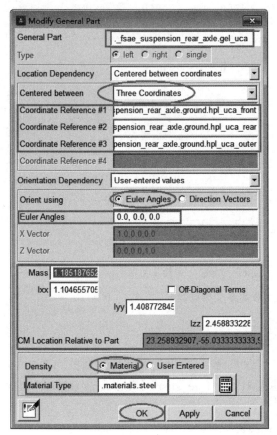
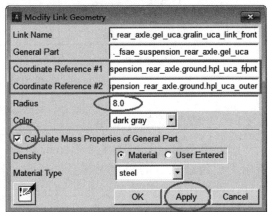

图 9-19　控制臂 uca 部件创建对话框　　　图 9-20　控制臂 uca 几何体创建对话框

(18) Link Name：._fsae_suspension_rear_axle.gel_uca.gralin_uca_link_front。

(19) General Part：._fsae_suspension_rear_axle.gel_uca。

(20) Coordinate Reference #1：._fsae_suspension_rear_axle.ground.hpl_uca_front。

(21) Coordinate Reference #2：._fsae_suspension_rear_axle.ground.hpl_uca_outer。

(22) Radius：8.0。

(23) Color：dark gray。

(24) 选择 Calculate Mass Properties of General Part 复选框，当几何体建立好之后会更新对应部件的质量和惯量参数。

(25) Density：Material。

(26) Material Type：steel。

(27) 单击 Apply，完成 ._fsae_suspension_rear_axle.gel_uca.gralin_uca_link_front 几何体的创建。

(28) Link Name：._fsae_suspension_rear_axle.gel_uca.gralin_uca_link_rear。

（29）General Part：._fsae_suspension_rear_axle.gel_uca。

（30）Coordinate Reference #1：._fsae_suspension_rear_axle.ground.hpl_uca_rear。

（31）Coordinate Reference #2：._fsae_suspension_rear_axle.ground.hpl_uca_outer。

（32）Radius：8.0。

（33）Color：dark gray。

（34）勾选 Calculate Mass Properties of General Part 复选框。

（35）Density：Material。

（36）Material Type：steel。

（37）单击 OK，完成 ._fsae_suspension_rear_axle.gel_uca.gralin_uca_link_rear 几何体的创建。

9.3.2 下控制臂部件 lca

（1）单击 Build＞Part＞General Part＞New 命令，弹出创建部件对话框，可参考图 9-19。

（2）General Part：._fsae_suspension_rear_axle.gel_lca。

（3）Location Dependency：Centered between coordinates。

（4）Centered between：Three Coordinates。

（5）Coordinate Reference #1：._fsae_suspension_rear_axle.ground.hpl_lca_front。

（6）Coordinate Reference #2：._fsae_suspension_rear_axle.ground.hpl_lca_rear。

（7）Coordinate Reference #3：._fsae_suspension_rear_axle.ground.hpl_lca_outer。

（8）Orient using：Euler Angles。

（9）Euler Angles：0.0，0.0，0.0。

（10）Mass：1。

（11）Ixx：1。

（12）Iyy：1。

（13）Izz：1。

（14）Density：Material。

（15）Material Type：.materials.steel。

（16）单击 OK，完成 ._fsae_suspension_rear_axle.gel_lca 部件的创建。

（17）单击 Build＞Geometry＞Link＞New 命令，弹出创建连杆几何体对话框，可参考图 9-20。

（18）Link Name：._fsae_suspension_rear_axle.gel_lca.gralin_lca_link_front。

（19）General Part：._fsae_suspension_rear_axle.gel_lca。

（20）Coordinate Reference #1：._fsae_suspension_rear_axle.ground.hpl_lca_front。

（21）Coordinate Reference #2：._fsae_suspension_rear_axle.ground.hpl_lca_outer。

（22）Radius：8.0。

（23）Color：yellow。

（24）选择 Calculate Mass Properties of General Part 复选框，当几何体建立好之后

会更新对应部件的质量和惯量参数。

（25）Density: Material。

（26）Material Type: steel。

（27）单击 Apply，完成 .._fsae_suspension_rear_axle.gel_lca.gralin_lca_link_front 几何体的创建。

（28）Link Name: .._fsae_suspension_rear_axle.gel_lca.gralin_lca_link_rear。

（29）General Part: .._fsae_suspension_rear_axle.gel_lca。

（30）Coordinate Reference #1: .._fsae_suspension_rear_axle.ground.hpl_lca_rear。

（31）Coordinate Reference #2: .._fsae_suspension_rear_axle.ground.hpl_lca_outer。

（32）Radius: 8.0。

（33）Color: yellow。

（34）勾选 Calculate Mass Properties of General Part 复选框。

（35）Density: Material。

（36）Material Type: steel。

（37）单击 OK，完成 .._fsae_suspension_rear_axle.gel_lca.gralin_lca_link_rear 几何体的创建。

9.3.3 转向节部件 upright

（1）单击 Build ＞ Part ＞ General Part ＞ New 命令，弹出创建部件对话框，可参考图 9-19。

（2）General Part: .._fsae_suspension_rear_axle.gel_upright。

（3）Location Dependency: Centered between coordinates。

（4）Centered between: Two Coordinates。

（5）Coordinate Reference #1: .._fsae_suspension_rear_axle.ground.hpl_uca_outer。

（6）Coordinate Reference #2: .._fsae_suspension_rear_axle.ground.hpl_lca_outer。

（7）Orient using: Euler Angles。

（8）Euler Angles: 0.0, 0.0, 0.0。

（9）Mass: 1。

（10）Ixx: 1。

（11）Iyy: 1。

（12）Izz: 1。

（13）Density: Material。

（14）Material Type: .materials.steel。

（15）单击 OK，完成 .._fsae_suspension_rear_axle.gel_upright 部件的创建。

（16）单击 Build ＞ Geometry ＞ Link ＞ New 命令，弹出创建连杆几何体对话框，可参考图 9-20。

（17）Link Name: .._fsae_suspension_rear_axle.gel_upright.gralin_upright。

（18）General Part: .._fsae_suspension_rear_axle.gel_upright。

（19）Coordinate Reference #1：._fsae_suspension_rear_axle.ground.hpl_uca_outer。

（20）Coordinate Reference #2：._fsae_suspension_rear_axle.ground.hpl_lca_outer。

（21）Radius：13.0。

（22）Color：blue。

（23）选择 Calculate Mass Properties of General Part 复选框，当几何体建立好之后会更新对应部件的质量和惯量参数。

（24）Density：Material。

（25）Material Type：steel。

（26）单击 OK，完成 ._fsae_suspension_rear_axle.gel_upright.gralin_upright 几何体的创建。

9.3.4 转向横拉杆部件 tierod

（1）单击 Build＞Part＞General Part＞New 命令，弹出创建部件对话框，可参考图 9-19。

（2）General Part：._fsae_suspension_rear_axle.gel_tierod。

（3）Location Dependency：Centered between coordinates。

（4）Centered between：Two Coordinates。

（5）Coordinate Reference #1：._fsae_suspension_rear_axle.ground.hpl_tierod_inner。

（6）Coordinate Reference #2：._fsae_suspension_rear_axle.ground.hpl_tierod_outer。

（7）Orientation Dependency：User-entered values。

（8）Orient using：Euler Angles。

（9）Euler Angles：0.0，0.0，0.0。

（10）Mass：1。

（11）Ixx：1。

（12）Iyy：1。

（13）Izz：1。

（14）Density：Material。

（15）Material Type：.materials.steel。

（16）单击 OK，完成 ._fsae_suspension_rear_axle.gel_tierod 部件的创建。

（17）单击 Build＞Geometry＞Link＞New 命令，弹出创建连杆几何体对话框，可参考图 9-20。

（18）Link Name：._fsae_suspension_rear_axle.gel_tierod.gralin_tierod。

（19）General Part：._fsae_suspension_rear_axle.gel_tierod。

（20）Coordinate Reference #1：._fsae_suspension_rear_axle.ground.hpl_tierod_inner。

（21）Coordinate Reference #2：._fsae_suspension_rear_axle.ground.hpl_tierod_outer。

（22）Radius：7.0。

（23）Color：magenta。

（24）选择 Calculate Mass Properties of General Part 复选框，当几何体建立好之后

会更新对应部件的质量和惯量参数。

（25）Density：Material。

（26）Material Type：steel。

（27）单击 OK，完成横拉杆 ._fsae_suspension_rear_axle.gel_tierod.gralin_tierod 几何体的创建。

9.3.5 部件 strut_up

（1）单击 Build ＞ Part ＞ General Part ＞ New 命令，弹出创建部件对话框，可参考图 9-19。

（2）General Part：._fsae_suspension_rear_axle.gel_strut_up。

（3）Location Dependency：Delta location from coordinate。

（4）Coordinate Reference：._fsae_suspension_rear_axle.ground.hpl_strut_up。

（5）Location：0,0,0。

（6）Location in：local。

（7）Orientation Dependency：User-entered values。

（8）Orient using：Euler Angles。

（9）Euler Angles：0.0,0.0,0.0。

（10）Mass：1。

（11）Ixx：1。

（12）Iyy：1。

（13）Izz：1。

（14）Density：Material。

（15）Material Type：.materials.steel。

（16）单击 OK，完成 ._fsae_suspension_rear_axle.gel_strut_up 部件的创建。

9.3.6 部件 strut_low

（1）单击 Build ＞ Part ＞ General Part ＞ New 命令，弹出创建部件对话框，可参考图 9-19。

（2）General Part：._fsae_suspension_rear_axle.gel_strut_low。

（3）Location Dependency：Delta location from coordinate。

（4）Coordinate Reference：._fsae_suspension_rear_axle.ground.hpl_strut_low。

（5）Location：0,0,0。

（6）Location in：local。

（7）Orientation Dependency：User-entered values。

（8）Orient using：Euler Angles。

（9）Euler Angles：0.0,0.0,0.0。

（10）Mass：1。

（11）Ixx：1。

（12）Iyy：1。
（13）Izz：1。
（14）Density：Material。
（15）Material Type：.materials.steel。
（16）单击 OK，完成 .._fsae_suspension_rear_axle.gel_strut_low 部件的创建。

9.3.7 轮毂部件 spindle

（1）单击 Build > Suspension Parameters > Toe/Camber Values > Set 命令，弹出悬架参数对话框，如图 9-21 所示。前束角输入 0，外倾角输入 -1.5，单击 OK 完成参数创建。与此同时系统自动建立 2 个输出通讯器：col[r]_toe_angle 和 col[r]_camber_angle。

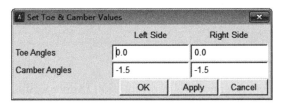

图 9-21 悬架参数对话框

（2）单击 Build > Construction Frame > New 命令，弹出创建结构框对话框，如图 9-22 所示。

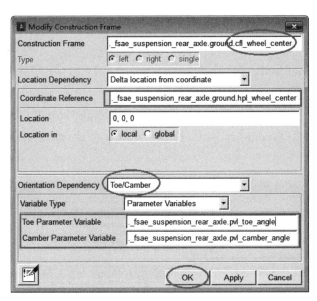

图 9-22 wheel_center 结构框

（3）Construction Frame：.._fsae_suspension_rear_axle.ground.cfl_wheel_center。
（4）Coordinate Reference：._fsae_suspension_rear_axle.ground.hpl_wheel_center。
（5）Location：0，0，0。
（6）Location in：local。

(7) Orientation Dependency: Toe/Camber。

(8) Variable Type: Parameter Variables。

(9) Toe Parameter Variable: ._fsae_suspension_rear_axle.pvl_toe_angle。

(10) Camber Parameter Variable: ._fsae_suspension_rear_axle.pvl_camber_angle。

(11) 单击 OK, 完成 ._fsae_suspension_rear_axle.ground.cfl_wheel_center 结构框的创建。

(12) 单击 Build > Part > General Part > New 命令, 弹出创建部件对话框, 可参考图 9-19。

(13) General Part: ._fsae_suspension_rear_axle.gel_spindle。

(14) Location Dependency: Delta location from coordinate。

(15) Coordinate Reference: ._fsae_suspension_rear_axle.ground.cfl_wheel_center。

(16) Location: 0, 0, 0。

(17) Location in: local。

(18) Orientation Dependency: Delta orientation from coordinate。

(19) Construction Frame: ._fsae_suspension_rear_axle.ground.cfl_wheel_center。

(20) Orientation: 0, 0, 0。

(21) Mass: 1。

(22) Ixx: 1。

(23) Iyy: 1。

(24) Izz: 1。

(25) Density: Material。

(26) Material Type: .materials.steel。

(27) 单击 OK, 完成 ._fsae_suspension_rear_axle.gel_spindle 部件的创建。

(28) 单击 Build > Geometry > Cylinder > New 命令, 弹出创建圆柱几何体对话框, 如图 9-23 所示。

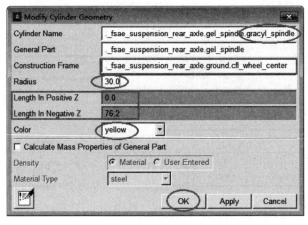

图 9-23　轮毂几何体创建对话框

（29）Cylinder Name：._fsae_suspension_rear_axle.gel_spindle.gracyl_spindle。

（30）General Part：._fsae_suspension_rear_axle.gel_spindle。

（31）Radius：30.0。

（32）Length In Positive Z：0.0。

（33）Length In Negative Z：76.2。

（34）Color：yellow。

（35）选择 Calculate Mass Properties of General Part 复选框。

（36）单击 OK，完成轮毂圆柱体 ._fsae_suspension_rear_axle.gel_spindle.gracyl_spindle 几何体的创建。

9.3.8　驱动轴部件 drive_shaft

（1）单击 Build＞Parameter Variable＞New 命令，弹出参数变量对话框，如图 9-24 所示。

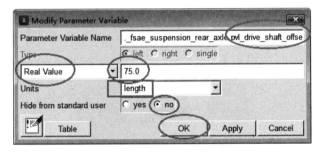

图 9-24　drive_shaft_offset 变量

（2）Parameter Variable Name：._fsae_suspension_rear_axle.pvl_drive_shaft_offset。

（3）Real Value：75.0。

（4）Units：length。

（5）Hide from standard user：no。

（6）单击 OK，完成 ._fsae_suspension_rear_axle.pvl_drive_shaft_offset 变量的创建。

（7）单击 Build＞Construction Frame＞New 命令，弹出创建结构对话框，可参考图 9-22。

（8）Construction Frame：._fsae_suspension_rear_axle.ground.cfl_drive_shaft_otr。

（9）Location Dependency：Delta location from coordinate。

（10）Coordinate Reference：._fsae_suspension_rear_axle.ground.cfl_wheel_center。

（11）Location：0.0，0.0，(-1.0 * ._fsae_suspension_rear_axle.pvl_drive_shaft_offset)。

（12）Location in：local。

（13）Orientation Dependency：Orient axis to point。

（14）Coordinate Reference：._fsae_suspension_rear_axle.ground.hpl_wheel_center。

（15）Axis：Z。

（16）单击 OK，完成 ._fsae_suspension_rear_axle.ground.cfl_drive_shaft_otr 结构框的创建。

（17）单击 Build > Part > General Part > New 命令，弹出创建部件对话框，可参考图 9-19。

（18）General Part：._fsae_suspension_rear_axle.gel_drive_shaft。

（19）Location Dependency: Delta location from coordinate。

（20）Coordinate Reference：._fsae_suspension_rear_axle.ground.hpl_drive_shaft_inr。

（21）Location：0，0，0。

（22）Location in：local。

（23）Orientation Dependency: Orient in plane。

（24）Coordinate Reference #1：._fsae_suspension_rear_axle.ground.cfl_drive_shaft_otr。

（25）Coordinate Reference #2：._fsae_suspension_rear_axle.ground.hpl_drive_shaft_inr。

（26）Coordinate Reference#3：._fsae_suspension_rear_axle.ground.hpl_wheel_center。

（27）Axis：ZX。

（28）Mass：1。

（29）Ixx：1。

（30）Iyy：1。

（31）Izz：1。

（32）Density：Material。

（33）Material Type：.materials.steel。

（34）单击 OK，完成 ._fsae_suspension_rear_axle.gel_drive_shaft 部件的创建。

（35）单击 Build > Geometry > Link > New 命令，弹出创建连杆几何体对话框，可参考图 9-20。

（36）Link Name：._fsae_suspension_rear_axle.gel_drive_shaft.gralin_drive_shaft。

（37）General Part：._fsae_suspension_rear_axle.gel_drive_shaft。

（38）Coordinate Reference #1：._fsae_suspension_rear_axle.ground.hpl_drive_shaft_inr。

（39）Coordinate Reference #2：._fsae_suspension_rear_axle.ground.cfl_drive_shaft_otr。

（40）Radius：15.0。

（41）Color：red。

（42）选择 Calculate Mass Properties of General Part 复选框，当几何体建立好之后会更新对应部件的质量和惯量参数。

（43）Density：Material。

（44）Material Type：steel。

（45）单击 OK，完成 .._fsae_suspension_rear_axle.gel_drive_shaft.gralin_drive_shaft 几何体的创建。

（46）单击 Build > Geometry > Ellipsoid > New 命令。

（47）Ellipsoid Name：.._fsae_suspension_rear_axle.gel_drive_shaft.gralin_otr_cv_housing。

（48）Coordinate Reference：.._fsae_suspension_rear_axle.ground.cfl_drive_shaft_otr。

（49）Link：.._fsae_suspension_rear_axle.gel_drive_shaft.gralin_drive_shaft。

（50）X Scale：2。

（51）Y Scale：2。

（52）Z Scale：2。

（53）Color：red。

（54）选择 Calculate Mass Properties of General Part 复选框，当几何体建立好之后会更新对应部件的质量和惯量参数。

（55）Density：Material。

（56）Material Type：steel。

（57）单击 Apply，完成 .._fsae_suspension_rear_axle.gel_drive_shaft.graell_otr_cv_housing 几何体的创建。

（58）Ellipsoid Name：.._fsae_suspension_rear_axle.gel_drive_shaft.gralin_tripot_housing。

（59）Coordinate Reference：.._fsae_suspension_rear_axle.ground.hpl_drive_shaft_inr。

（60）Link：.._fsae_suspension_rear_axle.gel_drive_shaft.gralin_drive_shaft。

（61）X Scale：2。

（62）Y Scale：2。

（63）Z Scale：2。

（64）Color：yellow。

（65）选择 Calculate Mass Properties of General Part 复选框。

（66）Density：Material。

（67）Material Type：steel。

（68）单击 OK，完成 .._fsae_suspension_rear_axle.gel_drive_shaft.gralin_tripot_housing 几何体的创建。

9.3.9 等速万向节部件 tripot

（1）单击 Build > Construction Frame > New 命令，弹出创建结构框对话框，可参考图 9-22。

（2）Construction Frame：.._fsae_suspension_rear_axle.ground.cfl_drive_shaft_inr。

（3）Location Dependency: Delta location from coordinate。

（4）Coordinate Reference: ._fsae_suspension_rear_axle.ground.hpl_drive_shaft_inr。

（5）Location: 0, 0, 0。

（6）Location in: local。

（7）Orientation Dependency: Orient in plane。

（8）Coordinate Reference #1: ._fsae_suspension_rear_axle.ground.hpl_drive_shaft_inr。

（9）Coordinate Reference #2: ._fsae_suspension_rear_axle.ground.hpr_drive_shaft_inr。

（10）Coordinate Reference#3: ._fsae_suspension_rear_axle.ground.cfl_drive_shaft_otr。

（11）Axis: ZX。

（12）单击 OK，完成 ._fsae_suspension_rear_axle.ground.cfl_drive_shaft_inr 结构框的创建。

（13）单击 Build > Part > General Part > New 命令，弹出创建部件对话框，可参考图 9-19。

（14）General Part: ._fsae_suspension_rear_axle.gel_tripot。

（15）Location Dependency: Delta location from coordinate。

（16）Coordinate Reference: ._fsae_suspension_rear_axle.ground.hpl_drive_shaft_inr。

（17）Location: 0, 0, 0。

（18）Location in: local。

（19）Orientation Dependency: Delta orientation from coordinate。

（20）Construction Frame: ._fsae_suspension_rear_axle.ground.cfl_drive_shaft_inr。

（21）Orientation: 0, 0, 0。

（22）Mass: 1。

（23）Ixx: 1。

（24）Iyy: 1。

（25）Izz: 1。

（26）Density: Material。

（27）Material Type: .materials.steel。

（28）单击 OK，完成 ._fsae_suspension_rear_axle.gel_tripot 部件的创建。

（29）单击 Build > Geometry > Cylinder > New 命令，弹出创建圆柱体对话框，可参考图 9-23。

（30）Cylinder Name: ._fsae_suspension_rear_axle.gel_tripot.gracyl_tripot_housing_extention。

（31）General Part: ._fsae_suspension_rear_axle.gel_tripot。

（32）Radius: 30.0。

（33）Length In Positive Z：50.0。

（34）Length In Negative Z：0.0。

（35）Color：yellow。

（36）选择 Calculate Mass Properties of General Part 复选框。

（37）单击 OK，完成轮毂圆柱体 ._fsae_suspension_rear_axle.gel_tripot.gracyl_tripot_housing_extention 几何体的创建。

9.3.10 板簧柔性部件

（1）单击 Build＞Part＞Flexible Body＞New 命令。

（2）General Part：._fsae_suspension_rear_axle.fbs_fsae_leaf。

（3）Location Dependency：Centered between coordinates。

（4）Centered between：Two Coordinates。

（5）Coordinate Reference #1：._fsae_suspension_rear_axle.ground.hpr_strut_low。

（6）Coordinate Reference #2：._fsae_suspension_rear_axle.ground.hpl_strut_low。

（7）Orientation Dependency：User-entered values。

（8）Orient using：Euler Angles。

（9）Euler Angles：-90，90，0。

（10）MNF File：file：//D：/ADAMS_MNF/fsae_leaf_20p5.mnf。

（11）Sprung Mass：100。

（12）Color：peach。

（13）单击 OK，完成板簧 ._fsae_suspension_rear_axle.fbs_fsae_leaf 柔性部件的创建。

9.3.11 避震器

（1）单击 Build＞Force＞Damper＞New 命令，弹出避震器创建对话框，如图 9-25 所示。

（2）Damper Name：._fsae_suspension_rear_axle.dal_damper。

（3）I Part：._fsae_suspension_rear_axle.gel_strut_up。

（4）J Part：._fsae_suspension_rear_axle.gel_strut_low。

（5）I Coordinate Reference：._fsae_suspension_rear_axle.ground.hpl_strut_up。

（6）J Coordinate Reference：._fsae_suspension_rear_axle.ground.hpl_strut_low。

（7）Property File：mdids：//FSAE/dampers.tbl/msc_0001.dpr。避震器系数曲线如图 9-26 所示。

（8）Damper Diameter：拖动滑块选择 15 mm。

（9）Color：maize。

（10）单击 OK，完成 ._fsae_suspension_rear_axle.dal_damper 避震器的创建。

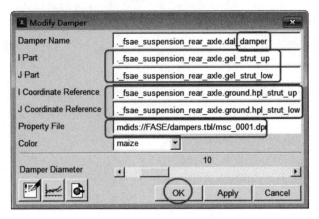

图 9-25 避震器创建对话框

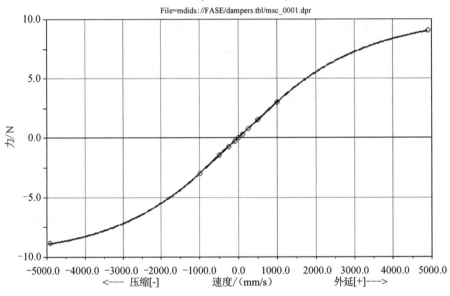

图 9-26 避震器系数曲线

避震器属性文件信息：

```
$--------------------------------------------------------------------MDI_HEADER
[MDI_HEADER]
 FILE_TYPE      =  'dpr'
 FILE_VERSION   =  4.0
 FILE_FORMAT    =  'ASCII'
$-------------------------------------------------------------------------UNITS
[UNITS]
 LENGTH  =  'mm'
 ANGLE   =  'degrees'
```

```
     FORCE  =  'newton'
     MASS   =  'kg'
     TIME   =  'second'
$----------------------------------------------------------------CURVE
[CURVE]
{    vel                   force}
-4916.935                  -8.889
-1000.0                    -3.0
-500.0                     -1.5
-250.0                     -0.75
-100.0                     -0.3
0.0                        0.0
100.0                      0.3
250.0                      0.75
500.0                      1.5
1000.0                     3.0
4914.298                   9.0416
```

9.3.12 安装部件

（1）单击 Build＞Part＞Mount＞New 命令，弹出创建安装部件对话框，如图 9-27 所示。

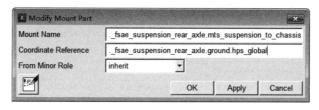

图 9-27 安装部件对话框

（2）Mount Name：._fsae_suspension_rear_axle.mts_suspension_to_chassis。

（3）Coordinate Reference：._fsae_suspension_rear_axle.ground.hps_global。

（4）From Minor Role：inherit。

（5）单击 Apply，完成 ._fsae_suspension_rear_axle.mts_suspension_to_chassis 安装部件的创建。

（6）Mount Name：._fsae_suspension_rear_axle.mtl_tierod_to_steering。

（7）Coordinate Reference：._fsae_suspension_rear_axle.ground.hpl_tierod_inner。

（8）From Minor Role：inherit。

（9）单击 Apply，完成 ._fsae_suspension_rear_axle.mtl_tierod_to_steering 安装部件的创建。

（10）Mount Name：._fsae_suspension_rear_axle.mtl_tripot_to_differential。

（11）Coordinate Reference：._fsae_suspension_rear_axle.ground.hpl_drive_shaft_inr。

（12）From Minor Role：inherit。

（13）单击 OK，完成 ._fsae_suspension_rear_axle.mtl_tripot_to_differential 安装部件的创建。

9.4 横置板簧悬架约束

9.4.1 刚性约束

单击 Build > Attachments > Joint > New 命令，弹出创建约束对话框，如图 9-28 所示。

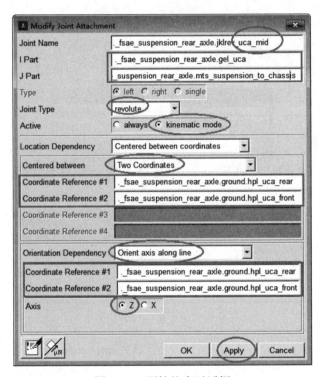

图 9-28 刚性约束对话框

（1）部件 uca 与安装件 suspension_to_chassis 之间 revolute 约束：

① Joint Name：._fsae_suspension_rear_axle.jklrev_uca_mid。

② I Part：._fsae_suspension_rear_axle.gel_uca。

③ J Part：._fsae_suspension_rear_axle.mts_suspension_to_chassis。

④ Joint Type：revolute，转动副，约束 5 个自由度。

⑤ Active：kinematic mode。

⑥ Location Dependency：Centered between coordinates。

⑦ Centered between: Two Coordinates。
⑧ Coordinate Reference #1: ._fsae_suspension_rear_axle.ground.hpl_uca_rear。
⑨ Coordinate Reference #2: ._fsae_suspension_rear_axle.ground.hpl_uca_front。
⑩ Orientation Dependency: Orient axis along line。
⑪ Coordinate Reference #1: ._fsae_suspension_rear_axle.ground.hpl_uca_rear。
⑫ Coordinate Reference #2: ._fsae_suspension_rear_axle.ground.hpl_uca_front。
⑬ 单击 Apply，完成 ._fsae_suspension_rear_axle.jklrev_uca_mid 转动副的创建。
（2）部件 uca 与 upright 之间 spherical 约束：
① Joint Name: ._fsae_suspension_rear_axle.jolsph_uca_outer。
② I Part: ._fsae_suspension_rear_axle.gel_uca。
③ J Part: ._fsae_suspension_rear_axle.gel_upright。
④ Joint Type: spherical，转动副，约束 3 个自由度。
⑤ Active: always。
⑥ Location Dependency: Delta location from coordinate。
⑦ Coordinate Reference: ._fsae_suspension_rear_axle.ground.hpl_uca_outer。
⑧ Location: 0, 0, 0。
⑨ Location in: local。
⑩ Orientation: None。
⑪ 单击 Apply，完成 ._fsae_suspension_rear_axle.jolsph_uca_outer 约束副的创建。
（3）部件 spindle 与 upright 之间 revolute 约束：
① Joint Name: ._fsae_suspension_rear_axle.jolrev_spindle。
② I Part: ._fsae_suspension_rear_axle.gel_spindle。
③ J Part: ._fsae_suspension_rear_axle.gel_upright。
④ Joint Type: revolute。
⑤ Active: always。
⑥ Location Dependency: Delta location from coordinate。
⑦ Coordinate Reference: ._fsae_suspension_rear_axle.ground.hpl_wheel_center。
⑧ Location: 0, 0, 0。
⑨ Location in: local。
⑩ Orientation Dependency: Delta orientation from coordinate。
⑪ Construction Frame: ._fsae_suspension_rear_axle.ground.cfl_wheel_center。
⑫ 单击 Apply，完成 ._fsae_suspension_rear_axle.jolrev_spindle 约束副的创建。
（4）部件 strut_up 与安装件 suspension_to_chassis 之间 hooke 约束：
① Joint Name: ._fsae_suspension_rear_axle.jolhoo_strut_up。
② I Part: ._fsae_suspension_rear_axle.gel_strut_up。
③ J Part: ._fsae_suspension_rear_axle.mts_suspension_to_chassis。
④ Joint Type: hooke。
⑤ Active: kinematic mode。

⑥ Location Dependency: Delta location from coordinate。

⑦ Coordinate Reference: ._fsae_suspension_rear_axle.ground.hpl_strut_up。

⑧ Location: 0, 0, 0。

⑨ Location in: local。

⑩ I-Part Axis: ._fsae_suspension_rear_axle.ground.hpl_strut_up_ref。

⑪ J-Part Axis: ._fsae_suspension_rear_axle.ground.hpl_strut_low。

⑫ 单击 Apply，完成 ._fsae_suspension_rear_axle.jolhoo_strut_up 约束副的创建。

（5）部件 strut_low 与 lca 之间 hooke 约束：

① Joint Name: ._fsae_suspension_rear_axle.jklhoo_strut_low。

② I Part: ._fsae_suspension_rear_axle.gel_strut_low。

③ J Part: ._fsae_suspension_rear_axle.gel_lca。

④ Joint Type: hooke。

⑤ Active: kinematic mode。

⑥ Location Dependency: Delta location from coordinate。

⑦ Coordinate Reference: ._fsae_suspension_rear_axle.ground.hpl_strut_low。

⑧ Location: 0, 0, 0。

⑨ Location in: local。

⑩ I-Part Axis: ._fsae_suspension_rear_axle.ground.hpl_strut_up。

⑪ J-Part Axis: ._fsae_suspension_rear_axle.ground.hpl_strut_low_ref。

⑫ 单击 Apply，完成 ._fsae_suspension_rear_axle.jklhoo_strut_low 约束副的创建。

（6）部件 lca 与安装件 suspension_to_chassis 之间 revolute 约束：

① Joint Name: ._fsae_suspension_rear_axle.jklrev_lca_inner_mid。

② I Part: ._fsae_suspension_rear_axle.gel_lca。

③ J Part: ._fsae_suspension_rear_axle.mts_suspension_to_chassis。

④ Joint Type: revolute，转动副，约束 5 个自由度。

⑤ Active: kinematic mode。

⑥ Location Dependency: Centered between coordinates。

⑦ Centered between: Two Coordinates。

⑧ Coordinate Reference #1: ._fsae_suspension_rear_axle.ground.hpl_lca_rear。

⑨ Coordinate Reference #2: ._fsae_suspension_rear_axle.ground.hpl_lca_front。

⑩ Orientation Dependency: Orient axis along line。

⑪ Coordinate Reference #1: ._fsae_suspension_rear_axle.ground.hpl_lca_rear。

⑫ Coordinate Reference #2: ._fsae_suspension_rear_axle.ground.hpl_lca_front。

⑬ Axis: Z。

⑭ 单击 Apply，完成 ._fsae_suspension_rear_axle.jklrev_lca_inner_mid 约束副的创建。

（7）部件 tierod 与安装件 tierod_to_steering 之间 convel 约束：

① Joint Name: ._fsae_suspension_rear_axle.jolcon_tierod_inner。

② I Part: ._fsae_suspension_rear_axle.gel_tierod。

③ J Part：._fsae_suspension_rear_axle.mtl_tierod_to_steering。
④ Joint Type：convel，恒速副。
⑤ Active：always。
⑥ Location Dependency：Delta location from coordinate。
⑦ Coordinate Reference：._fsae_suspension_rear_axle.ground.hpl_tierod_inner。
⑧ Location：0，0，0。
⑨ Location in：local。
⑩ I-Part Axis：._fsae_suspension_rear_axle.ground.hpl_tierod_outer。
⑪ J-Part Axis：._fsae_suspension_rear_axle.ground.hpr_tierod_inner。
⑫ 单击 Apply，完成 ._fsae_suspension_rear_axle.jolcon_tierod_inner 约束副的创建。
（8）部件 tierod 与 upright 之间 spherical 约束：
① Joint Name：._fsae_suspension_rear_axle.jolsph_tierod_outer。
② I Part：._fsae_suspension_rear_axle.gel_tierod。
③ J Part：._fsae_suspension_rear_axle.gel_upright。
④ Joint Type：spherical，约束 3 个自由度。
⑤ Active：always。
⑥ Location Dependency：Delta location from coordinate。
⑦ Coordinate Reference：._fsae_suspension_rear_axle.ground.hpl_tierod_outer。
⑧ Location：0，0，0。
⑨ Location in：local。
⑩ Orientation：None。
⑪ 单击 Apply，完成 ._fsae_suspension_rear_axle.jolsph_tierod_outer 约束副的创建。
（9）部件 lca 与 upright 之间 spherical 约束：
① Joint Name：._fsae_suspension_rear_axle.jolsph_lca_outer。
② I Part：._fsae_suspension_rear_axle.gel_lca。
③ J Part：._fsae_suspension_rear_axle.gel_upright。
④ Joint Type：spherical，约束 3 个自由度。
⑤ Active：always。
⑥ Location Dependency：Delta location from coordinate。
⑦ Coordinate Reference：._fsae_suspension_rear_axle.ground.hpl_lca_outer。
⑧ Location：0，0，0。
⑨ Location in：local。
⑩ Orientation：None。
⑪ 单击 Apply，完成 ._fsae_suspension_rear_axle.jolsph_lca_outer 约束副的创建。
（10）部件 strut_low 与 strut_up 之间 cylindrical 约束：
① Joint Name：._fsae_suspension_rear_axle.jolcyl_strut_mid。
② I Part：._fsae_suspension_rear_axle.gel_strut_low。
③ J Part：._fsae_suspension_rear_axle.gel_strut_up。

④ Joint Type: cylindrical。

⑤ Active: always。

⑥ Location Dependency: Centered between coordinates。

⑦ Centered between: Two Coordinates。

⑧ Coordinate Reference #1: ._fsae_suspension_rear_axle.ground.hpl_strut_low。

⑨ Coordinate Reference #2: ._fsae_suspension_rear_axle.ground.hpl_strut_up。

⑩ Orientation Dependency: Orient axis along line。

⑪ Coordinate Reference #1: ._fsae_suspension_rear_axle.ground.hpl_strut_low。

⑫ Coordinate Reference #2: ._fsae_suspension_rear_axle.ground.hpl_strut_up。

⑬ Axis: Z。

⑭ 单击 Apply，完成 ._fsae_suspension_rear_axle.jolcyl_strut_mid 约束副的创建。

（11）部件 tripot 与 drive_shaft 之间 convel 约束：

① Joint Name: ._fsae_suspension_rear_axle.jolcon_drive_sft_int_jt。

② I Part: ._fsae_suspension_rear_axle.gel_tripot。

③ J Part: ._fsae_suspension_rear_axle.gel_drive_shaft。

④ Joint Type: convel，恒速副。

⑤ Active: always。

⑥ Location Dependency: Delta location from coordinate。

⑦ Coordinate Reference: ._fsae_suspension_rear_axle.ground.hpl_drive_shaft_inr。

⑧ Location: 0, 0, 0。

⑨ Location in: local。

⑩ I-Part Axis: ._fsae_suspension_rear_axle.ground.hpr_drive_shaft_inr。

⑪ J-Part Axis: ._fsae_suspension_rear_axle.ground.cfl_drive_shaft_otr。

⑫ 单击 Apply，完成 ._fsae_suspension_rear_axle.jolcon_drive_sft_int_jt 约束副的创建。

（12）部件 spindle 与 drive_shaft 之间 convel 约束：

① 单击 Build > Construction Frame > New 命令。

② Construction Frame: ._fsae_suspension_rear_axle.ground.cfl_drive_shaft_otr。

③ Location Dependency: Delta location from coordinate。

④ Coordinate Reference: ._fsae_suspension_rear_axle.ground.cfl_wheel_center。

⑤ Location: 0.0, 0.0, (-1.0 * ._fsae_suspension_rear_axle.pvl_drive_shaft_offset)。

⑥ Location in: local。

⑦ Orientation Dependency: Orient axie to point。

⑧ Coordinate Reference: ._fsae_suspension_rear_axle.ground.hpl_wheel_center。

⑨ Axis: Z。

⑩ 单击 OK，完成 ._fsae_suspension_rear_axle.ground.cfl_drive_shaft_otr 结构框的创建。

⑪ Joint Name: ._fsae_suspension_rear_axle.jolcon_drive_sft_otr。

⑫ I Part: ._fsae_suspension_rear_axle.gel_drive_shaft。

⑬ J Part:._fsae_suspension_rear_axle.gel_spindle。

⑭ Joint Type:convel,恒速副。

⑮ Active:always。

⑯ Location Dependency:Delta location from coordinate。

⑰ Coordinate Reference:._fsae_suspension_rear_axle.ground.cfl_drive_shaft_otr。

⑱ Location:0,0,0。

⑲ Location in:local。

⑳ I-Part Axis:._fsae_suspension_rear_axle.ground.hpl_drive_shaft_inr。

㉑ J-Part Axis:._fsae_suspension_rear_axle.ground.hpl_wheel_center。

㉒ 单击 Apply,完成._fsae_suspension_rear_axle.jolcon_drive_sft_otr 约束副的创建。

(13) 部件 tripot 与安装件 tripot_to_differential 之间 translational 约束:

① Joint Name:._fsae_suspension_rear_axle.joltra_tripot_to_differential。

② I Part:._fsae_suspension_rear_axle.gel_tripot。

③ J Part:._fsae_suspension_rear_axle.mtl_tripot_to_differential。

④ Joint Type:translational。

⑤ Active:always。

⑥ Location Dependency:Delta location from coordinate。

⑦ Coordinate Reference:._fsae_suspension_rear_axle.ground.hpl_drive_shaft_inr。

⑧ Orientation Dependency:Orient to zpoint-xpoint。

⑨ Coordinate Reference #1:._fsae_suspension_rear_axle.ground.hpr_drive_shaft_inr。

⑩ Coordinate Reference #2:._fsae_suspension_rear_axle.ground.cfl_drive_shaft_otr。

⑪ Axis:ZX。

⑫ 单击 OK,完成._fsae_suspension_rear_axle.joltra_tripot_to_differential 约束副的创建。

(14) 柔性部件 fbs_fsae_leaf 与部件 lca 之间 fixed 约束:

① Tools > Adams/View > Interface,切换到 View 模块。

② 单击固定副约束快捷方式。

③ 选择柔性部件 fbs_fsae_leaf 与部件._fsae_suspension_rear_axle.gel_lca,创建左侧固定副约束。

④ 选择柔性部件 fbs_fsae_leaf 与部件._fsae_suspension_rear_axle.ger_lca,创建右侧固定副约束。

9.4.2 柔性约束

单击 Build > Attachments > Bushing > New 命令,弹出创建衬套对话框,如图 9-29 所示。

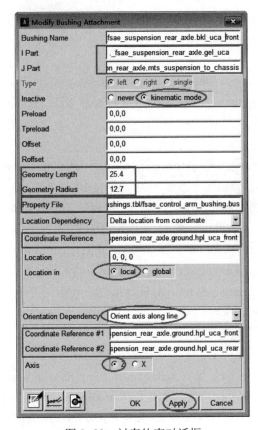

图 9-29 衬套约束对话框

（1）部件 uca 与安装件 suspension_to_chassis 之间 bushing 约束：

① Bushing Name：._fsae_suspension_rear_axle.bkl_uca_front。

② I Part：._fsae_suspension_rear_axle.gel_uca。

③ J Part：._fsae_suspension_rear_axle.mts_suspension_to_chassis。

④ Inactive：kinematic mode。

⑤ Preload：0，0，0。

⑥ Tpreload：0，0，0。

⑦ Offset：0，0，0。

⑧ Roffset：0，0，0。

⑨ Geometry Length：25.4。

⑩ Geometry Radius：12.7。

⑪ Property File：mdids：//FSAE/bushings.tbl/fsae_control_arm_bushing.bus。用记事本文件打开衬套属性文件，用 MATLAB 软件绘制在 X、Y、Z 方向的垂向刚度及扭转刚度，如图 9-30 和图 9-31 所示。

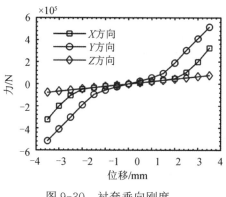
图 9-30　衬套垂向刚度

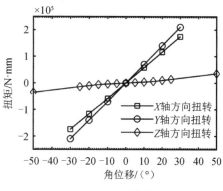
图 9-31　衬套扭矩

⑫ Location Dependency：Delta location from coordinate。

⑬ Coordinate Reference：._fsae_suspension_rear_axle.ground.hpl_uca_front。

⑭ Location：0，0，0。

⑮ Location in：local。

⑯ Orientation Dependency：Orient axis along line。

⑰ Coordinate Reference #1：._fsae_suspension_rear_axle.ground.hpl_uca_front。

⑱ Coordinate Reference #2：._fsae_suspension_rear_axle.ground.hpl_uca_rear。

⑲ Axis：Z。

⑳ 单击 Apply，完成 ._fsae_suspension_rear_axle.bkl_uca_front 轴套的创建。

㉑ Bushing Name：._fsae_suspension_rear_axle.bkl_uca_rear。

㉒ I Part：._fsae_suspension_rear_axle.gel_uca。

㉓ J Part：._fsae_suspension_rear_axle.mts_suspension_to_chassis。

㉔ Inactive：kinematic mode。

㉕ Preload：0，0，0。

㉖ Tpreload：0，0，0。

㉗ Offset：0，0，0。

㉘ Roffset：0，0，0。

㉙ Geometry Length：25.4。

㉚ Geometry Radius：12.7。

㉛ Property File：mdids：//FSAE/bushings.tbl/fsae_control_arm_bushing.bus。

㉜ Location Dependency：Delta location from coordinate。

㉝ Coordinate Reference：._fsae_suspension_rear_axle.ground.hpl_uca_rear。

㉞ Location：0，0，0。

㉟ Location in：local。

㊱ Orientation Dependency：Orient axis along line。

㊲ Coordinate Reference #1：._fsae_suspension_rear_axle.ground.hpl_uca_front。

㊳ Coordinate Reference #2：._fsae_suspension_rear_axle.ground.hpl_uca_rear。

㊴ Axis: Z。

㊵ 单击 Apply，完成 ._fsae_suspension_rear_axle.bkl_uca_rear 轴套的创建。

（2）部件 lca 与安装件 suspension_to_chassis 之间 bushing 约束：

① Bushing Name: ._fsae_suspension_rear_axle.bkl_lca_front。

② I Part: ._fsae_suspension_rear_axle.gel_lca。

③ J Part: ._fsae_suspension_rear_axle.mts_suspension_to_chassis。

④ Inactive: kinematic mode。

⑤ Preload: 0, 0, 0。

⑥ Tpreload: 0, 0, 0。

⑦ Offset: 0, 0, 0。

⑧ Roffset: 0, 0, 0。

⑨ Geometry Length: 25.4。

⑩ Geometry Radius: 12.7。

⑪ Property File: mdids://FSAE/bushings.tbl/fsae_control_arm_bushing.bus。

⑫ Location Dependency: Delta location from coordinate。

⑬ Coordinate Reference: ._fsae_suspension_rear_axle.ground.hpl_lca_front。

⑭ Location: 0, 0, 0。

⑮ Location in: local。

⑯ Orientation Dependency: Orient axis along line。

⑰ Coordinate Reference #1: ._fsae_suspension_rear_axle.ground.hpl_lca_front。

⑱ Coordinate Reference #2: ._fsae_suspension_rear_axle.ground.hpl_lca_rear。

⑲ Axis: Z。

⑳ 单击 Apply，完成 ._fsae_suspension_rear_axle.bkl_lca_front 轴套的创建。

㉑ Bushing Name: ._fsae_suspension_rear_axle.bkl_lca_rear。

㉒ I Part: ._fsae_suspension_rear_axle.gel_lca。

㉓ J Part: ._fsae_suspension_rear_axle.mts_suspension_to_chassis。

㉔ Inactive: kinematic mode。

㉕ Preload: 0, 0, 0。

㉖ Tpreload: 0, 0, 0。

㉗ Offset: 0, 0, 0。

㉘ Roffset: 0, 0, 0。

㉙ Geometry Length: 25.4。

㉚ Geometry Radius: 12.7。

㉛ Property File: mdids://FSAE/bushings.tbl/fsae_control_arm_bushing.bus。

㉜ Location Dependency: Delta location from coordinate。

㉝ Coordinate Reference: ._fsae_suspension_rear_axle.ground.hpl_lca_rear。

㉞ Location: 0, 0, 0。

㉟ Location in: local。

㊱ Orientation Dependency: Orient axis along line。
㊲ Coordinate Reference #1:._fsae_suspension_rear_axle.ground.hpl_lca_front。
㊳ Coordinate Reference #2:._fsae_suspension_rear_axle.ground.hpl_lca_rear。
㊴ Axis: Z。
㊵ 单击 OK，完成._fsae_suspension_rear_axle.bkl_lca_rear 轴套的创建。
（3）部件 strut_up 与安装件 suspension_to_chassis 之间 bushing 约束：
① Bushing Name:._fsae_suspension_rear_axle.bkl_strut_up。
② I Part:._fsae_suspension_rear_axle.gel_strut_up。
③ J Part:._fsae_suspension_rear_axle.mts_suspension_to_chassis。
④ Inactive: kinematic mode。
⑤ Preload: 0, 0, 0。
⑥ Tpreload: 0, 0, 0。
⑦ Offset: 0, 0, 0。
⑧ Roffset: 0, 0, 0。
⑨ Geometry Length: 25.4。
⑩ Geometry Radius: 12.7。
⑪ Property File: mdids://acar_shared/bushings.tbl/mdi_0001.bus。
⑫ Location Dependency: Delta location from coordinate。
⑬ Coordinate Reference:._fsae_suspension_rear_axle.ground.hpl_strut_up。
⑭ Location: 0, 0, 0。
⑮ Location in: local。
⑯ Orientation Dependency: Orient axis to point。
⑰ Coordinate Reference:._fsae_suspension_rear_axle.ground.hpr_strut_up。
⑱ Axis: Z。
⑲ 单击 Apply，完成._fsae_suspension_rear_axle.bkl_strut_up 轴套的创建。
⑳ Bushing Name:._fsae_suspension_rear_axle.bkl_strut_low。
㉑ I Part:._fsae_suspension_rear_axle.gel_strut_low。
㉒ J Part:._fsae_suspension_rear_axle.gel_lca。
㉓ Inactive: kinematic mode。
㉔ Preload: 0, 0, 0。
㉕ Tpreload: 0, 0, 0。
㉖ Offset: 0, 0, 0。
㉗ Roffset: 0, 0, 0。
㉘ Geometry Length: 25.4。
㉙ Geometry Radius: 12.7。
㉚ Property File: mdids://acar_shared/bushings.tbl/mdi_0004.bus。
㉛ Location Dependency: Delta location from coordinate。
㉜ Coordinate Reference:._fsae_suspension_rear_axle.ground.hpl_strut_low。

㉝ Location：0，0，0。

㉞ Location in：local。

㉟ Orientation Dependency：Orient axis to point。

㊱ Coordinate Reference：._fsae_suspension_rear_axle.ground.hpr_strut_low。

㊲ Axis：Z。

㊳ 单击 OK，完成 ._fsae_suspension_rear_axle.bkl_strut_low 轴套的创建。

9.5 横置板簧悬架变量参数

（1）单击 Build > Parameter Variable > New 命令。

（2）Parameter Variable Name：._fsae_suspension_rear_axle.phs_driveline_active。

（3）Integer Value：1。

（4）Units：length。

（5）Hide from standard user：yes。

（6）单击 Apply，完成 ._fsae_suspension_rear_axle.phs_driveline_active 变量的创建。

（7）Parameter Variable Name：._fsae_suspension_rear_axle.phs_kinematic_flag。

（8）Integer Value：1。

（9）Units：length。

（10）Hide from standard user：yes。

（11）单击 OK，完成 ._fsae_suspension_rear_axle.phs_kinematic_flag 变量的创建。

（12）单击 Build > Suspension Parameters > Characteristics Array > Set 命令，弹出悬架参数变量设置对话框，如图 9-32 所示。此设置主要用于设置悬架的转向主销。

（13）Steer Axis Calculation：Geometric。

（14）Suspension Type：Independent，非独立悬架。

（15）I Part：._fsae_suspension_rear_axle.gel_uca。

（16）J Part：._fsae_suspension_rear_axle.gel_lca。

（17）I Coordinate Reference：._fsae_suspension_rear_axle.ground.hpl_uca_outer。

（18）J Coordinate Reference：._fsae_suspension_rear_axle.ground.hpl_lca_outer。

（19）单击 OK，完成悬架参数变量设置。

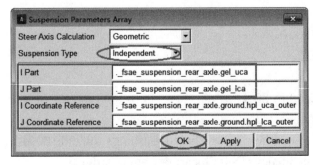

图 9-32 悬架参数变量设置

9.6 横置板簧悬架通讯器

9.6.1 通讯器建立

（1）单击 Build＞Communicator＞Output＞New 命令。

（2）Output Communicator Name：._fsae_suspension_rear_axle.cos_driveline_active。

（3）Matching Name(s)：driveline_active。

（4）Type：single。

（5）Entity：parameter integer。

（6）To Minor Role：inherit。

（7）Parameter Variable Name：._fsae_suspension_rear_axle.phs_driveline_active。

（8）单击 Apply，完成 ._fsae_suspension_rear_axle.cos_driveline_active 通讯器的创建。

（9）Output Communicator Name：._fsae_suspension_rear_axle.col_tripot_to_differential。

（10）Matching Name(s)：tripot_to_differential。

（11）Type：left。

（12）Entity：location。

（13）To Minor Role：inherit。

（14）Coordinate Reference Name：._fsae_suspension_rear_axle.ground.hpl_drive_shaft_inr。

（15）单击 Apply，完成 ._fsae_suspension_rear_axle.col_tripot_to_differential 通讯器的创建。

（16）Output Communicator Name：._fsae_suspension_rear_axle.col_arb_pickup。

（17）Matching Name(s)：arb_pickup。

（18）Type：left。

（19）Entity：mount。

（20）To Minor Role：inherit。

（21）Part Name：._fsae_suspension_rear_axle.gel_upright。

（22）单击 Apply，完成 ._fsae_suspension_rear_axle.col_arb_pickup 通讯器的创建。

（23）Output Communicator Name：._fsae_suspension_rear_axle.col_suspension_mount。

（24）Matching Name(s)：suspension_mount。

（25）Type：left。

（26）Entity：mount。

（27）To Minor Role：inherit。

（28）Part Name：._fsae_suspension_rear_axle.gel_spindle。

（29）单击 Apply，完成 ._fsae_suspension_rear_axle.col_suspension_mount 通讯器的创建。

（30）Output Communicator Name：._fsae_suspension_rear_axle.col_wheel_center。

（31）Matching Name(s)：wheel_center。

（32）Type：left。

（33）Entity：location。

（34）To Minor Role：inherit。

（35）Coordinate Reference Name：._fsae_suspension_rear_axle.ground.hpl_wheel_center。

（36）单击 Apply，完成 ._fsae_suspension_rear_axle.col_wheel_center 通讯器的创建。

（37）Output Communicator Name：._fsae_suspension_rear_axle.col_suspension_upright。

（38）Matching Name(s)：suspension_upright。

（39）Type：left。

（40）Entity：mount。

（41）To Minor Role：inherit。

（42）Part Name：._fsae_suspension_rear_axle.gel_upright。

（43）单击 OK，完成 ._fsae_suspension_rear_axle.col_suspension_upright 通讯器的创建。

9.6.2 通讯器测试

（1）单击 Build ＞ Communicator ＞ Test 命令，弹出输出通讯器测试对话框，如图 9-33 所示。

（2）Model Names：._fsae_suspension_rear_axle、.___MDI_SUSPENSION_TESTRIG。

（3）Minor Roles：并列 2 排输入特征 any；也可以并排输入特征 front，在此 2 个都可以。

（4）单击 OK，完成推杆式双叉臂悬架和悬架试验台 ._fsae_suspension_rear_axle、.___MDI_SUSPENSION_TESTRIG 的匹配测试。

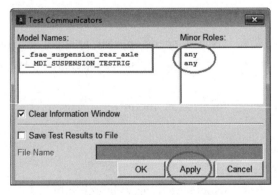

图 9-33 通讯器测试对话框

通讯器匹配信息如下：

```
!--- -- Matched communicators:--------!    % 以下为匹配的通讯器

Communicator Matching Name: tripot_to_differential
Input Communicator Name: ci[lr]_tripot_to_differential
Located in: _fsae_suspension_rear_axle
Output Communicator Name: co[lr]_tripot_to_differential
Output from: __MDI_SUSPENSION_TESTRIG

Communicator Matching Name: camber_angle
Input Communicator Name: ci[lr]_camber_angle
Located in: __MDI_SUSPENSION_TESTRIG
Output Communicator Name: co[lr]_camber_angle
Output from: _fsae_suspension_rear_axle

Communicator Matching Name: toe_angle
Input Communicator Name: ci[lr]_toe_angle
Located in: __MDI_SUSPENSION_TESTRIG
Output Communicator Name: co[lr]_toe_angle
Output from: _fsae_suspension_rear_axle

Communicator Matching Name: wheel_center
Input Communicator Name: ci[lr]_wheel_center
Located in: __MDI_SUSPENSION_TESTRIG
Output Communicator Name: co[lr]_wheel_center
Output from: _fsae_suspension_rear_axle

Communicator Matching Name: suspension_mount
Input Communicator Name: ci[lr]_suspension_mount
Located in: __MDI_SUSPENSION_TESTRIG
Output Communicator Name: co[lr]_suspension_mount
Output from: _fsae_suspension_rear_axle

Communicator Matching Name: driveline_active
Input Communicator Name: cis_driveline_active
Located in: __MDI_SUSPENSION_TESTRIG
Output Communicator Name: cos_driveline_active
Output from: _fsae_suspension_rear_axle
```

```
Communicator Matching Name: suspension_parameters_array
Input Communicator Name: cis_suspension_parameters_ARRAY
Located in: __MDI_SUSPENSION_TESTRIG
Output Communicator Name: cos_suspension_parameters_ARRAY
Output from: _fsae_suspension_rear_axle

Communicator Matching Name: tripot_to_differential
Input Communicator Name: ci[lr]_diff_tripot
Located in: __MDI_SUSPENSION_TESTRIG
Output Communicator Name: co[lr]_tripot_to_differential
Output from: _fsae_suspension_rear_axle

Communicator Matching Name: suspension_upright
Input Communicator Name: ci[lr]_suspension_upright
Located in: __MDI_SUSPENSION_TESTRIG
Output Communicator Name: co[lr]_suspension_upright
Output from: _fsae_suspension_rear_axle

!----------Unmatched input communicators:-----------!     % 以下为不匹配的输入通讯器
Input Communicator Name: cis_suspension_to_chassis
Class: mount
From Minor Role: any
Matching Name(s): suspension_to_chassis
In Template: _fsae_suspension_rear_axle

Input Communicator Name: ci[lr]_tierod_to_steering
Class: mount
From Minor Role: any
Matching Name(s): tierod_to_steering
In Template: _fsae_suspension_rear_axle

Input Communicator Name: ci[lr]_jack_frame
Class: mount
From Minor Role: any
Matching Name(s): jack_frame
In Template: __MDI_SUSPENSION_TESTRIG
```

```
Input Communicator Name:cis_leaf_adjustment_steps
Class:parameter_integer
From Minor Role:any
Matching Name(s):leaf_adjustment_steps
In Template:__MDI_SUSPENSION_TESTRIG

Input Communicator Name:cis_powertrain_to_body
Class:mount
From Minor Role:any
Matching Name(s):powertrain_to_body
In Template:__MDI_SUSPENSION_TESTRIG

Input Communicator Name:cis_steering_rack_joint
Class:joint_for_motion
From Minor Role:any
Matching Name(s):steering_rack_joint
In Template:__MDI_SUSPENSION_TESTRIG

Input Communicator Name:cis_steering_wheel_joint
Class:joint_for_motion
From Minor Role:any
Matching Name(s):steering_wheel_joint
In Template:__MDI_SUSPENSION_TESTRIG

   !-----------Unmatched output communicators:-------------!     %
```
以下为不匹配的输出通讯器
```
   Output Communicator Name:cos_leaf_adjustment_multiplier
   Class:array
   To Minor Role:any
   Matching Name(s):leaf_adjustment_multiplier
   In Template:__MDI_SUSPENSION_TESTRIG

   Output Communicator Name:cos_characteristics_input_ARRAY
   Class:array
   To Minor Role:any
   Matching Name(s):characteristics_input_array
   In Template:__MDI_SUSPENSION_TESTRIG
```

9.7 驱动轴显示组建

（1）在模型树栏，单击 Group 菜单，在模型树栏右击 New Group，弹出创建组件对话框，如图 9-34 所示。

（2）Group Name：._fsae_suspension_rear_axle.driveline_active。

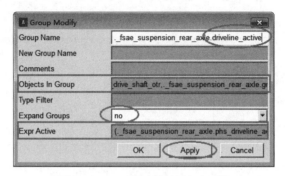

图 9-34　驱动轴显示组件对话框

（3）Objects In Group：顺序输入以下信息：

._fsae_suspension_rear_axle.gel_drive_shaft
._fsae_suspension_rear_axle.ger_drive_shaft
._fsae_suspension_rear_axle.gel_tripot
._fsae_suspension_rear_axle.ger_tripot
._fsae_suspension_rear_axle.ground.cfl_drive_shaft_otr
._fsae_suspension_rear_axle.ground.cfr_drive_shaft_otr
._fsae_suspension_rear_axle.ground.cfl_drive_shaft_inr
._fsae_suspension_rear_axle.ground.cfr_drive_shaft_inr
._fsae_suspension_rear_axle.mtl_tripot_to_differential
._fsae_suspension_rear_axle.mtr_tripot_to_differential
._fsae_suspension_rear_axle.jolcon_drive_sft_int_jt
._fsae_suspension_rear_axle.jorcon_drive_sft_int_jt
._fsae_suspension_rear_axle.jolcon_drive_sft_otr
._fsae_suspension_rear_axle.jorcon_drive_sft_otr
._fsae_suspension_rear_axle.joltra_tripot_to_differential
._fsae_suspension_rear_axle.jortra_tripot_to_differential
._fsae_suspension_rear_axle.gel_drive_shaft.gralin_drive_shaft
._fsae_suspension_rear_axle.gel_drive_shaft.graell_otr_cv_housing
._fsae_suspension_rear_axle.gel_drive_shaft.graell_tripot_housing
._fsae_suspension_rear_axle.gel_tripot.gracyl_tripot_housing_extention
._fsae_suspension_rear_axle.ger_drive_shaft.gralin_drive_shaft

._fsae_suspension_rear_axle.ger_drive_shaft.graell_otr_cv_housing
._fsae_suspension_rear_axle.ger_drive_shaft.graell_tripot_housing
._fsae_suspension_rear_axle.ger_tripot.gracyl_tripot_housing_extention
._fsae_suspension_rear_axle.mtl_fixed_2
._fsae_suspension_rear_axle.mtr_fixed_2

（4）Expr Active：（._fsae_suspension_rear_axle.phs_driveline_active || ._fsae_suspension_rear_axle.model_class == "template" ? 1: 0)。

（5）单击 Apply，完成 ._fsae_suspension_rear_axle.driveline_active 组件的创建。

（6）Group Name：._fsae_suspension_rear_axle.driveline_inactive。

（7）Expr Active：（!._fsae_suspension_rear_axle.phs_driveline_active || ._fsae_suspension_rear_axle.model_class == "template" ? 1: 0)。

（8）单击 OK，完成 ._fsae_suspension_rear_axle.driveline_inactive 组件的创建。

（9）单击 File＞Save As 命令，弹出保存模板对话框，如图 9-35 所示。

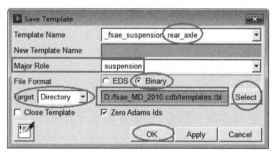

图 9-35　横置板簧悬架模型保存对话框

（10）Major Role：suspension。

（11）File Format：Binary。

（12）Target：Directory。

（13）单击 Select，选择存储路径为 D:/fsae_MD_2010.cdb/templates.tbl。

（14）单击 OK，完成 ._fsae_suspension_rear_axle 横置板簧式悬架模型的保存。

（15）按 F9，从专家模板转换到标准模式，单击 File＞New＞Suspension 命令，弹出子系统创建对话框，如图 9-36 所示。

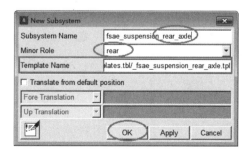

图 9-36　横置板簧式悬架子系统创建对话框

（16）Subsystem Name：fsae_suspension_rear_axle。
（17）Minor Role：rear。
（18）Template Name：mdids：//FSAE/templates.tbl/_fsae_suspension_rear_axle.tpl。
（19）单击 OK，完成 fsae_suspension_rear_axle 推杆式悬架子系统的创建。

9.8 单轮振动测试仿真

（1）单击 Simulate ＞ Suspension Analysis ＞Single Wheel Travel 命令，弹出双轮同向激振对话框，如图 9-37 所示。
（2）Output Prefix：ST01。
（3）Number of Steps：100.0。
（4）Mode of Simulation：interactive。
（5）Vertical Setup Mode：Wheel Center。
（6）Bump Travel：50。
（7）Rebound Travel：-50。
（8）Side：Left。
（9）Travel Relative To：Wheel Center。
（10）Control Mode：Absolute。
（11）Coordinate System：Vehicle。
（12）单击 Apply，完成横置板簧悬架在 C 模式下的仿真。
（13）菜单栏单击 Review ＞ Animation Controls 命令，开始观看动画，动画结束后悬架模型变化如图 9-38 所示。

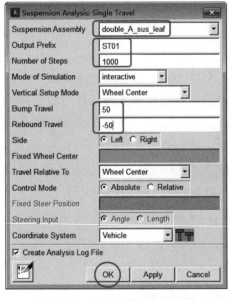

图 9-37　左单轮激振仿真设置

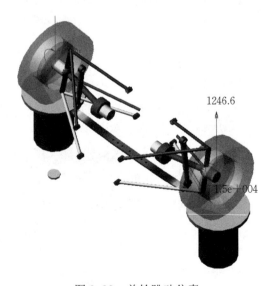

图 9-38　单轮跳动仿真

（14）按 F8，界面转换到后处理模块。
（15）Filter：user defined。
（16）Request：选择左前轮 toe_angle。
（17）Component：left。
（18）单击 Add Curves，完成相关参数曲线绘制，如图 9-39 至图 9-43 所示。

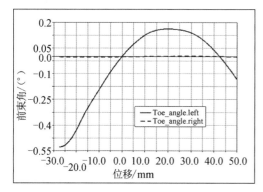

图 9-39　前束角

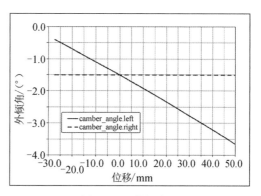

图 9-40　外倾角

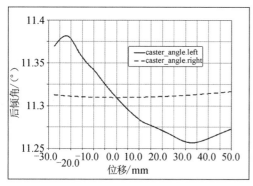

图 9-41　主销后倾角

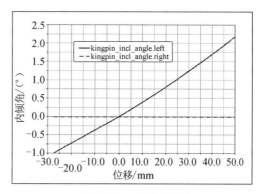

图 9-42　主销内倾角

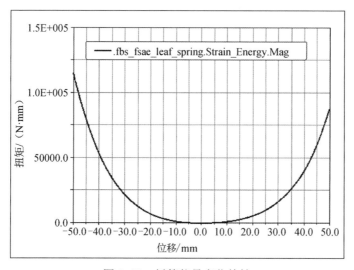

图 9-43　板簧能量变化特性

第10章 空间斜置扭杆弹簧推杆式悬架

不论是家用轿车还是民用轿车，当悬架系统的弹簧刚度与避震器参数确定后，整车底盘的基本性能就确定了。整车的操纵性与平顺性只能折中。整车加速起步，紧急制动时，希望弹簧的刚度大，避免车身大角度俯仰；转弯时希望弹簧的刚度小（多数人认为转弯时弹簧刚度应大，这是错误的理解，弹簧刚度应该稍微小些，因为弹簧刚度小可以充分保证车轮与地面的接触面积，进而提供足够的侧向抓地力保证整车不产生侧向滑移及摆动现象；如果弹簧刚度过大或者刚性把轮胎与车身连接在一起，此时轮胎与地面的接触力是不均衡的，极可能导致某一小区域范围内侧向与垂向接触力极大超过极限而产生侧滑或摆尾）。空间斜置扭杆弹簧推杆式解耦悬架如图 10-1 所示，通过扭杆弹簧与螺旋弹簧 2 种不同刚度的设定，在起步、制动、高速行驶时采用扭转弹簧的大刚度特性；在转弯及低速行驶时采用螺旋弹簧提升整车的平顺性及弯道稳定性；在静止、低速与高速行驶时可以通过滑阀避震器改变车身的高度。此种悬架设定与半主动悬架有本质的区别，半主动悬架是通过改变避震器的特性来改变悬架系统的特性，其弹簧刚度是不可调节的；此种悬架通过液压作用器改变扭杆弹簧与螺旋弹簧的工作特性，避震器可用滑阀特性改变车身高度，也可用变阻尼特性（如磁流变避震器），既改变高度，又改变阻尼特性。建模过程不再重复，本章直接在 _FSAE_sus_front_white.tpl 模型上通过添加扭杆弹簧、螺旋弹簧等部件完成建模，完成后的悬架模型存放在章节文件夹中，读者请自行查阅。

图 10-1 扭杆弹簧斜置推杆式悬架

10.1 前扭杆弹簧斜置式推杆悬架

10.1.1 模型导入

（1）启动 ADAMS/Car，选择专家模块进入建模界面。
（2）单击 File＞Open 命令，弹出打开模板对话框，如图 10-2 所示。
（3）Template Name：mdids：//FSAE/templates.tbl/_FSAE_sus_front_white.tpl。
（4）单击 OK，完成模型导入。

图 10-2　打开模板对话框

10.1.2 推杆部件硬点

（1）单击 Build＞Hardpoint＞New 命令。
（2）Hardpoint：prod_outer。
（3）Type：left。
（4）Location：0.0，-500.0，140.65。
（5）单击 Apply，完成 prod_outer 硬点的创建。
（6）Hardpoint：prod_to_bellcrank。
（7）Type：left。
（8）Location：0.0，-350.0，250.0。
（9）单击 OK，完成 prod_to_bellcrank 硬点的创建。
（10）单击 File＞Save As 命令，弹出保存模板对话框，如图 10-3 所示。
（11）Template Name：_FSAE_sus_front_white。
（12）New Template Name：FSAE_sus_front_GT_torsion_work。

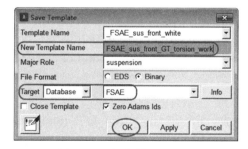

图 10-3　保存模板对话框

（13）Major Role：suspension。
（14）File Format：Binary。

（15）Target：Datebase/FSAE。

（16）单击 OK,完成 FSAE_sus_front_GT_torsion_work 推杆式悬架模型模板的保存。

10.1.3 结构框

（1）单击 Build > Construction Frame > New 命令,弹出创建结构框对话框,如图 10-4 所示。

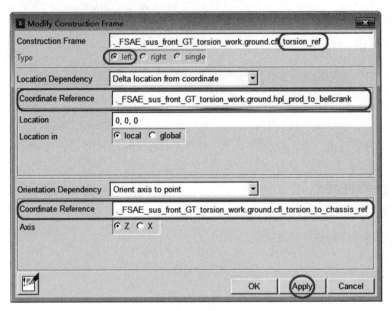

图 10-4　结构框 torsion_ref

（2）Construction Frame：._FSAE_sus_front_GT_torsion_work.ground.cfl_torsion_ref。

（3）Location Dependency：Delta location from coordinate。

（4）Coordinate Reference：._FSAE_sus_front_GT_torsion_work.ground.hpl_prod_to_bellcrank。

（5）Location：0,0,0。

（6）Location in：local。

（7）Orientation Dependency：Orient axis to point。

（8）Coordinate Reference：._FSAE_sus_front_GT_torsion_work.ground.cfl_torsion_to_chassis_ref。

（9）Axis：Z。

（10）单击 Apply,完成 ._FSAE_sus_front_GT_torsion_work.ground.cfl_torsion_ref 结构框的创建。

（11）Construction Frame：._FSAE_sus_front_GT_torsion_work.ground.cfl_torsion_front。

（12）Location Dependency：Delta location from coordinate。

(13) Coordinate Reference:.._FSAE_sus_front_GT_torsion_work.ground.cfl_torsion_ref。

(14) Location: 70, 0, 0。

(15) Location in: local。

(16) Orientation Dependency: User-entered values。

(17) Orient using: Euler Angles。

(18) Euler Angles: 0, 0, 0。

(19) 单击 Apply，完成.._FSAE_sus_front_GT_torsion_work.ground.cfl_torsion_front 结构框的创建。

(20) Construction Frame:.._FSAE_sus_front_GT_torsion_work.ground.cfl_torsion_to_damper。

(21) Location Dependency: Delta location from coordinate。

(22) Coordinate Reference:.._FSAE_sus_front_GT_torsion_work.ground.cfl_torsion_ref。

(23) Location: 0, 0, 80。

(24) Location in: local。

(25) Orientation Dependency: Delta location from coordinate。

(26) Coordinate Reference:.._FSAE_sus_front_GT_torsion_work.ground.cfl_torsion_ref。

(27) Orientation: 0, 0, 0。

(28) 单击 Apply，完成.._FSAE_sus_front_GT_torsion_work.ground.cfl_torsion_to_damper 结构框的创建。

(29) Construction Frame:.._FSAE_sus_front_GT_torsion_work.ground.cfl_torsion_ref_up。

(30) Location Dependency: Delta location from coordinate。

(31) Coordinate Reference:.._FSAE_sus_front_GT_torsion_work.ground.cfl_torsion_ref。

(32) Location: 0, 50, 0。

(33) Location in: local。

(34) Orientation Dependency: Delta location from coordinate。

(35) Coordinate Reference:.._FSAE_sus_front_GT_torsion_work.ground.cfl_torsion_ref。

(36) Orientation: 0, 0, 0。

(37) 单击 Apply，完成.._FSAE_sus_front_GT_torsion_work.ground.cfl_torsion_ref_up 结构框的创建。

(38) Construction Frame:.._FSAE_sus_front_GT_torsion_work.ground.cfl_torsion_to_damper_up。

(39) Location Dependency: Delta location from coordinate。

（40）Coordinate Reference：._FSAE_sus_front_GT_torsion_work.ground.cfl_torsion_to_damper。

（41）Location：0，50，0。

（42）Location in：local。

（43）Orientation Dependency：Delta location from coordinate。

（44）Coordinate Reference：._FSAE_sus_front_GT_torsion_work.ground.cfl_torsion_to_damper。

（45）Orientation：0，0，0。

（46）单击 Apply，完成 ._FSAE_sus_front_GT_torsion_work.ground.cfl_torsion_to_damper_up 结构框的创建。

（47）Construction Frame：._FSAE_sus_front_GT_torsion_work.ground.cfl_torsion_to_chassis_up。

（48）Location Dependency：Delta location from coordinate。

（49）Coordinate Reference：._FSAE_sus_front_GT_torsion_work.ground.cfl_torsion_ref。

（50）Location：0，100，200。

（51）Location in：local。

（52）Orientation Dependency：Delta location from coordinate。

（53）Coordinate Reference：._FSAE_sus_front_GT_torsion_work.ground.cfl_torsion_ref。

（54）Orientation：0，0，0。

（55）单击 Apply，完成 ._FSAE_sus_front_GT_torsion_work.ground.cfl_torsion_to_chassis_up 结构框的创建。

（56）Construction Frame：._FSAE_sus_front_GT_torsion_work.ground.cfl_torsion_to_chassis。

（57）Location Dependency：Delta location from coordinate。

（58）Coordinate Reference：._FSAE_sus_front_GT_torsion_work.ground.cfl_torsion_ref。

（59）Location：0，0，200。

（60）Location in：local。

（61）Orientation Dependency：Delta location from coordinate。

（62）Coordinate Reference：._FSAE_sus_front_GT_torsion_work.ground.cfl_torsion_ref。

（63）Orientation：0，0，0。

（64）单击 Apply，完成 ._FSAE_sus_front_GT_torsion_work.ground.cfl_torsion_to_chassis 结构框的创建。

（65）Construction Frame：._FSAE_sus_front_GT_torsion_work.ground.cfl_spring_down。

（66）Location Dependency：Delta location from coordinate。

（67）Coordinate Reference：._FSAE_sus_front_GT_torsion_work.ground.cfl_torsion_

to_chassis_up。

（68）Location：150，0，0。

（69）Location in：local。

（70）Orientation Dependency：Delta location from coordinate。

（71）Coordinate Reference：.._FSAE_sus_front_GT_torsion_work.ground.cfl_torsion_to_chassis_up。

（72）Orientation：90，90，0。

（73）单击 Apply，完成 .._FSAE_sus_front_GT_torsion_work.ground.cfl_spring_down 结构框的创建。

（74）Construction Frame：.._FSAE_sus_front_GT_torsion_work.ground.cfl_damper_down。

（75）Location Dependency：Delta location from coordinate。

（76）Coordinate Reference：.._FSAE_sus_front_GT_torsion_work.ground.cfl_torsion_to_damper_up。

（77）Location：-100，0，0。

（78）Location in：local。

（79）Orientation Dependency：Delta location from coordinate。

（80）Coordinate Reference：.._FSAE_sus_front_GT_torsion_work.ground.cfl_torsion_to_damper_up。

（81）Orientation：0，0，0。

（82）单击 Apply，完成 .._FSAE_sus_front_GT_torsion_work.ground.cfl_damper_down 结构框的创建。

（83）Construction Frame：.._FSAE_sus_front_GT_torsion_work.ground.cfl_damper_down_ref。

（84）Location Dependency：Delta location from coordinate。

（85）Coordinate Reference：.._FSAE_sus_front_GT_torsion_work.ground.cfl_damper_down。

（86）Location：-30，0，0。

（87）Location in：local。

（88）Orientation Dependency：Delta location from coordinate。

（89）Coordinate Reference：.._FSAE_sus_front_GT_torsion_work.ground.cfl_damper_down。

（90）Orientation：0，0，0。

（91）单击 Apply，完成 .._FSAE_sus_front_GT_torsion_work.ground.cfl_damper_down_ref 结构框的创建。

（92）Construction Frame：.._FSAE_sus_front_GT_torsion_work.ground.cfl_zhijia_up_to_torsion。

（93）Location Dependency：Centered between coordinates。

(94) Centered between: Two Coordinates。

(95) Coordinate Reference #1: ._FSAE_sus_front_GT_torsion_work.ground.cfl_torsion_ref。

(96) Coordinate Reference #2: ._FSAE_sus_front_GT_torsion_work.ground.cfl_torsion_to_damper。

(97) Orientation Dependency: Delta location from coordinate。

(98) Coordinate Reference: ._FSAE_sus_front_GT_torsion_work.ground.cfl_torsion_ref。

(99) Orientation: 0, 0, 0。

(100) 单击 Apply，完成 ._FSAE_sus_front_GT_torsion_work.ground.cfl_zhijia_up_to_torsion 结构框的创建。

(101) Construction Frame: ._FSAE_sus_front_GT_torsion_work.ground.cfl_chassis_base。

(102) Location Dependency: Delta location from coordinate。

(103) Coordinate Reference: ._FSAE_sus_front_GT_torsion_work.ground.cfl_torsion_to_chassis_up。

(104) Location: 80, 0, 0。

(105) Location in: local。

(106) Orientation Dependency: Delta location from coordinate。

(107) Coordinate Reference: ._FSAE_sus_front_GT_torsion_work.ground.cfl_spring_down。

(108) Orientation: 0, 0, 0。

(109) 单击 Apply，完成 ._FSAE_sus_front_GT_torsion_work.ground.cfl_chassis_base 结构框的创建。

(110) Construction Frame: ._FSAE_sus_front_GT_torsion_work.ground.cfl_chassis_ref。

(111) Location Dependency: Delta location from coordinate。

(112) Coordinate Reference: ._FSAE_sus_front_GT_torsion_work.ground.cfl_chassis_base。

(113) Location: 0, 0, 30。

(114) Location in: local。

(115) Orientation Dependency: Delta location from coordinate。

(116) Coordinate Reference: ._FSAE_sus_front_GT_torsion_work.ground.cfl_chassis_base。

(117) Orientation: 0, 0, 0。

(118) 单击 Apply，完成 ._FSAE_sus_front_GT_torsion_work.ground.cfl_chassis_ref 结构框的创建。

(119) Construction Frame: ._FSAE_sus_front_GT_torsion_work.ground.cfl_torsion_down_to_chassis。

（120）Location Dependency：Delta location from coordinate。

（121）Coordinate Reference：._FSAE_sus_front_GT_torsion_work.ground.cfl_torsion_to_chassis。

（122）Location：0，0，25。

（123）Location in：local。

（124）Orientation Dependency：Delta location from coordinate。

（125）Coordinate Reference：._FSAE_sus_front_GT_torsion_work.ground.cfl_torsion_to_chassis。

（126）Orientation：0，0，0。

（127）单击 OK，完成 ._FSAE_sus_front_GT_torsion_work.ground.cfl_torsion_down_to_chassis 结构框的创建。

10.1.4 部件 prod

（1）单击 Build > Part > General Part > New 命令，弹出创建部件对话框，如图 10-5 所示。

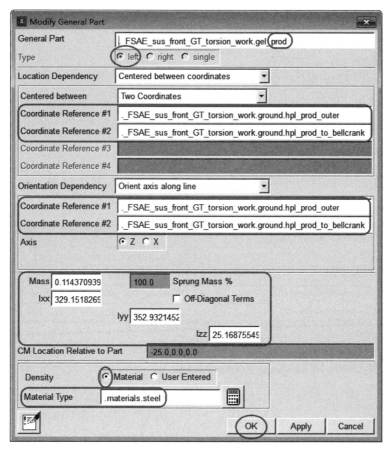

图 10-5 部件 prod

（2） General Part：._FSAE_sus_front_GT_torsion_work.gel_prod。
（3） Type：left。
（4） Location Dependency：Centered between coordinates。
（5） Centered between：Two Coordinates。
（6） Coordinate Reference #1：._FSAE_sus_front_GT_torsion_work.ground.hpl_prod_outer。
（7） Coordinate Reference #2：._FSAE_sus_front_GT_torsion_work.ground.hpl_prod_to_bellcrank。
（8） Orientation Dependency：Orient axis along line。
（9） Coordinate Reference #1：._FSAE_sus_front_GT_torsion_work.ground.hpl_prod_outer。
（10） Coordinate Reference #2：._FSAE_sus_front_GT_torsion_work.ground.hpl_prod_to_bellcrank。
（11） Axis：Z。
（12） Mass：1。
（13） Ixx：1。
（14） Iyy：1。
（15） Izz：1。
（16） Density：Material。
（17） Material Type：.materials.steel。
（18） 单击 OK，完成 ._FSAE_sus_front_GT_torsion_work.gel_prod 部件的创建。

10.1.5　几何体 prod

（1） 单击 Build ＞ Geometry ＞ Link ＞ New 命令，弹出创建几何体对话框，如图 10-6 所示。

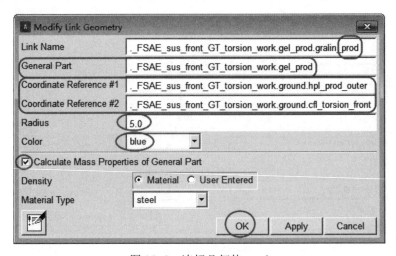

图 10-6　连杆几何体 prod

（2）Link Name：._FSAE_sus_front_GT_torsion_work.gel_prod.gralin_prod。

（3）General Part：._FSAE_sus_front_GT_torsion_work.gel_prod。

（4）Coordinate Reference #1：._FSAE_sus_front_GT_torsion_work.ground.hpl_prod_outer。

（5）Coordinate Reference #2：._FSAE_sus_front_GT_torsion_work.ground.cfl_torsion_front。

（6）Radius：5.0。

（7）Color：blue。

（8）勾选 Calculate Mass Properties of General Part 复选框，当几何体建立好之后会更新对应部件的质量和惯量参数。

（9）Density：Material。

（10）Material Type：steel。

（11）单击 OK，完成 ._FSAE_sus_front_GT_torsion_work.gel_prod.gralin_prod 几何体的创建。

10.1.6 部件 zhijia_up

（1）单击 Build > Part > General Part > New 命令，弹出创建部件对话框，可参考图 10-5。

（2）General Part：._FSAE_sus_front_GT_torsion_work.gel_zhijia_up。

（3）Type：left。

（4）Location Dependency：Centered between coordinates。

（5）Centered between：Two Coordinates。

（6）Coordinate Reference #1：._FSAE_sus_front_GT_torsion_work.ground.cfl_torsion_ref。

（7）Coordinate Reference #2：._FSAE_sus_front_GT_torsion_work.ground.cfl_torsion_to_damper。

（8）Orientation Dependency：Delta location from coordinate。

（9）Coordinate Reference：._FSAE_sus_front_GT_torsion_work.ground.cfl_torsion_to_damper。

（10）Orientation：0，0，0。

（11）Mass：1。

（12）Ixx：1。

（13）Iyy：1。

（14）Izz：1。

（15）Density：Material。

（16）Material Type：.materials.steel。

（17）单击 OK，完成 ._FSAE_sus_front_GT_torsion_work.gel_zhijia_up 部件的创建。

10.1.7 几何体 zhijia_up

（1）单击 Build > Geometry > Link > New 命令，弹出创建几何体对话框，可参考图 10-6。

（2）Link Name：._FSAE_sus_front_GT_torsion_work.gel_zhijia_up.gralin_zhijia_up_main。

（3）General Part：._FSAE_sus_front_GT_torsion_work.gel_zhijia_up。

（4）Coordinate Reference #1：._FSAE_sus_front_GT_torsion_work.ground.cfl_torsion_ref。

（5）Coordinate Reference #2：._FSAE_sus_front_GT_torsion_work.ground.cfl_torsion_to_damper。

（6）Radius：12.0。

（7）Color：yellow。

（8）勾选 Calculate Mass Properties of General Part 复选框，当几何体建立好之后会更新对应部件的质量和惯量参数。

（9）Density：Material。

（10）Material Type：steel。

（11）单击 Apply，完成 ._FSAE_sus_front_GT_torsion_work.gel_zhijia_up.gralin_zhijia_up_main 几何体的创建。

（12）Link Name：._FSAE_sus_front_GT_torsion_work.gel_zhijia_up.gralin_zhijia_up_to_poshrod。

（13）General Part：._FSAE_sus_front_GT_torsion_work.gel_zhijia_up。

（14）Coordinate Reference #1：._FSAE_sus_front_GT_torsion_work.ground.cfl_torsion_ref。

（15）Coordinate Reference #2：._FSAE_sus_front_GT_torsion_work.ground.cfl_torsion_front。

（16）Radius：3.0。

（17）Color：yellow。

（18）勾选 Calculate Mass Properties of General Part 复选框，当几何体建立好之后会更新对应部件的质量和惯量参数。

（19）Density：Material。

（20）Material Type：steel。

（21）单击 Apply，完成 ._FSAE_sus_front_GT_torsion_work.gel_zhijia_up.gralin_zhijia_up_to_poshrod 几何体的创建。

（22）Link Name：._FSAE_sus_front_GT_torsion_work.gel_zhijia_up.gralin_zhijia_up_to_damper。

（23）General Part：._FSAE_sus_front_GT_torsion_work.gel_zhijia_up。

（24）Coordinate Reference #1：._FSAE_sus_front_GT_torsion_work.ground.cfl_torsion_ to_damper。

（25）Coordinate Reference #2：._FSAE_sus_front_GT_torsion_work.ground.cfl_torsion_to_damper_up。

（26）Radius：3.0。

（27）Color：yellow。

（28）勾选 Calculate Mass Properties of General Part 复选框，当几何体建立好之后会更新对应部件的质量和惯量参数。

（29）Density：Material。

（30）Material Type：steel。

（31）单击 OK，完成._FSAE_sus_front_GT_torsion_work.gel_zhijia_up.gralin_zhijia_up_to_damper 几何体的创建。

10.1.8 部件 zhijia_down

（1）单击 Build＞Part＞General Part＞New 命令，弹出创建部件对话框，可参考图 10-5。

（2）General Part：._FSAE_sus_front_GT_torsion_work.gel_zhijia_down。

（3）Type：left。

（4）Location Dependency：Delta location from coordinate。

（5）Coordinate Reference：._FSAE_sus_front_GT_torsion_work.ground.cfl_torsion_to_chassis。

（6）Location：0，0，0。

（7）Location in：local。

（8）Orientation Dependency：Delta location from coordinate。

（9）Coordinate Reference：._FSAE_sus_front_GT_torsion_work.ground.cfl_torsion_to_chassis。

（10）Orientation：0，0，0。

（11）Mass：1。

（12）Ixx：1。

（13）Iyy：1。

（14）Izz：1。

（15）Density：Material。

（16）Material Type：.materials.steel。

（17）单击 OK，完成._FSAE_sus_front_GT_torsion_work.gel_zhijia_down 部件的创建。

10.1.9 几何体 zhijia_down

（1）单击 Build＞Geometry＞Cylinder＞New 命令，弹出创建圆柱几何体对话框，如图 10-7 所示。

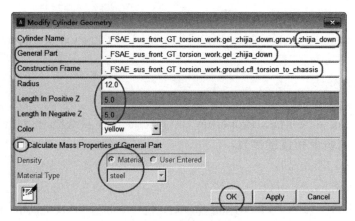

图 10-7 圆柱几何体 zhijia_down

（2）Cylinder Name：._FSAE_sus_front_GT_torsion_work.gel_zhijia_down.gracyl_zhijia_down。

（3）General Part：._FSAE_sus_front_GT_torsion_work.gel_zhijia_down。

（4）Construction Frame：._FSAE_sus_front_GT_torsion_work.ground.cfl_torsion_to_chassis。

（5）Radius：12.0。

（6）Length in Positive Z：5.0，圆柱几何体创建要求必须在结构框的 Z 轴正负方向拉伸。

（7）Length in Negative Z：5.0。

（8）Color：yellow。

（9）勾选 Calculate Mass Properties of General Part 复选框，当几何体建立好之后会更新对应部件的质量和惯量参数。

（10）Density：Material。

（11）Material Type：steel。

（12）单击 OK，完成 ._FSAE_sus_front_GT_torsion_work.gel_zhijia_down.gracyl_zhijia_down 几何体的创建。

（13）单击 Build > Geometry > Link > New 命令，弹出创建几何体对话框，可参考图 10-6。

（14）Link Name：._FSAE_sus_front_GT_torsion_work.gel_zhijia_down.gralin_zhijia_down_to_spring。

（15）General Part：._FSAE_sus_front_GT_torsion_work.gel_zhijia_down。

（16）Coordinate Reference #1：._FSAE_sus_front_GT_torsion_work.ground.cfl_torsion_to_chassis。

（17）Coordinate Reference #2：._FSAE_sus_front_GT_torsion_work.ground.cfl_torsion_to_chassis_up。

（18）Radius：3.0。

（19）Color：yellow。

（20）勾选 Calculate Mass Properties of General Part 复选框，当几何体建立好之后会更新对应部件的质量和惯量参数。

（21）Density：Material。

（22）Material Type：steel。

（23）单击 OK，完成 ._FSAE_sus_front_GT_torsion_work.gel_zhijia_down.gralin_zhijia_down_to_spring 几何体的创建。

10.1.10 部件 damper_front

（1）单击 Build＞Part＞General Part＞New 命令，弹出创建部件对话框，可参考图 10-5。

（2）General Part：._FSAE_sus_front_GT_torsion_work.gel_damper_front。

（3）Type：left。

（4）Location Dependency：Delta location from coordinate。

（5）Coordinate Reference：._FSAE_sus_front_GT_torsion_work.ground.cfl_torsion_to_damper_up。

（6）Location：0，0，0。

（7）Location in：local。

（8）Orientation Dependency：Delta location from coordinate。

（9）Coordinate Reference：._FSAE_sus_front_GT_torsion_work.ground.cfl_torsion_to_damper_up。

（10）Orientation：0，0，0。

（11）Mass：1。

（12）Ixx：1。

（13）Iyy：1。

（14）Izz：1。

（15）Density：Material。

（16）Material Type：.materials.steel。

（17）单击 OK，完成 ._FSAE_sus_front_GT_torsion_work.gel_damper_front 部件的创建。

10.1.11 部件 damper_rear

（1）单击 Build＞Part＞General Part＞New 命令，弹出创建部件对话框，可参考图 10-5。

（2）General Part：._FSAE_sus_front_GT_torsion_work.gel_damper_rear。

（3）Type：left。

（4）Location Dependency：Delta location from coordinate。

（5）Coordinate Reference：._FSAE_sus_front_GT_torsion_work.ground.cfl_ damper_down。

(6) Location: 0, 0, 0。

(7) Location in: local。

(8) Orientation Dependency: Delta location from coordinate。

(9) Coordinate Reference: ._FSAE_sus_front_GT_torsion_work.ground.cfl_damper_down。

(10) Orientation: 0, 0, 0。

(11) Mass: 1。

(12) Ixx: 1。

(13) Iyy: 1。

(14) Izz: 1。

(15) Density: Material。

(16) Material Type: .materials.steel。

(17) 单击 OK，完成 ._FSAE_sus_front_GT_torsion_work.gel_damper_rear 部件的创建。

10.1.12 部件 spring_base

ADAMS 中弹簧的拉压均可，实际上悬架系统中的弹簧仅受压力，如果在 ADAMS 中参考物理模型建立出来的弹簧为受拉特性，此处通过部件位置的反向布置实现螺旋弹簧的受压特性，请读者注意此处的细节特性。

(1) 单击 Build > Part > General Part > New 命令，弹出创建部件对话框，可参考图 10-5。

(2) General Part: ._FSAE_sus_front_GT_torsion_work.gel_spring_base。

(3) Type: left。

(4) Location Dependency: Delta location from coordinate。

(5) Coordinate Reference: ._FSAE_sus_front_GT_torsion_work.ground.cfl_spring_down。

(6) Location: 0, 0, 0。

(7) Location in: local。

(8) Orientation Dependency: Delta location from coordinate。

(9) Coordinate Reference: ._FSAE_sus_front_GT_torsion_work.ground.cfl_spring_down。

(10) Orientation: 0, 0, 0。

(11) Mass: 1。

(12) Ixx: 1。

(13) Iyy: 1。

(14) Izz: 1。

(15) Density: Material。

（16）Material Type：.materials.steel。

（17）单击 OK，完成 .._FSAE_sus_front_GT_torsion_work.gel_spring_base 部件的创建。

10.1.13　几何体 spring_base

（1）单击 Build > Geometry > Cylinder> New 命令，弹出创建圆柱几何体对话框，可参考图 10-7。

（2）Cylinder Name：.._FSAE_sus_front_GT_torsion_work.gel_spring_base.gracyl_spring_base。

（3）General Part：.._FSAE_sus_front_GT_torsion_work.gel_spring_base。

（4）Construction Frame：.._FSAE_sus_front_GT_torsion_work.ground.cfl_spring_down。

（5）Radius：7.0。

（6）Length in Positive Z：1.0。

（7）Length in Negative Z：1.0。

（8）Color：red。

（9）勾选 Calculate Mass Properties of General Part 复选框，当几何体建立好之后会更新对应部件的质量和惯量参数。

（10）Density：Material。

（11）Material Type：steel。

（12）单击 OK，完成 .._FSAE_sus_front_GT_torsion_work.gel_spring_base.gracyl_spring_base 几何体的创建。

（13）单击 Build > Geometry > Link > New 命令，弹出创建几何体对话框，可参考图 10-6。

（14）Link Name：.._FSAE_sus_front_GT_torsion_work.gel_spring_base.gralin_spring_pllrod。

（15）General Part：.._FSAE_sus_front_GT_torsion_work.gel_spring_base。

（16）Coordinate Reference #1：.._FSAE_sus_front_GT_torsion_work.ground.cfl_spring_down。

（17）Coordinate Reference #2：.._FSAE_sus_front_GT_torsion_work.ground.cfl_torsion_to_chassis_up。

（18）Radius：2.0。

（19）Color：red。

（20）勾选 Calculate Mass Properties of General Part 复选框，当几何体建立好之后会更新对应部件的质量和惯量参数。

（21）Density：Material。

（22）Material Type：steel。

（23）单击 OK，完成 .._FSAE_sus_front_GT_torsion_work.gel_spring_base.gralin_spring_pllrod 几何体的创建。

10.1.14 部件 chassis_base

（1）单击 Build > Part > General Part > New 命令，弹出创建部件对话框，可参考图 10-5。

（2）General Part：._FSAE_sus_front_GT_torsion_work.gel_chassis_base。

（3）Type：left。

（4）Location Dependency：Delta location from coordinate。

（5）Coordinate Reference：._FSAE_sus_front_GT_torsion_work.ground.cfl_torsion_to_chassis_up。

（6）Location：0，0，0。

（7）Location in：local。

（8）Orientation Dependency：Delta location from coordinate。

（9）Coordinate Reference：._FSAE_sus_front_GT_torsion_work.ground.cfl_spring_down。

（10）Orientation：0，0，0。

（11）Mass：1。

（12）Ixx：1。

（13）Iyy：1。

（14）Izz：1。

（15）Density：Material。

（16）Material Type：.materials.steel。

（17）单击 OK，完成 ._FSAE_sus_front_GT_torsion_work.gel_chassis_base 部件的创建。

10.1.15 几何体 chassis_base

（1）单击 Build > Geometry > Cylinder > New 命令，弹出创建圆柱几何体对话框，可参考图 10-7。

（2）Cylinder Name：._FSAE_sus_front_GT_torsion_work.gel_chassis_base.gracyl_chassis_base。

（3）General Part：._FSAE_sus_front_GT_torsion_work.gel_chassis_base。

（4）Construction Frame：._FSAE_sus_front_GT_torsion_work.ground.cfl_chassis_base。

（5）Radius：7.0。

（6）Length in Positive Z：1.0。

（7）Length in Negative Z：1.0。

（8）Color：red。

（9）勾选 Calculate Mass Properties of General Part 复选框，当几何体建立好之后会更新对应部件的质量和惯量参数。

（10）Density：Material。

（11）Material Type：steel。

（12）单击 OK，完成 .._FSAE_sus_front_GT_torsion_work.gel_chassis_base.gracyl_chassis_base 几何体的创建。

10.1.16　柔性扭杆弹簧 torsion

扭杆弹簧制作不再重复，请读者参考相关章节自己制作练习。本模型已经制作好的扭杆弹簧 MNF 中性文件 torsion_10p250.mnf 存储在章节文件夹中，请读者自行调阅查看。

（1）单击 Build ＞ Part ＞ Flexible Body ＞ New 命令，弹出创建部件对话框，如图 10-8 所示。

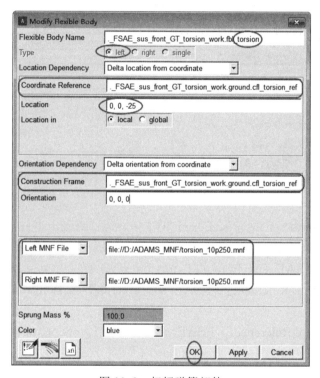

图 10-8　扭杆弹簧部件

（2）Flexible Body Name：.._FSAE_sus_front_GT_torsion_work.fbl_torsion。

（3）Type：left。

（4）Location Dependency：Delta location from coordinate。

（5）Coordinate Reference：.._FSAE_sus_front_GT_torsion_work.ground.cfl_torsion_ref。

（6）Location：0，0，-25。

（7）Orientation Dependency：Delta orientation from coordinate。

（8）Construction Frame：.._FSAE_sus_front_GT_torsion_work.ground.cfl_torsion_ref。

（9）Orientation：0，0，0。

（10）Left MNF File：file：//D：/ADAMS_MNF/torsion_10p250.mnf。

(11) Right MNF File: file://D:/ADAMS_MNF/torsion_10p250.mnf。

(12) Color: blue。

(13) 单击 Apply，完成 ._FSAE_sus_front_GT_torsion_work.fbl_torsion 部件的创建。

10.1.17 弹簧

(1) 单击 Build > Force > Spring > New 命令，弹出创建部件对话框，如图 10-9 所示。

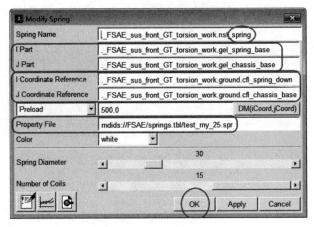

图 10-9 弹簧部件

(2) Spring Name: ._FSAE_sus_front_GT_torsion_work.nsl_spring。

(3) I Part: ._FSAE_sus_front_GT_torsion_work.gel_spring_base。

(4) J Part: ._FSAE_sus_front_GT_torsion_work.gel_chassis_base。

(5) I Coordinate Reference: ._FSAE_sus_front_GT_torsion_work.ground.cfl_spring_down。

(6) J Coordinate Reference: ._FSAE_sus_front_GT_torsion_work.ground.cfl_chassis_base。

(7) Preload: 500.0。

(8) Property File: mdids://FSAE/springs.tbl/test_my_25.spr。

(9) Spring Diameter: 30。

(10) Spring of Coils: 15。

(11) 单击 OK，完成 ._FSAE_sus_front_GT_torsion_work.nsl_spring 弹簧的创建。

10.1.18 避震器

(1) 单击 Build > Force > Damper > New 命令，弹出创建避震器对话框，如图 10-10 所示。

(2) Damper Name: ._FSAE_sus_front_GT_torsion_work.dal_damper。

(3) I Part: ._FSAE_sus_front_GT_torsion_work.gel_damper_front。

(4) J Part: ._FSAE_sus_front_GT_torsion_work.gel_damper_rear。

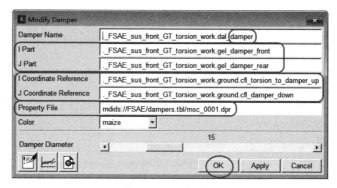

图 10-10　避震器

（5）I Coordinate Reference：._FSAE_sus_front_GT_torsion_work.ground.cfl_torsion_to_damper_up。

（6）J Coordinate Reference：._FSAE_sus_front_GT_torsion_work.ground.cfl_damper_down。

（7）Property File：mdids：//FSAE/dampers.tbl/msc_0001.dpr。

（8）Damper Diameter：15。

（9）Color：maize。

（10）单击 OK，完成 ._FSAE_sus_front_GT_torsion_work.dal_damper 避震器的创建。

（11）单击 Build ＞ Attachments ＞ Joint ＞ New 命令，弹出创建约束对话框，如图 10-11 所示。

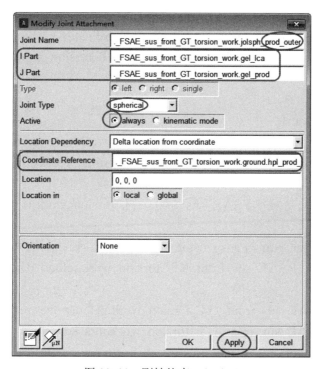

图 10-11　刚性约束 spherical

（12）部件 lca 与 prod 之间 spherical 约束：

① Joint Name：._FSAE_sus_front_GT_torsion_work.jolsph_prod_outer。

② Type：left。

③ I Part：._FSAE_sus_front_GT_torsion_work.gel_lca。

④ J Part：._FSAE_sus_front_GT_torsion_work.gel_prod。

⑤ Joint Type：spherical。

⑥ Active：always。

⑦ Location Dependency：Delta location from coordinate。

⑧ Coordinate Reference：._FSAE_sus_front_GT_torsion_work.ground.hpl_prod_outer。

⑨ Location：0,0,0。

⑩ Location in：local。

⑪ 单击 Apply，完成 ._FSAE_sus_front_GT_torsion_work.jolsph_prod_outer 约束副的创建。

（13）部件 damper_front 与 zhijia_up 之间 hook 约束：

① Joint Name：._FSAE_sus_front_GT_torsion_work.jolhoo_damper_front。

② Type：left。

③ I Part：._FSAE_sus_front_GT_torsion_work.gel_damper_front。

④ J Part：._FSAE_sus_front_GT_torsion_work.gel_zhijia_up。

⑤ Joint Type：hook。

⑥ Active：always。

⑦ Location Dependency：Delta location from coordinate。

⑧ Coordinate Reference：._FSAE_sus_front_GT_torsion_work.ground.cfl_torsion_to_damper_up。

⑨ Location：0,0,0。

⑩ Location in：local。

⑪ I-Part Axis：._FSAE_sus_front_GT_torsion_work.ground.cfl_damper_down。

⑫ J-Part Axis：._FSAE_sus_front_GT_torsion_work.ground.cfl_torsion_to_damper。

⑬ 单击 Apply，完成 ._FSAE_sus_front_GT_torsion_work.jolhoo_damper_front 约束副的创建。

（14）部件 damper_rear 与 suspension_to_chassis 之间 hook 约束：

① Joint Name：._FSAE_sus_front_GT_torsion_work.jolhoo_damper_down。

② Type：left。

③ I Part：._FSAE_sus_front_GT_torsion_work.gel_damper_rear。

④ J Part：._FSAE_sus_front_GT_torsion_work.mts_suspension_to_chassis。

⑤ Joint Type：hook。

⑥ Active：always。

⑦ Location Dependency: Delta location from coordinate。
⑧ Coordinate Reference:.._FSAE_sus_front_GT_torsion_work.ground.cfl_damper_down。
⑨ Location: 0, 0, 0。
⑩ Location in: local。
⑪ I-Part Axis:.._FSAE_sus_front_GT_torsion_work.ground.cfl_torsion_to_damper_up。
⑫ J-Part Axis:.._FSAE_sus_front_GT_torsion_work.ground.cfl_damper_down_ref。
⑬ 单击 Apply，完成.._FSAE_sus_front_GT_torsion_work.jolhoo_damper_down 约束副的创建。

（15）部件 damper_front 与 damper_rear 之间 cylindrical 约束：
① Joint Name:.._FSAE_sus_front_GT_torsion_work.jolcyl_damper_mid。
② Type: left。
③ I Part:.._FSAE_sus_front_GT_torsion_work.gel_damper_front。
④ J Part:.._FSAE_sus_front_GT_torsion_work.gel_damper_rear。
⑤ Joint Type: cylindrical。
⑥ Active: always。
⑦ Location Dependency: Centered between coordinates。
⑧ Centered between: Two Coordinates。
⑨ Coordinate Reference #1:.._FSAE_sus_front_GT_torsion_work.ground.cfl_torsion_to_damper_up。
⑩ Coordinate Reference #2:.._FSAE_sus_front_GT_torsion_work.ground.cfl_damper_down。
⑪ Location Dependency: Orient axis to point。
⑫ Coordinate Reference:.._FSAE_sus_front_GT_torsion_work.ground.cfl_damper_down。
⑬ 单击 Apply，完成.._FSAE_sus_front_GT_torsion_work.jolcyl_damper_mid 约束副的创建。

（16）部件 zhijia_up 与 suspension_to_chassis 之间 revolute 约束：
① Joint Name:.._FSAE_sus_front_GT_torsion_work.jolrev_zhijia_up_to_prod。
② Type: left。
③ I Part:.._FSAE_sus_front_GT_torsion_work.gel_zhijia_up。
④ J Part:.._FSAE_sus_front_GT_torsion_work.mts_suspension_to_chassis。
⑤ Joint Type: revolute。
⑥ Active: always。
⑦ Location Dependency: Centered between coordinates。
⑧ Centered between: Two Coordinates。
⑨ Coordinate Reference #1:.._FSAE_sus_front_GT_torsion_work.ground.cfl_torsion_

ref。

⑩ Coordinate Reference #2：._FSAE_sus_front_GT_torsion_work.ground.cfl_torsion_to_damper。

⑪ Location Dependency：Orient axis to point。

⑫ Coordinate Reference：._FSAE_sus_front_GT_torsion_work.ground.cfl_torsion_to_damper。

⑬ 单击 Apply，完成 ._FSAE_sus_front_GT_torsion_work.jolrev_zhijia_up_to_prod 约束副的创建。

（17）部件 zhijia_up 与 torsion 之间 fixed 约束：

① Joint Name：._FSAE_sus_front_GT_torsion_work.jolfix_zhijia_up_to_damper。

② Type：left。

③ I Part：._FSAE_sus_front_GT_torsion_work.gel_zhijia_up。

④ J Part：._FSAE_sus_front_GT_torsion_work.fbl_torsion。

⑤ Joint Type：fixed。

⑥ Active：always。

⑦ Location Dependency：Delta location from coordinate。

⑧ Coordinate Reference：._FSAE_sus_front_GT_torsion_work.ground.cfl_zhijia_up_to_torsion。

⑨ Location：0，0，0。

⑩ Location in：local。

⑪ Closest Interface Node：left/4569，right/4569（4569 指有限元软件中创建的接口点）。

⑫ 单击 Apply，完成 ._FSAE_sus_front_GT_torsion_work.jolfix_zhijia_up_to_damper 约束副的创建。

（18）部件 zhijia_up 与 prod 之间 hook 约束：

① Joint Name：._FSAE_sus_front_GT_torsion_work.jolhoo_zhijia_to_prod。

② Type：left。

③ I Part：._FSAE_sus_front_GT_torsion_work.gel_zhijia_up。

④ J Part：._FSAE_sus_front_GT_torsion_work.gel_prod。

⑤ Joint Type：hook。

⑥ Active：always。

⑦ Location Dependency：Delta location from coordinate。

⑧ Coordinate Reference：._FSAE_sus_front_GT_torsion_work.ground.cfl_torsion_front。

⑨ Location：0，0，0。

⑩ Location in：local。

⑪ I-Part Axis：._FSAE_sus_front_GT_torsion_work.ground.cfl_torsion_ref。

⑫ J-Part Axis：._FSAE_sus_front_GT_torsion_work.ground.hpl_prod_outer。

⑬ 单击 Apply，完成 .._FSAE_sus_front_GT_torsion_work.jolhoo_zhijia_to_prod 约束副的创建。

（19）部件 zhijia_down 与 torsion 之间 fixed 约束：

① Joint Name：.._FSAE_sus_front_GT_torsion_work.jolfix_zhijia_down_to_torsion。
② Type：left。
③ I Part：.._FSAE_sus_front_GT_torsion_work.gel_zhijia_down。
④ J Part：.._FSAE_sus_front_GT_torsion_work.fbl_torsion。
⑤ Joint Type：fixed。
⑥ Active：always。
⑦ Location Dependency：Delta location from coordinate。
⑧ Coordinate Reference：.._FSAE_sus_front_GT_torsion_work.ground.cfl_torsion_to_chassis。
⑨ Location：0，0，0。
⑩ Location in：local。
⑪ Closest Interface Node：left/4567，right/4567（4567 指有限元软件中创建的接口点）。
⑫ 单击 Apply，完成 .._FSAE_sus_front_GT_torsion_work.jolfix_zhijia_down_to_torsion 约束副的创建。

（20）部件 zhijia_up 与 suspension_to_chassis 之间 revolute 约束：

① Joint Name：.._FSAE_sus_front_GT_torsion_work.jolrev_zhijia_down_to_chassis。
② Type：left。
③ I Part：.._FSAE_sus_front_GT_torsion_work.gel_zhijia_down。
④ J Part：.._FSAE_sus_front_GT_torsion_work.mts_suspension_to_chassis。
⑤ Joint Type：revolute。
⑥ Active：always。
⑦ Location Dependency：Delta location from coordinate。
⑧ Coordinate Reference：.._FSAE_sus_front_GT_torsion_work.ground.cfl_torsion_to_chassis。
⑨ Location：0，0，0。
⑩ Location in：local。
⑪ Location Dependency：Orient axis to point。
⑫ Coordinate Reference：.._FSAE_sus_front_GT_torsion_work.ground.cfl_torsion_to_damper。
⑬ 单击 Apply，完成 .._FSAE_sus_front_GT_torsion_work.jolrev_zhijia_down_to_chassis 约束副的创建。

（21）部件 spring_base 与 zhijia_down 之间 spherical 约束：

① Joint Name：.._FSAE_sus_front_GT_torsion_work.jolsph_spring_to_zhijia_down。
② Type：left。

③ I Part：._FSAE_sus_front_GT_torsion_work.gel_spring_base。

④ J Part：._FSAE_sus_front_GT_torsion_work.gel_zhijia_down。

⑤ Joint Type：spherical。

⑥ Active：always。

⑦ Location Dependency：Delta location from coordinate。

⑧ Coordinate Reference：._FSAE_sus_front_GT_torsion_work.ground.cfl_torsion_to_chassis_up。

⑨ Location：0，0，0。

⑩ Location in：local。

⑪ 单击 Apply，完成 ._FSAE_sus_front_GT_torsion_work.jolsph_spring_to_zhijia_down 约束副的创建。

（22）部件 chassis_base 与 suspension_to_chassis 之间 convel 约束：

① Joint Name：._FSAE_sus_front_GT_torsion_work.jolcon_chassis_base。

② I Part：._FSAE_sus_front_GT_torsion_work.gel_chassis_base。

③ J Part：._FSAE_sus_front_GT_torsion_work.mts_suspension_to_chassis。

④ Joint Type：convel。

⑤ Active：always。

⑥ Location Dependency：Delta location from coordinate。

⑦ Coordinate Reference：._FSAE_sus_front_GT_torsion_work.ground.cfl_chassis_base。

⑧ Location：0，0，0。

⑨ Location in：local。

⑩ I-Part Axis：._FSAE_sus_front_GT_torsion_work.ground.cfl_spring_down。

⑪ J-Part Axis：._FSAE_sus_front_GT_torsion_work.ground.cfl_torsion_to_chassis_up。

⑫ 单击 Apply，完成 ._FSAE_sus_front_GT_torsion_work.jolcon_chassis_base 约束副的创建。

（23）部件 spring_base 与 chassis_base 之间 translational 约束：

① Joint Name：._FSAE_sus_front_GT_torsion_work.joltra_spring。

② Type：left。

③ I Part：._FSAE_sus_front_GT_torsion_work.gel_spring_base。

④ J Part：._FSAE_sus_front_GT_torsion_work.gel_chassis_base。

⑤ Joint Type：translational。

⑥ Active：always。

⑦ Location Dependency：Delta location from coordinate。

⑧ Coordinate Reference：._FSAE_sus_front_GT_torsion_work.ground.cfl_chassis_base。

⑨ Location：0，0，0。

⑩ Location in：local。
⑪ Location Dependency：Orient axis to point。
⑫ Coordinate Reference：._FSAE_sus_front_GT_torsion_work.ground.cfl_spring_down。
⑬ 单击 Apply，完成 ._FSAE_sus_front_GT_torsion_work.joltra_spring 约束副的创建。
（24）部件 torsion 与 zhijia_down 之间 fixed 约束：
① Joint Name：._FSAE_sus_front_GT_torsion_work.jolfix_torsion_down。
② Type：left。
③ I Part：._FSAE_sus_front_GT_torsion_work.fbl_torsion。
④ J Part：._FSAE_sus_front_GT_torsion_work.mts_zhijia_down。
⑤ Joint Type：fixed。
⑥ Active：always。
⑦ Location Dependency：Delta location from coordinate。
⑧ Coordinate Reference：._FSAE_sus_front_GT_torsion_work.ground.cfl_torsion_down_to_chassis。
⑨ Location：0，0，0。
⑩ Location in：local。
⑪ Closest Interface Node：left/4566，right/4566（4566 指有限元软件中创建的接口点）。
⑫ 单击 OK，完成 ._FSAE_sus_front_GT_torsion_work.jolfix_torsion_down 约束副的创建。

10.2 四轮定位参数对标

至此，空间斜置扭杆弹簧推杆式悬架模型建立完成，如图 10-1 所示，建成的模型工作模式为扭杆弹簧工作模式；把约束 ._FSAE_sus_front_GT_torsion_work.jolfix_torsion_down 更改为旋转约束，此时模型转化为螺旋弹簧工作模式。实际车辆是通过液压传动器根据车速的特性自动切换。图 10-12 至图 10-14 所示为悬架四轮定位参数变化曲线，图中 p1 为螺旋弹簧工作模式，p2 为扭杆弹簧工作模式。

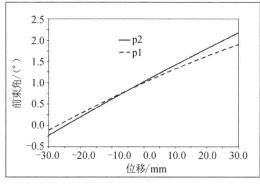

图 10-12　前束角

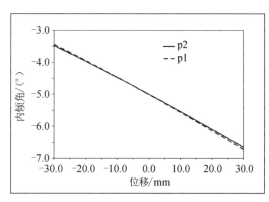

图 10-13　主销内倾角

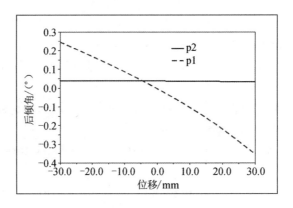

图 10-14 主销后倾角

10.3 刚度阻尼匹配

空间斜置扭杆弹簧推杆式悬架模型建立好之后，需要对弹簧的刚度与整车进行匹配，悬架传力模型如图 10-15 所示，推杆空间位置受力情况如图 10-16 所示。

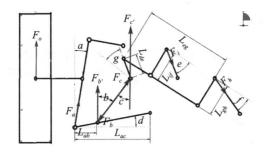
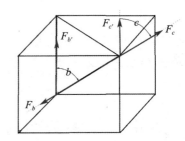

图 10-15 悬架传力模型　　　　图 10-16 扭杆弹簧空间受力情况

根据受力分析，悬架传力数学描述如公式（10-1）至（10-13），整理公式后弹簧刚度为公式（10-14），阻尼系数为公式（10-15）。

$$F_o = mg \tag{10-1}$$

$$F_a \cos a = F_o \tag{10-2}$$

$$-F_{b'}(L_{ac} - L_{ab})\cos d = F_a \cos a L_{ac} \cos d \tag{10-3}$$

$$-F_b \cos b = F_{b'} \tag{10-4}$$

$$F_c = -F_b \tag{10-5}$$

$$F_c \cos c = F_{c'} \tag{10-6}$$

$$b = c \tag{10-7}$$

$$F_{c'} L_{de} \cos g' = F_i L_{if} \cos e + F_h L_{gh} \cos f \tag{10-8}$$

$$F_i = kx \tag{10-9}$$

$$F_{o'} = m\ddot{z} \tag{10-10}$$

$$m_1 L_{de}^2 \phi = F_{c'} L_{de} \cos g' \tag{10-11}$$

$$v_1 = \int L_{de} \phi \, \mathrm{d}t \tag{10-12}$$

$$\frac{v_1}{v} = \frac{L_{de}}{L_{if}} \tag{10-13}$$

$$k = -\frac{mg L_{ac} L_{de} \cos g'}{x L_{if}(L_{ac} - L_{ab}) \cos e} \tag{10-14}$$

$$\delta = m_1 L_{de} \frac{m\ddot{z} L_{ac} L_{de} \cos c \cos g' + F_i L_{if} \cos b \cos e (L_{ac} - L_{ab})}{m\dot{z} L_{ac} L_{g'h} L_{if} \cos c \cos f \cos g'} \tag{10-15}$$

式中，F_o 为地面对轮胎的支撑力；m 为簧上质量；g 为重力加速度；F_a 为下控制臂外点所受的拉力；F_b 为下控制臂与推杆连接处所承受的压力；F_c 为推杆与上部支架摆臂连接处的推力；F_b'、F_c' 为推杆在空间的垂向分力；F_i 为弹簧刚度；F_h 为弹簧受力；k 为避震器阻尼力；x 为弹簧的安装压缩长度；a 为转向节与垂向线之间的夹角；b、c 为推杆与垂向线之间的夹角；d 为下控制臂与水平线之间的夹角；e 为避震器与水平面之间的夹角；f 为螺旋弹簧与水平面之间的夹角；g' 为上部支架摆臂与推杆连接处和水平面之间的夹角；L_{ac} 为下控制臂在水平面投影的长度；L_{ab} 为下控制臂到推杆与下控制臂连接处在水平面上的投影长度；L_{de} 为上部支架摆臂与推杆连接处之间的长度；L_{if} 为避震器摆臂长度；$L_{g'h}$ 为弹簧摆臂长度；F_o' 为簧上质量在加速度作用下的惯性力；$\ddot{z}$ 为车身在垂向方向的加速度；$\dot{z}$ 为车身在垂向方向的速度；m_1 为扭杆弹簧的质量；ϕ 为扭杆弹簧转动的角加速度；v_1 为上部支架摆臂与推杆连接处的切向速度；v 为避震器于上部支架摆臂连接处的切向速度。

通过测量获取的悬架参数见表 10-1，根据公式（10-14）计算出前悬架弹簧力为 -984.72 N，后悬架弹簧力为 -1086.34 N，负号表示弹簧受拉，实际物理模型为受压。此时可以根据弹簧力确定刚度及安装长度，此处要强调的是方程式赛车要求弹簧的安装长度（或弹簧行程）较短，因此弹簧刚度相对于轿车要大很多。此处不具体确定，读者可根据设计的车辆具体确定刚度与长度。根据公式（10-15），用 MATLAB 计算出前后悬架的阻尼参数，如图 10-17 和图 10-18 所示。

表 10-1 悬架参数

参数	前悬架	后悬架	单位
L_{ac}	0.4191	0.3556	米（m）
L_{ab}	0.0461	0.0026	米（m）

续表

参数	前悬架	后悬架	单位
L_{de}	0.070	0.080	米（m）
$L_{g'h}$	0.100	0.100	米（m）
L_{if}	0.050	0.050	米（m）
a	15.1	0	度（°）
b	56.56	50.08	度（°）
e	0	0	度（°）
g	0	0	度（°）
f	0	0	度（°）
m	62.6	67.4	质量（kg）
m_1	0.6127	0.6127	质量（kg）

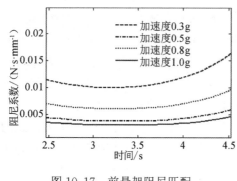

图 10-17　前悬架阻尼匹配　　　　图 10-18　后悬架阻尼匹配

10.4　后空间扭杆弹簧斜置式推杆悬架

后空间扭杆弹簧斜置式推杆悬架模型与前空间扭杆弹簧斜置式推杆悬架模型框架完全一样，不同在于参数的定位点。由于建模过程一致，因此建模不再详细展开，请读者参阅前空间扭杆弹簧斜置式推杆悬架模型建模过程。建立好的后悬架模型如图 10-19 所示。后悬架的硬点、变量参数信息如下：

```
    File Name       :<FSAE>/subsystems.tbl/FSAE_sus_rear_GT_
torsion_work.sub
    Template        :mdids://FSAE/templates.tbl/_FSAE_sus_rear_
GT_torsion_work.tpl
```

```
   Comments        :*no comments found*
   Major Role      :suspension
   Minor Role      :rear
   HARDPOINTS:
     hardpoint name       symmetry     x_value   y_value   z_value
     --------------       --------     -------   -------   -------
     global           single 1524.0        0.0       0.0
     arb_bushing_mount    left/right   1651.0    -127.0    101.6
     drive_shaft_inr      left/right   1600.0    -200.0    185.0
     lca_front            left/right   1270.0    -127.0    127.0
     lca_outer            left/right   1498.6    -482.6    101.6
     lca_rear             left/right   1651.0    -127.0    127.0
     prod_outer           left/right   1498.6    -480.0    127.0
     prod_to_bellcrank    left/right   1510.0    -350.0    250.0
     tierod_inner         left/right   1676.4    -127.0    152.4
     tierod_outer         left/right   1574.8    -457.2    152.4
     uca_front            left/right   1270.0    -152.4    304.8
     uca_outer            left/right   1549.4    -482.6    355.6
     uca_rear             left/right   1625.6    -152.4    304.8
     wheel_center         left/right   1524.0    -558.8    228.6

   PARAMETERS:
     parameter name       symmetry     type      value
     --------------       --------     ----      -----
     driveline_active     single       integer   1
     kinematic_flag       single       integer   0
     camber_angle         left/right   real      -1.5
     drive_shaft_offset   left/right   real      75.0
     toe_angle            left/right   real      0.0
```

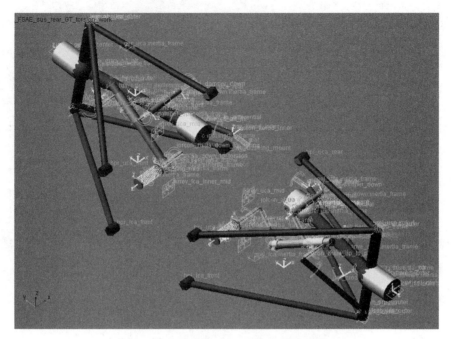

图 10-19　后空间扭杆弹簧斜置式推杆悬架

10.5　加速仿真

整车模型通过替换前后悬架模型获取，请读者参阅前述章节。建立好的整车模型如图 10-20 所示。

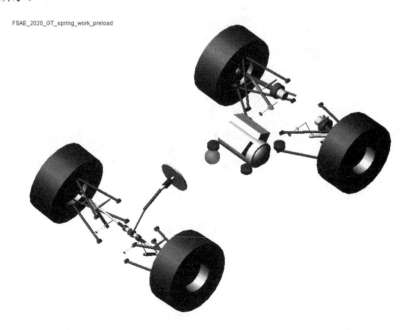

图 10-20　整车模型 _FSAE_2020_GT_spring_work_preload（弹簧工作模式）

10.5.1 加速仿真（闭环模式）

（1）单击 Simulate > Full-Vehicle Analysis > Straight-Line Events > Acceleration 命令，弹出阶跃仿真对话框，如图 10-21 所示。

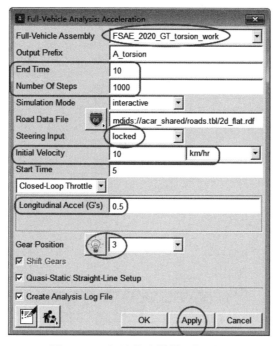

图 10-21 加速仿真设置（闭环）

（2）Full-Vehicle Assembly：FSAE_2020_GT_torsion_work。

（3）Output Prefix：A_torsion。

（4）End Time：10。

（5）Number Of Steps：1000。

（6）Simulation Mode：interactive。

（7）Road Data File：mdids：//acar_shared/roads.tbl/2d_flat.rdf。

（8）Steering Input：locked，仿真过程中方向盘锁定。

（9）Initial Velocity：10，单位 km/hr。

（10）Start Time：5。

（11）Closed-Loop Throttle：工作模式选择闭环工作模式。

（12）Gear Position：3。

（13）勾选 Quasi-Static Straight-Line Setup。

（14）单击 Apply，完成 FSAE_2020_GT_torsion_work 赛车加速仿真设置并提交运算。运算完成后，仿真参数设置不变，按同样设置完成整车 FSAE_2020_GT_spring_work_preload 仿真。整车参数如图 10-22 至图 10-24 所示，从图中可以看出，采用扭杆弹簧工作模式，参数变化比较稳定。

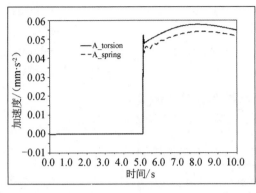
图 10-22　纵向加速度

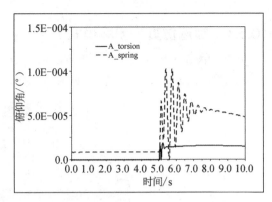
图 10-23　俯仰角位移

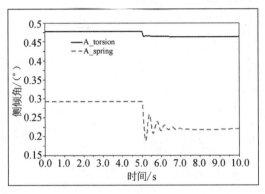
图 10-24　侧倾角位移

10.5.2　加速仿真（开环模式）

（1）单击 Simulate ＞ Full-Vehicle Analysis ＞ Straight-Line Events ＞ Acceleration 命令，弹出阶跃仿真对话框，如图 10-25 所示。

（2）Full-Vehicle Assembly：FSAE_2020_GT_spring_work_preload。

（3）Output Prefix：A_spring。

（4）End Time：10。

（5）Number Of Steps：1000。

（6）Simulation Mode：interactive。

（7）Road Data File：mdids：//acar_shared/roads.tbl/2d_flat.rdf。

（8）Steering Input：locked，仿真过程中方向盘锁定。

（9）Initial Velocity：10，单位 km/hr。

（10）Start Time：5。

（11）Open-Loop Throttle：工作模式选择开环工作模式。

（12）Final Throttle：100，最终油门开度。

（13）Duration of Step：1，油门开度持续时间。

（14）Gear Position：3。

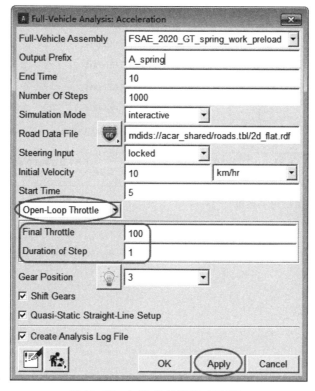

图 10-25 加速仿真设置（开环）

（15）勾选 Shift Gears，仿真过程中可以根据整车运行情况自动换挡。

（16）勾选 Quasi-Static Straight-Line Setup。

（17）单击 Apply，完成 FSAE_2020_GT_spring_work_preload 赛车加速仿真设置并提交运算。运算完成后，仿真参数设置不变，按同样设置完成整车 FSAE_2020_GT_torsion_work 仿真。整车参数如图 10-26 至图 10-29 所示，从图中可以看出，采用扭杆弹簧工作模式，稳定性参数相对于螺旋弹簧模式性能极大提升，平顺性指标螺旋弹簧工作模式好于扭杆弹簧工作模式，因此 FSAE 赛车底盘是解耦的，即平顺性指标与稳定性指标互不干涉。

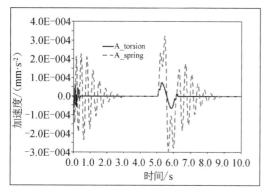

图 10-26 俯仰角加速度

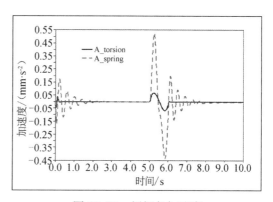

图 10-27 侧倾角加速度

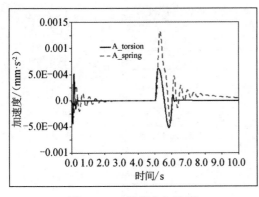 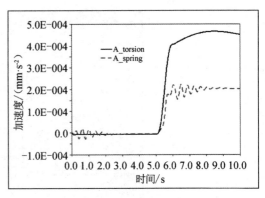

图 10-28　横摆角加速度　　　　　　　图 10-29　垂向加速度

第 11 章　非独立式平衡悬架

采用板簧支撑的双轴平衡悬架在国内牵引车中应用极多，早些年板簧采用多片簧，厚度厚，质量大，安装空间占用多，且多片簧由于簧片间的摩擦与滑动容易导致簧片断裂失效；近些年板簧多采用少片簧装配（3~4 片），簧片之间不存在接触，且大大减小了质量，占用空间少，性能提升明显。平衡悬架导向杆亦有纵向推杆与 V 形杆多种布置方式，推杆的布置方式及推杆角度对整车的稳定性影响较大，具体参考文献《平衡悬架精准建模与推杆特性研究》。平衡悬架的建模难点如下：① 双驱动轴建模难度较大，ADAMS/Car 中是不支持双轴模型建立的，需要通过建立单轴系悬架，再通过 ADAMS/View 中的合并功能把单轴系合并为双轴系，然后在双轴系驱动轴的基础上搭建平衡悬架，这是思路难点；② 钢板弹簧模型的建立有难度，板簧模型目前有板簧工具箱、Beam（梁）和有限元方法，每种方法建模均有难度，侧重点亦不相同；③ 部件之间的约束关系及建模完成后悬架的调试极为复杂，耗时耗力。目前文献对平衡悬架的处理大多是采用公版数据库中的串联式拖拽臂悬架替代，但公版数据库中的悬架为美国卡车标准，与国内商用车标准完全不同，平衡悬架的结构亦完全不同，因此对模型的处理应保持谨慎。建立好的板簧式非独立式平衡悬架如图 11-1 所示。

图 11-1　板簧式非独立式平衡悬架（导向杆纵置式）

11.1 纵向推杆式非独立平衡悬架 I

11.1.1 白双驱动桥导入

（1）单击 File > Open > Template 命令，弹出白双驱动桥导入对话框，如图 11-2 所示。

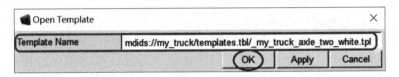

图 11-2 白双驱动桥导入

（2）Template Name：mdids://my_truck/templates.tbl/_my_truck_axle_two_white.tpl。

（3）单击 OK，白双驱动桥导入完成，如图 11-3 所示。

（4）模型另存为 Truck_rear_sus_double_axle_ok。

图 11-3 白双驱动轴

11.1.2 板簧柔性体部件

（1）单击 Build > Part > Flexible Body > New 命令，弹出创建板簧柔性体部件对话框，如图 11-4 所示。需要说明的是，模态中性文件 sus_ph_leaf.mnf 需要提前制作好并存放到对应的数据库 flex_body 文件夹中，此处直接通过路径调出柔性部件模型。

（2）Flexible Body Name：._Truck_rear_sus_double_axle_ok.fbs_leaf_left。

（3）Type：single。

（4）Location Dependency：User-entered location。

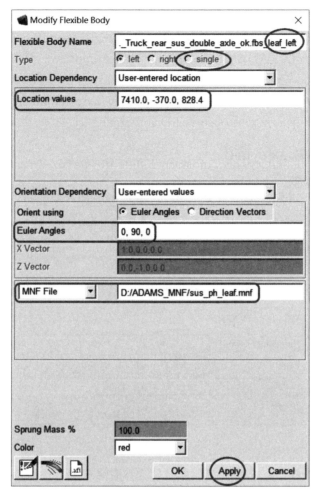

图 11-4　板簧柔性体部件

（5）Location values：7410.0，-370.0，828.4。
（6）Orientation Dependency：User-entered values。
（7）Orient using：Euler Angles。
（8）Euler Angles：0，90，0。
（9）MNF File：D：/ADAMS_MNF/sus_ph_leaf.mnf。
（10）Color：red。
（11）单击 Apply，完成 ._Truck_rear_sus_double_axle_ok.fbs_leaf_left 板簧柔性体部件的创建。
（12）Flexible Body Name：._Truck_rear_sus_double_axle_ok.fbs_leaf_right。
（13）Type：single。
（14）Location Dependency：User-entered location。
（15）Location values：7410.0，450.0，828.4。
（16）Orientation Dependency：User-entered values。

（17）Orient using: Euler Angles。

（18）Euler Angles: 0, 90, 0。

（19）MNF File: D:/ADAMS_MNF/sus_ph_leaf.mnf。

（20）Color: red。

（21）单击 OK，完成 ._Truck_rear_sus_double_axle_ok.fbs_leaf_right 板簧柔性体部件的创建。

11.1.3 悬架中部轴 axle_mid

11.1.3.1 硬点参数

（1）单击 Build > Hardpoint > New 命令，弹出创建硬点参数对话框，如图 11-5 所示。

（2）Hardpoint: axle_mid。

（3）Type: left。

（4）Location: 7410.0, -470.0, 818.4。

（5）单击 Apply，完成 axle_mid 硬点的创建。

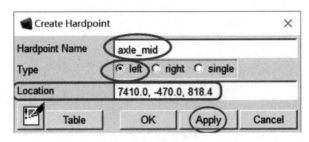

图 11-5 硬点建立

（6）重复上述步骤，完成以下硬点参数建立，需注意硬点参数的对称及不对称信息：

① hpl_axle_mid_down_front: 7260.0, -415.0, 693.4。

② hpr_axle_mid_down_front: 7260.0, 415.0, 693.4。

③ hpl_axle_mid_down_rear: 7560.0, -415.0, 693.4。

④ hpr_axle_mid_down_rear: 7560.0, 415.0, 693.4。

⑤ hps_axle_mid_up_front: 7260.0, -200.0, 993.4。

⑥ hps_axle_mid_up_rear: 7560.0, 200.0, 993.4。

⑦ hpl_axle_mid_in: 7410.0, -415.0, 818.4。

⑧ hpr_axle_mid_in: 7410.0, 415.0, 818.4。

⑨ hpl_axle_mid_in_2: 7410.0, -200.0, 818.4。

⑩ hpr_axle_mid_in_2: 7410.0, 200.0, 818.4。

11.1.3.2 悬架中部轴部件 axle_mid

（1）单击 Build > Part > General Part > New 命令，弹出创建部件对话框，如图 11-6 所示。

（2）General Part: ._Truck_rear_sus_double_axle_ok.ges_axle_mid。

（3）Location Dependency: Centered between coordinates。

(4) Centered between: Two Coordinates
(5) Coordinate Reference #1: ._Truck_rear_sus_double_axle_ok.ground.hpl_axle_mid。
(6) Coordinate Reference #2: ._Truck_rear_sus_double_axle_ok.ground.hpr_axle_mid。

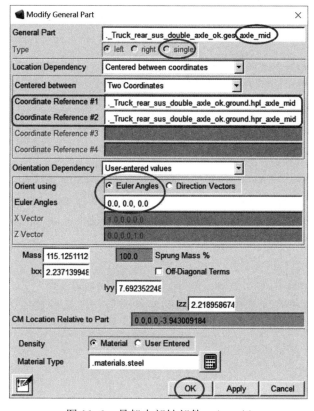

图 11-6　悬架中部轴部件 axle_mid

(7) Orientation Dependency: User-entered values。
(8) Orient using: Euler Angles。
(9) Euler Angles: 0.0, 0.0, 0.0。
(10) Mass: 1。
(11) Ixx: 1。
(12) Iyy: 1。
(13) Izz: 1。
(14) Density: Material。
(15) Material Type: .materials.steel。
(16) 单击 OK，完成 ._Truck_rear_sus_double_axle_ok.ges_axle_mid 部件的创建。

11.1.3.3　中间轴几何体 axle_mid

(1) 单击 Build > Geometry > Link > New 命令，弹出创建几何体对话框，如图 11-7 所示。
(2) Link Name: ._Truck_rear_sus_double_axle_ok.ges_axle_mid.gralin_axle_mid。

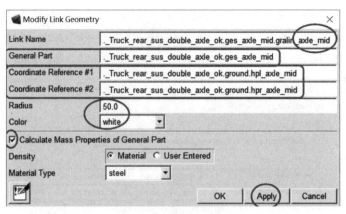

图 11-7 中部轴几何体

（3）General Part：._Truck_rear_sus_double_axle_ok.ges_axle_mid。

（4）Coordinate Reference #1：._Truck_rear_sus_double_axle_ok.ground.hpl_axle_mid。

（5）Coordinate Reference #2：._Truck_rear_sus_double_axle_ok.ground.hpr_axle_mid。

（6）Radius：50.0。

（7）Color：white。

（8）选择 Calculate Mass Properties of General Part 复选框，当几何体建立好之后会更新对应部件的质量和惯量参数，更新后的部件质量与惯量参数如图 11-6 所示。

（9）Density：Material。

（10）Material Type：steel。

（11）单击 Apply，完成 ._Truck_rear_sus_double_axle_ok.ges_axle_mid.gralin_axle_mid 几何体的创建。

（12）Link Name：._Truck_rear_sus_double_axle_ok.ges_axle_mid.gralin_axle_mid_down_left_front。

（13）General Part：._Truck_rear_sus_double_axle_ok.ges_axle_mid。

（14）Coordinate Reference #1：._Truck_rear_sus_double_axle_ok.ground.hpl_axle_mid_in。

（15）Coordinate Reference #2：._Truck_rear_sus_double_axle_ok.ground.hpl_axle_mid_down_front。

（16）Radius：30.0。

（17）Color：white。

（18）选择 Calculate Mass Properties of General Part 复选框。

（19）Density：Material。

（20）Material Type：steel。

（21）单击 Apply，完成 ._Truck_rear_sus_double_axle_ok.ges_axle_mid.gralin_axle_mid_down_left_front 几何体的创建。

（22）Link Name：._Truck_rear_sus_double_axle_ok.ges_axle_mid.gralin_axle_mid_ down_left_rear。

（23）General Part：._Truck_rear_sus_double_axle_ok.ges_axle_mid。

（24）Coordinate Reference #1：._Truck_rear_sus_double_axle_ok.ground.hpl_axle_mid_in。

（25）Coordinate Reference #2：._Truck_rear_sus_double_axle_ok.ground.hpl_axle_mid_down_rear。

（26）Radius：30.0。

（27）Color：white。

（28）选择 Calculate Mass Properties of General Part 复选框。

（29）Density：Material。

（30）Material Type：steel。

（31）单击 Apply，完成 ._Truck_rear_sus_double_axle_ok.ges_axle_mid.gralin_axle_mid_down_left_rear 几何体的创建。

（32）Link Name：._Truck_rear_sus_double_axle_ok.ges_axle_mid.gralin_axle_mid_up_left。

（33）General Part：._Truck_rear_sus_double_axle_ok.ges_axle_mid。

（34）Coordinate Reference #1：._Truck_rear_sus_double_axle_ok.ground.hpl_axle_mid_in_2。

（35）Coordinate Reference #2：._Truck_rear_sus_double_axle_ok.ground.hps_axle_mid_up_front。

（36）Radius：30.0。

（37）Color：white。

（38）选择 Calculate Mass Properties of General Part 复选框。

（39）Density：Material。

（40）Material Type：steel。

（41）单击 Apply，完成 ._Truck_rear_sus_double_axle_ok.ges_axle_mid.gralin_axle_mid_up_left 几何体的创建。

（42）Link Name：._Truck_rear_sus_double_axle_ok.ges_axle_mid.gralin_axle_mid_up_right。

（43）General Part：._Truck_rear_sus_double_axle_ok.ges_axle_mid。

（44）Coordinate Reference #1：._Truck_rear_sus_double_axle_ok.ground.hpr_axle_mid_in_2。

（45）Coordinate Reference #2：._Truck_rear_sus_double_axle_ok.ground.hps_axle_mid_up_rear。

（46）Radius：30.0。

（47）Color：white。

（48）选择 Calculate Mass Properties of General Part 复选框。

（49）Density：Material。

（50） Material Type：steel。

（51）单击 OK，完成.._Truck_rear_sus_double_axle_ok.ges_axle_mid.gralin_axle_mid_up_right 几何体的创建。

11.1.4 悬架底部前推杆 axle_front_down_DX

11.1.4.1 硬点参数

参考图 11-5，完成以下硬点参数建立：

（1） hpl_axle_front_down：6760.0，-415.0，633.4。

（2） hpr_axle_front_down：6760.0，415.0，633.4。

（3） hpl_axle_front_in：6760.0，-415.0，758.4

（4） hpr_axle_front_in：6760.0，415.0，758.4

11.1.4.2 悬架底部前推杆部件 axle_front_down_DX

（1）单击 Build ＞ Part ＞ General Part ＞ New 命令，弹出创建部件对话框，可参考图 11-6。

（2） General Part：.._Truck_rear_sus_double_axle_ok.gel_axle_front_down_DX。

（3） Location Dependency：Centered between coordinates。

（4） Centered between：Two Coordinates

（5） Coordinate Reference #1：.._Truck_rear_sus_double_axle_ok.ground.hpl_axle_front_down。

（6） Coordinate Reference #2：.._Truck_rear_sus_double_axle_ok.ground.hpl_axle_mid_down_front。

（7） Location：0，0，0。

（8） Location in：local。

（9） Orientation Dependency：User-entered values。

（10） Orient using：Euler Angles。

（11） Euler Angles：0.0，0.0，0.0。

（12） Mass：1。

（13） Ixx：1。

（14） Iyy：1。

（15） Izz：1。

（16） Density：Material。

（17） Material Type：.materials.steel。

（18）单击 OK，完成.._Truck_rear_sus_double_axle_ok.gel_axle_front_down_DX 部件的创建。

11.1.4.3 悬架底部前推杆几何体 axle_front_down

（1）单击 Build ＞ Geometry ＞ Link ＞ New 命令，弹出创建几何体对话框，可参考图 11-7。

（2） Link Name：.._Truck_rear_sus_double_axle_ok.gel_axle_front_down_DX.gralin_ axle_front_down。

（3）General Part：._Truck_rear_sus_double_axle_ok.gel_axle_front_down_DX。

（4）Coordinate Reference #1：._Truck_rear_sus_double_axle_ok.ground.hpl_axle_front_down。

（5）Coordinate Reference #2：._Truck_rear_sus_double_axle_ok.ground.hpl_axle_mid_down_front。

（6）Radius：20.0。

（7）Color：yellow。

（8）选择 Calculate Mass Properties of General Part 复选框。

（9）Density：Material。

（10）Material Type：steel。

（11）单击 Apply，完成 ._Truck_rear_sus_double_axle_ok.gel_axle_front_down_DX.gralin_axle_front_down 几何体的创建。

（12）Link Name：._Truck_rear_sus_double_axle_ok.gel_drive_axle.gralin_drive_axle_down。

（13）General Part：._Truck_rear_sus_double_axle_ok.gel_drive_axle。

（14）Coordinate Reference #1：._Truck_rear_sus_double_axle_ok.ground.hpl_axle_front_in。

（15）Coordinate Reference #2：._Truck_rear_sus_double_axle_ok.ground.hpl_axle_front_down。

（16）Radius：30.0。

（17）Color：green。

（18）选择 Calculate Mass Properties of General Part 复选框。

（19）Density：Material。

（20）Material Type：steel。

（21）单击 OK，完成 ._Truck_rear_sus_double_axle_ok.gel_drive_axle.gralin_drive_axle_down 几何体的创建。

11.1.5 悬架底部后推杆 axle_rear_down_DX

11.1.5.1 硬点参数

参考图 11-5，完成以下硬点参数建立：

（1）hpl_axle_rear_down：8060.0，-415.0，633.4。

（2）hpr_axle_rear_down：8060.0，415.0，633.4。

（3）hpl_axle_rear_in：8060.0，-415.0，758.4。

（4）hpr_axle_rear_in：8060.0，415.0，758.4。

11.1.5.2 悬架底部后推杆 axle_rear_down_DX

（1）单击 Build ＞ Part ＞ General Part ＞ New 命令，弹出创建部件对话框，可参考图 11-6。

（2）General Part：._Truck_rear_sus_double_axle_ok.gel_axle_rear_down_DX。

（3）Location Dependency：Centered between coordinates。

（4）Centered between：Two Coordinates

（5）Coordinate Reference #1：._Truck_rear_sus_double_axle_ok.ground.hpl_axle_rear_down。

（6）Coordinate Reference #2：._Truck_rear_sus_double_axle_ok.ground.hpl_axle_mid_down_rear。

（7）Location：0，0，0。

（8）Location in：local。

（9）Orientation Dependency：User-entered values。

（10）Orient using：Euler Angles。

（11）Euler Angles：0.0，0.0，0.0。

（12）Mass：1。

（13）Ixx：1。

（14）Iyy：1。

（15）Izz：1。

（16）Density：Material。

（17）Material Type：.materials.steel。

（18）单击 OK，完成 ._Truck_rear_sus_double_axle_ok.gel_axle_rear_down_DX 部件的创建。

11.1.5.3 悬架底部后推杆几何体 axle_rear_down

（1）单击 Build > Geometry > Link > New 命令，弹出创建几何体对话框，可参考图 11-7。

（2）Link Name：._Truck_rear_sus_double_axle_ok.gel_axle_rear_down_DX.gralin_axle_rear_down。

（3）General Part：._Truck_rear_sus_double_axle_ok.gel_axle_rear_down_DX。

（4）Coordinate Reference #1：._Truck_rear_sus_double_axle_ok.ground.hpl_axle_rear_down。

（5）Coordinate Reference #2：._Truck_rear_sus_double_axle_ok.ground.hpl_axle_mid_down_rear。

（6）Radius：20.0。

（7）Color：yellow。

（8）选择 Calculate Mass Properties of General Part 复选框。

（9）Density：Material。

（10）Material Type：steel。

（11）单击 Apply，完成 ._Truck_rear_sus_double_axle_ok.gel_axle_rear_down_DX.gralin_axle_rear_down 几何体的创建。

（12）Link Name：._Truck_rear_sus_double_axle_ok.gel_drive_axle_2.gralin_drive_ axle_2_down。

（13）General Part：._Truck_rear_sus_double_axle_ok.gel_drive_axle_2。

（14）Coordinate Reference #1：._Truck_rear_sus_double_axle_ok.ground.hpl_axle_rear_down。

（15）Coordinate Reference #2：._Truck_rear_sus_double_axle_ok.ground.hpl_axle_rear_in。

（16）Radius：30.0。

（17）Color：green。

（18）选择 Calculate Mass Properties of General Part 复选框。

（19）Density：Material。

（20）Material Type：steel。

（21）单击 OK，完成._Truck_rear_sus_double_axle_ok.gel_drive_axle_2.gralin_drive_axle_2_down 几何体的创建。

11.1.6　悬架顶部左前推杆 axle_front_up_DX

11.1.6.1　硬点参数

参考图 11-5，完成以下硬点参数建立：

（1）hps_axle_front_up：6760.0，-200.0，933.4。

（2）hps_axle_front_in_2：6760.0，-200.0，758.4。

11.1.6.2　悬架顶部左前推杆部件 axle_front_up_DX

（1）单击 Build ＞ Part ＞ General Part ＞ New 命令，弹出创建部件对话框，可参考图 11-6。

（2）General Part：._Truck_rear_sus_double_axle_ok.ges_axle_front_up_DX。

（3）Location Dependency：Centered between coordinates。

（4）Centered between：Two Coordinates。

（5）Coordinate Reference #1：._Truck_rear_sus_double_axle_ok.ground.hps_axle_front_up。

（6）Coordinate Reference #2：._Truck_rear_sus_double_axle_ok.ground.hps_axle_mid_up_front。

（7）Location：0，0，0。

（8）Location in：local。

（9）Orientation Dependency：User-entered values。

（10）Orient using：Euler Angles。

（11）Euler Angles：0.0，0.0，0.0。

（12）Mass：1。

（13）Ixx：1。

（14）Iyy：1。

（15）Izz：1。

（16）Density：Material。

（17）Material Type：.materials.steel。

（18）单击 OK，完成 ._Truck_rear_sus_double_axle_ok.ges_axle_front_up_DX 部件的创建。

11.1.6.3 悬架顶部左前推杆几何体 axle_front_up

（1）单击 Build > Geometry > Link > New 命令，弹出创建几何体对话框，可参考图 11-7。

（2）Link Name：._Truck_rear_sus_double_axle_ok.ges_axle_front_up_DX.gralin_axle_front_up。

（3）General Part：._Truck_rear_sus_double_axle_ok.ges_axle_front_up_DX。

（4）Coordinate Reference #1：._Truck_rear_sus_double_axle_ok.ground.hps_axle_front_up。

（5）Coordinate Reference #2：._Truck_rear_sus_double_axle_ok.ground.hps_axle_mid_up_front。

（6）Radius：20.0。

（7）Color：yellow。

（8）选择 Calculate Mass Properties of General Part 复选框。

（9）Density：Material。

（10）Material Type：steel。

（11）单击 Apply，完成 ._Truck_rear_sus_double_axle_ok.ges_axle_front_up_DX.gralin_axle_front_up 几何体的创建。

（12）Link Name：._Truck_rear_sus_double_axle_ok.gel_drive_axle.gralin_drive_axle_up。

（13）General Part：._Truck_rear_sus_double_axle_ok.gel_drive_axle。

（14）Coordinate Reference #1：._Truck_rear_sus_double_axle_ok.ground.hps_axle_front_up。

（15）Coordinate Reference #2：._Truck_rear_sus_double_axle_ok.ground.hps_axle_front_in_2。

（16）Radius：30.0。

（17）Color：green。

（18）选择 Calculate Mass Properties of General Part 复选框。

（19）Density：Material。

（20）Material Type：steel。

（21）单击 OK，完成 ._Truck_rear_sus_double_axle_ok.gel_drive_axle.gralin_drive_axle_up 几何体的创建。

11.1.7 悬架顶部右后推杆 axle_rear_up_DX

11.1.7.1 硬点参数

参考图 11-5，完成以下硬点参数建立：

(1) hps_axle_rear_up：8060.0,200.0,933.4。

(2) hps_axle_rear_in_2：8060.0,200.0,758.4。

11.1.7.2 悬架顶部右后推杆部件 axle_rear_up_DX

(1) 单击 Build > Part > General Part > New 命令，弹出创建部件对话框，可参考图 11-6。

(2) General Part：._Truck_rear_sus_double_axle_ok.ges_axle_rear_up_DX。

(3) Location Dependency：Centered between coordinates。

(4) Centered between：Two Coordinates

(5) Coordinate Reference #1：._Truck_rear_sus_double_axle_ok.ground.hps_axle_rear_up。

(6) Coordinate Reference #2：._Truck_rear_sus_double_axle_ok.ground.hps_axle_mid_up_rear。

(7) Location：0,0,0。

(8) Location in：local。

(9) Orientation Dependency：User-entered values。

(10) Orient using：Euler Angles。

(11) Euler Angles：0.0,0.0,0.0。

(12) Mass：1。

(13) Ixx：1。

(14) Iyy：1。

(15) Izz：1。

(16) Density：Material。

(17) Material Type：.materials.steel。

(18) 单击 OK，完成 ._Truck_rear_sus_double_axle_ok.ges_axle_rear_up_DX 部件的创建。

11.1.7.3 悬架顶部右后推杆几何体 axle_rear_up

(1) 单击 Build > Geometry > Link > New 命令，弹出创建几何体对话框，可参考图 11-7。

(2) Link Name：._Truck_rear_sus_double_axle_ok.ges_axle_rear_up_DX.gralin_axle_rear_up。

(3) General Part：._Truck_rear_sus_double_axle_ok.ges_axle_rear_up_DX。

(4) Coordinate Reference #1：._Truck_rear_sus_double_axle_ok.ground.hps_axle_rear_up。

(5) Coordinate Reference #2：._Truck_rear_sus_double_axle_ok.ground.hps_axle_mid_up_rear。

(6) Radius：20.0。

(7) Color：yellow。

(8) 选择 Calculate Mass Properties of General Part 复选框。

（9）Density：Material。

（10）Material Type：steel。

（11）单击 Apply，完成 ._Truck_rear_sus_double_axle_ok.ges_axle_rear_up_DX.gralin_axle_rear_up 几何体的创建。

（12）Link Name：._Truck_rear_sus_double_axle_ok.gel_drive_axle_2.gralin_drive_axle_2_up。

（13）General Part：._Truck_rear_sus_double_axle_ok.gel_drive_axle_2。

（14）Coordinate Reference #1：._Truck_rear_sus_double_axle_ok.ground.hps_axle_rear_in_2。

（15）Coordinate Reference #2：._Truck_rear_sus_double_axle_ok.ground.hps_axle_rear_up。

（16）Radius：30.0。

（17）Color：green。

（18）选择 Calculate Mass Properties of General Part 复选框。

（19）Density：Material。

（20）Material Type：steel。

（21）单击 OK，完成 ._Truck_rear_sus_double_axle_ok.gel_drive_axle_2.gralin_drive_axle_2_up 几何体的创建。

11.1.8　安装部件

11.1.8.1　结构框 axle_mid_center

（1）单击 Build＞Construction Frame＞New 命令。

（2）Construction Frame：._Truck_rear_sus_double_axle_ok.ground.cfs_axle_mid_center。

（3）Location Dependency：Centered between coordinates。

（4）Centered between：Two Coordinates

（5）Coordinate Reference #1：._Truck_rear_sus_double_axle_ok.ground.hpl_axle_mid。

（6）Coordinate Reference #2：._Truck_rear_sus_double_axle_ok.ground.hpr_axle_mid。

（7）Orientation Dependency：User-entered values。

（8）Orient using：Euler Angles。

（9）Euler Angles：0，0，0。

（10）单击 OK，完成 ._Truck_rear_sus_double_axle_ok.ground.cfs_axle_mid_center 结构框的创建。

11.1.8.2　安装部件 subframe_to_body

（1）单击 Build＞Part＞Mount＞New 命令。

（2）Mount Name：._Truck_rear_sus_double_axle_ok.mts_subframe_to_body。

（3）Coordinate Reference：._Truck_rear_sus_double_axle_ok.ground.cfs_axle_mid_center。

（4）From Minor Role：inherit。

（5）单击 OK，完成 ._Truck_rear_sus_double_axle_ok.mts_subframe_to_body 安装部件的创建。

11.1.9 刚性约束

（1）单击 Build＞Attachments＞Joint＞New 命令，弹出创建铰接副约束对话框，如图 11-8 所示。

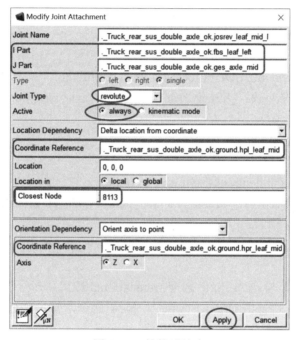

图 11-8 铰接副约束

（2）部件 leaf_left 与 axle_mid 之间 revolute 约束：

① Joint Name：._Truck_rear_sus_double_axle_ok.josrev_leaf_mid_l。

② I Part：._Truck_rear_sus_double_axle_ok.fbs_leaf_left。

③ J Part：._Truck_rear_sus_double_axle_ok.ges_axle_mid。

④ Type：single。

⑤ Joint Type：revolute。

⑥ Active：always。

⑦ Location Dependency：Delta location from coordinate。

⑧ Coordinate Reference：._Truck_rear_sus_double_axle_ok.ground.hpl_leaf_mid。

⑨ Location：0，0，0。

⑩ Location in：local。

⑪ Closest Node：8113。

⑫ Orientation Dependency: Orient axis to point。

⑬ Coordinate Reference:._Truck_rear_sus_double_axle_ok.ground.hpr_leaf_mid。

⑭ Axis: Z。

⑮ 单击 Apply，完成._Truck_rear_sus_double_axle_ok.josrev_leaf_mid_l 约束副的创建。

（3）部件 leaf_right 与 axle_mid 之间 revolute 约束：

① Joint Name:._Truck_rear_sus_double_axle_ok.ground.hpl_leaf_mid_right。

② I Part:._Truck_rear_sus_double_axle_ok.fbs_leaf_right。

③ J Part:._Truck_rear_sus_double_axle_ok.ges_axle_mid。

④ Type: single。

⑤ Joint Type: revolute。

⑥ Active: always。

⑦ Location Dependency: Delta location from coordinate。

⑧ Coordinate Reference:._Truck_rear_sus_double_axle_ok.ground.hpr_leaf_mid。

⑨ Location: 0，0，0。

⑩ Location in: local。

⑪ Closest Node: 8113；

⑫ Orientation Dependency: Orient axis to point。

⑬ Coordinate Reference:._Truck_rear_sus_double_axle_ok.ground.hpr_leaf_mid。

⑭ Axis: Z。

⑮ 单击 Apply，完成._Truck_rear_sus_double_axle_ok.ground.hpl_leaf_mid_right 约束副的创建。

（4）部件 leaf_left 与 drive_axle 之间 translational 约束：

① 单击 Build ＞ Construction Frame ＞ New 命令，弹出创建结构框对话框，如图 11-9 所示。

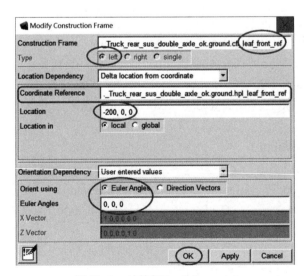

图 11-9　结构框 leaf_front_ref

② Construction Frame：._Truck_rear_sus_double_axle_ok.ground.cfl_leaf_front_ref。

③ Location Dependency：Delta location from coordinate。

④ Coordinate Reference：._Truck_rear_sus_double_axle_ok.ground.hpl_leaf_front_ref。

⑤ Location：-200，0，0。

⑥ Location in：local。

⑦ Orientation Dependency：User-entered values。

⑧ Orient using：Euler Angles。

⑨ Euler Angles：0，0，0。

⑩ 单击 OK，完成 ._Truck_rear_sus_double_axle_ok.ground.cfl_leaf_front_ref 结构框的创建。

⑪ Joint Name：._Truck_rear_sus_double_axle_ok.jostra_leaf_left_front

⑫ I Part：._Truck_rear_sus_double_axle_ok.fbs_leaf_left。

⑬ J Part：._Truck_rear_sus_double_axle_ok.gel_drive_axle。

⑭ Type：single。

⑮ Joint Type：translational。

⑯ Active：always。

⑰ Location Dependency：Delta location from coordinate。

⑱ Coordinate Reference：._Truck_rear_sus_double_axle_ok.ground.hpl_leaf_front_ref。

⑲ Location：0，0，0。

⑳ Location in：local。

㉑ Closest Node：2719。

㉒ Orientation Dependency：Orient axis to point。

㉓ Coordinate Reference：._Truck_rear_sus_double_axle_ok.ground.cfl_leaf_front_ref。

㉔ Axis：Z。

㉕ 单击 Apply，完成 ._Truck_rear_sus_double_axle_ok.jostra_leaf_left_front 约束副的创建。

(5) 部件 leaf_right 与 drive_axle 之间 translational 约束：

① Joint Name：._Truck_rear_sus_double_axle_ok.jostra_leaf_right_front。

② I Part：._Truck_rear_sus_double_axle_ok.fbs_leaf_right。

③ J Part：._Truck_rear_sus_double_axle_ok.gel_drive_axle。

④ Type：single。

⑤ Joint Type：translational。

⑥ Active：always。

⑦ Location Dependency：Delta location from coordinate。

⑧ Coordinate Reference：._Truck_rear_sus_double_axle_ok.ground.hpr_leaf_front_ref。

⑨ Location: 0, 0, 0。

⑩ Location in: local。

⑪ Closest Node: 2719;

⑫ Orientation Dependency: Orient axis to point。

⑬ Coordinate Reference: ._Truck_rear_sus_double_axle_ok.ground.cfr_leaf_front_ref。

⑭ Axis: Z。

⑮ 单击 Apply，完成 ._Truck_rear_sus_double_axle_ok.jostra_leaf_right_front 约束副的创建。

（6）部件 leaf_left 与 drive_axle_2 之间 translational 约束：

① 单击 Build > Construction Frame > New 命令，弹出创建结构框对话框，可参考图 11-9。

② Construction Frame: ._Truck_rear_sus_double_axle_ok.ground.cfl_leaf_rear_ref。

③ Location Dependency: Delta location from coordinate。

④ Coordinate Reference: ._Truck_rear_sus_double_axle_ok.ground.hpl_leaf_rear_ref。

⑤ Location: 200, 0, 0。

⑥ Location in: local。

⑦ Orientation Dependency: User-entered values。

⑧ Orient using: Euler Angles。

⑨ Euler Angles: 0, 0, 0。

⑩ 单击 OK，完成 ._Truck_rear_sus_double_axle_ok.ground.cfl_leaf_rear_ref 结构框的创建。

⑪ Joint Name: ._Truck_rear_sus_double_axle_ok.jostra_leaf_left_rear。

⑫ I Part: ._Truck_rear_sus_double_axle_ok.fbs_leaf_left。

⑬ J Part: ._Truck_rear_sus_double_axle_ok.gel_drive_axle_2。

⑭ Type: single。

⑮ Joint Type: translational。

⑯ Active: always。

⑰ Location Dependency: Delta location from coordinate。

⑱ Coordinate Reference: ._Truck_rear_sus_double_axle_ok.ground.hpl_leaf_rear_ref。

⑲ Location: 0, 0, 0。

⑳ Location in: local。

㉑ Closest Node: 707;

㉒ Orientation Dependency: Orient axis to point。

㉓ Coordinate Reference: ._Truck_rear_sus_double_axle_ok.ground.cfl_leaf_rear_ref。

㉔ Axis: Z。

㉕ 单击 Apply，完成 ._Truck_rear_sus_double_axle_ok.jostra_leaf_left_rear 约束副的创建。

（7）部件 leaf_right 与 drive_axle_2 之间 translational 约束：

① Joint Name: ._Truck_rear_sus_double_axle_ok.jostra_leaf_right_rear。

② I Part: ._Truck_rear_sus_double_axle_ok.fbs_leaf_right。

③ J Part: ._Truck_rear_sus_double_axle_ok.gel_drive_axle_2。

④ Type: single。

⑤ Joint Type: translational。

⑥ Active: always。

⑦ Location Dependency: Delta location from coordinate。

⑧ Coordinate Reference: ._Truck_rear_sus_double_axle_ok.ground.hpr_leaf_rear_ref。

⑨ Location: 0, 0, 0。

⑩ Location in: local。

⑪ Closest Node: 707。

⑫ Orientation Dependency: Orient axis to point。

⑬ Coordinate Reference: ._Truck_rear_sus_double_axle_ok.ground.cfr_leaf_rear_ref。

⑭ Axis: Z。

⑮ 单击 OK，完成 ._Truck_rear_sus_double_axle_ok.jostra_leaf_right_rear 约束副的创建。

（8）部件 axle_mid 与 subframe_to_body 之间 fixed 约束：

① Joint Name: ._Truck_rear_sus_double_axle_ok.josfix_axle_to_subframe。

② I Part: ._Truck_rear_sus_double_axle_ok.ges_axle_mid。

③ J Part: ._Truck_rear_sus_double_axle_ok.mts_subframe_to_body。

④ Type: single。

⑤ Joint Type: fixed。

⑥ Active: always。

⑦ Location Dependency: Delta location from coordinate。

⑧ Coordinate Reference: ._Truck_rear_sus_double_axle_ok.ground.cfs_axle_mid_center。

⑨ Location: 0, 0, 0。

⑩ Location in: local。

⑪ 单击 OK，完成 ._Truck_rear_sus_double_axle_ok.josfix_axle_to_subframe 约束副的创建。

11.1.10 柔性约束

（1）单击 Build > Attachments > Bushing > New 命令，弹出创建衬套对话框，如图 11-10 所示。

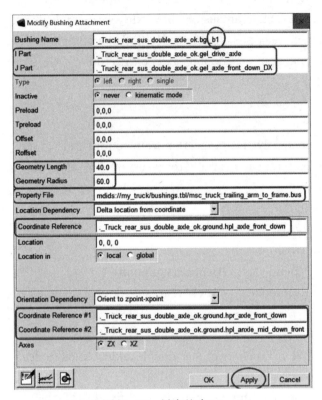

图 11-10　衬套约束 b1

（2）部件 drive_axle 与 axle_front_down_DX 之间 bushing 约束：

① Bushing Name：._Truck_rear_sus_double_axle_ok.bgl_b1。

② I Part：._Truck_rear_sus_double_axle_ok.gel_drive_axle。

③ J Part：._Truck_rear_sus_double_axle_ok.gel_axle_front_down_DX。

④ Inactive：never。

⑤ Preload：0，0，0。

⑥ Tpreload：0，0，0。

⑦ Offset：0，0，0。

⑧ Roffset：0，0，0。

⑨ Geometry Length：40.0。

⑩ Geometry Radius：60.0。

⑪ Property File：mdids：//my_truck/bushings.tbl/msc_truck_trailing_arm_to_frame.bus。

⑫ Location Dependency：Delta location from coordinate。

⑬ Coordinate Reference:._Truck_rear_sus_double_axle_ok.ground.hpl_axle_front_down。

⑭ Location: 0, 0, 0。

⑮ Location in: local。

⑯ Orientation Dependency: Orient to zpoint-xpoint。

⑰ Coordinate Reference #1:._Truck_rear_sus_double_axle_ok.ground.hpr_axle_front_down。

⑱ Coordinate Reference #2:._Truck_rear_sus_double_axle_ok.ground.hpl_anxle_mid_down_front。

⑲ Axes: ZX。

⑳ 单击 Apply, 完成._Truck_rear_sus_double_axle_ok.bgl_b1 轴套的创建。

（3）部件 axle_mid 与 axle_front_down_DX 之间 bushing 约束：

① Bushing Name:._Truck_rear_sus_double_axle_ok.bgl_b2。

② I Part:._Truck_rear_sus_double_axle_ok.ges_axle_mid。

③ J Part:._Truck_rear_sus_double_axle_ok.gel_axle_front_down_DX。

④ Inactive: never。

⑤ Preload: 0, 0, 0。

⑥ Tpreload: 0, 0, 0。

⑦ Offset: 0, 0, 0。

⑧ Roffset: 0, 0, 0。

⑨ Geometry Length: 40.0。

⑩ Geometry Radius: 60.0。

⑪ Property File: mdids: //my_truck/bushings.tbl/msc_truck_trailing_arm_to_frame.bus。

⑫ Location Dependency: Delta location from coordinate。

⑬ Coordinate Reference:._Truck_rear_sus_double_axle_ok.ground.hpl_anxle_mid_down_front。

⑭ Location: 0, 0, 0。

⑮ Location in: local。

⑯ Orientation Dependency: Orient to zpoint-xpoint。

⑰ Coordinate Reference #1:._Truck_rear_sus_double_axle_ok.ground.hpr_anxle_mid_down_front。

⑱ Coordinate Reference #2:._Truck_rear_sus_double_axle_ok.ground.hpl_anxle_mid_down_rear。

⑲ Axes: ZX。

⑳ 单击 Apply, 完成._Truck_rear_sus_double_axle_ok.bgl_b2 轴套的创建。

（4）部件 axle_mid 与 axle_rear_down_DX 之间 bushing 约束：

① Bushing Name:._Truck_rear_sus_double_axle_ok.bgl_b3。

② I Part:._Truck_rear_sus_double_axle_ok.ges_axle_mid。

③ J Part:._Truck_rear_sus_double_axle_ok.gel_axle_rear_down_DX。

④ Inactive: never。

⑤ Preload: 0, 0, 0。

⑥ Tpreload: 0, 0, 0。

⑦ Offset: 0, 0, 0。

⑧ Roffset: 0, 0, 0。

⑨ Geometry Length: 40.0。

⑩ Geometry Radius: 60.0。

⑪ Property File: mdids://my_truck/bushings.tbl/msc_truck_trailing_arm_to_frame.bus。

⑫ Location Dependency: Delta location from coordinate。

⑬ Coordinate Reference:._Truck_rear_sus_double_axle_ok.ground.hpl_anxle_mid_down_rear。

⑭ Location: 0, 0, 0。

⑮ Location in: local。

⑯ Orientation Dependency: Orient to zpoint-xpoint。

⑰ Coordinate Reference #1._Truck_rear_sus_double_axle_ok.ground.hpr_anxle_mid_down_rear。

⑱ Coordinate Reference #2:._Truck_rear_sus_double_axle_ok.ground.hpl_axle_rear_down。

⑲ Axes: ZX。

⑳ 单击 Apply，完成._Truck_rear_sus_double_axle_ok.bgl_b3 轴套的创建。

（5）部件 drive_axle_2 与 axle_rear_down_DX 之间 bushing 约束：

① Bushing Name:._Truck_rear_sus_double_axle_ok.bgl_b4。

② I Part:._Truck_rear_sus_double_axle_ok.gel_drive_axle_2。

③ J Part:._Truck_rear_sus_double_axle_ok.gel_axle_rear_down_DX。

④ Inactive: never。

⑤ Preload: 0, 0, 0。

⑥ Tpreload: 0, 0, 0。

⑦ Offset: 0, 0, 0。

⑧ Roffset: 0, 0, 0。

⑨ Geometry Length: 40.0。

⑩ Geometry Radius: 60.0。

⑪ Property File: mdids://my_truck/bushings.tbl/msc_truck_trailing_arm_to_frame.bus。

⑫ Location Dependency: Delta location from coordinate。

⑬ Coordinate Reference:._Truck_rear_sus_double_axle_ok.ground.hpl_axle_rear_ down。

⑭ Location: 0, 0, 0。

⑮ Location in: local。

⑯ Orientation Dependency: Orient to zpoint-xpoint。

⑰ Coordinate Reference #1: ._Truck_rear_sus_double_axle_ok.ground.hpr_axle_rear_down。

⑱ Coordinate Reference #2: ._Truck_rear_sus_double_axle_ok.ground.hpl_axle_mid_down_rear。

⑲ Axes: ZX。

⑳ 单击 Apply，完成 ._Truck_rear_sus_double_axle_ok.bgl_b4 轴套的创建。

(6) 部件 drive_axle_2 与 axle_rear_up_DX 之间 bushing 约束：

① Bushing Name: ._Truck_rear_sus_double_axle_ok.bgl_b5。

② I Part: ._Truck_rear_sus_double_axle_ok.gel_drive_axle_2。

③ J Part: ._Truck_rear_sus_double_axle_ok.ges_axle_rear_up_DX。

④ Inactive: never。

⑤ Preload: 0, 0, 0。

⑥ Tpreload: 0, 0, 0。

⑦ Offset: 0, 0, 0。

⑧ Roffset: 0, 0, 0。

⑨ Geometry Length: 40.0。

⑩ Geometry Radius: 60.0。

⑪ Property File: mdids: //my_truck/bushings.tbl/msc_truck_trailing_arm_to_frame.bus。

⑫ Location Dependency: Delta location from coordinate。

⑬ Coordinate Reference: ._Truck_rear_sus_double_axle_ok.ground.hps_axle_rear_up。

⑭ Location: 0, 0, 0。

⑮ Location in: local。

⑯ Orientation Dependency: User-entered values。

⑰ Orient using: Euler Angles。

⑱ Euler Angles: 0, 90, 0。

⑲ 单击 Apply，完成 ._Truck_rear_sus_double_axle_ok.bgl_b5 轴套的创建。

(7) 部件 axle_mid 与 axle_rear_up_DX 之间 bushing 约束：

① Bushing Name: ._Truck_rear_sus_double_axle_ok.bgl_b6。

② I Part: ._Truck_rear_sus_double_axle_ok.ges_axle_mid。

③ J Part: ._Truck_rear_sus_double_axle_ok.ges_axle_rear_up_DX。

④ Inactive: never。

⑤ Preload: 0, 0, 0。

⑥ Tpreload: 0, 0, 0。

⑦ Offset: 0, 0, 0。

⑧ Roffset: 0, 0, 0。

⑨ Geometry Length: 40.0。

⑩ Geometry Radius: 60.0。

⑪ Property File: mdids: //my_truck/bushings.tbl/msc_truck_trailing_arm_to_frame.bus。

⑫ Location Dependency: Delta location from coordinate。

⑬ Coordinate Reference: ._Truck_rear_sus_double_axle_ok.ground.hps_axle_mid_up_rear。

⑭ Location: 0, 0, 0。

⑮ Location in: local。

⑯ Orientation Dependency: User-entered values。

⑰ Orient using: Euler Angles。

⑱ Euler Angles: 0, 90, 0。

⑲ 单击 Apply，完成 ._Truck_rear_sus_double_axle_ok.bgl_b6 轴套的创建。

（8）部件 axle_mid 与 axle_front_up_DX 之间 bushing 约束：

① Bushing Name: ._Truck_rear_sus_double_axle_ok.bgl_b7。

② I Part: ._Truck_rear_sus_double_axle_ok.ges_axle_mid。

③ J Part: ._Truck_rear_sus_double_axle_ok.ges_axle_front_up_DX。

④ Inactive: never。

⑤ Preload: 0, 0, 0。

⑥ Tpreload: 0, 0, 0。

⑦ Offset: 0, 0, 0。

⑧ Roffset: 0, 0, 0。

⑨ Geometry Length: 40.0。

⑩ Geometry Radius: 60.0。

⑪ Property File: mdids: //my_truck/bushings.tbl/msc_truck_trailing_arm_to_frame.bus。

⑫ Location Dependency: Delta location from coordinate。

⑬ Coordinate Reference: ._Truck_rear_sus_double_axle_ok.ground.hps_axle_mid_up_front。

⑭ Location: 0, 0, 0。

⑮ Location in: local。

⑯ Orientation Dependency: User-entered values。

⑰ Orient using: Euler Angles。

⑱ Euler Angles: 0, 90, 0。

⑲ 单击 Apply，完成 ._Truck_rear_sus_double_axle_ok.bgl_b7 轴套的创建。

（9）部件 drive_axle 与 axlc_front_up_DX 之间 bushing 约束：
① Bushing Name：._Truck_rear_sus_double_axle_ok.bgl_b8。
② I Part：._Truck_rear_sus_double_axle_ok.gel_drive_axle。
③ J Part：._Truck_rear_sus_double_axle_ok.ges_axle_front_up_DX。
④ Inactive：never。
⑤ Preload：0，0，0。
⑥ Tpreload：0，0，0。
⑦ Offset：0，0，0。
⑧ Roffset：0，0，0。
⑨ Geometry Length：40.0。
⑩ Geometry Radius：60.0。
⑪ Property File：mdids：//my_truck/bushings.tbl/msc_truck_trailing_arm_to_frame.bus。
⑫ Location Dependency：Delta location from coordinate。
⑬ Coordinate Reference：._Truck_rear_sus_double_axle_ok.ground.hps_axle_front_up。
⑭ Location：0，0，0。
⑮ Location in：local。
⑯ Orientation Dependency：User-entered values。
⑰ Orient using：Euler Angles。
⑱ Euler Angles：0，90，0。
⑲ 单击 OK，完成._Truck_rear_sus_double_axle_ok.bgl_b8 轴套的创建。

（10）保存模型：
① 单击 File > Save As 命令。
② Major Role：suspension。
③ File Format：Binary。
④ Target：Database/my_truck。
⑤ 单击 OK，完成 Truck_rear_sus_double_axle_ok 平衡悬架模型的保存，如图 11-11 所示。

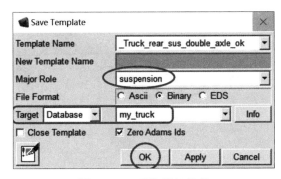

图 11-11　平衡悬架保存

11.2 纵向推杆式非独立平衡悬架 II

为提升建模速度,在此提供一个白平衡悬架模型 _my_truck_sus_DX_white.tpl,如图 11-12 所示。采用合并功能把白导向杆式平衡悬架模型与白双驱动桥模型合并,合并后的模型添加刚性约束与柔性衬套约束,可以快速完成纵向推杆式平衡悬架模型的建立。刚性约束和柔性衬套约束与 11.1 对应的约束完全相同,建模过程不再重复。钢板弹簧在此处采用的是 Beam(梁)。Beam(梁)方法建立钢板弹簧工作量较大,每对接触的 Beam(梁)块之间需要添加接触约束,同时为了保证在受力时 Beam(梁)不分离,还需添加点面约束副模拟钢板弹簧对应的弹簧夹。建立好的平衡悬架 Truck_rear_sus_double_axle_1_ok.tpl 保存在章节文件中,如图 11-13 所示。

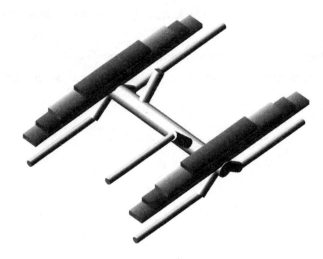

图 11-12　白平衡悬架

图 11-13　纵向推杆式平衡悬架模型 [板簧为 Beam(梁)]

11.3 V 形推杆式非独立平衡悬架

V 形推杆式非独立平衡悬架模型通过在纵向推杆式非独立平衡悬架修改获取，二者之间除上部推杆不同外，其他部件和约束均完全相同。建模过程为删除上部纵向推杆与约束，重新建立 V 形推杆部件与约束。

（1）导入模型 Truck_rear_sus_double_axle_1_ok.tpl。

① 单击 File＞Open＞Template 命令。

② Template Name：mdids：//my_truck/templates.tbl/_Truck_rear_sus_double_axle_1_ok.tpl。

③ 单击 OK，平衡悬架模型导入完成，如图 11-14 所示。

图 11-14　纵向导杆式平衡悬架模型导入

（2）删除以下信息：

① ._Truck_rear_sus_double_axle_1_ok.bgs_b8。

② ._Truck_rear_sus_double_axle_1_ok.bgs_b7。

③ ._Truck_rear_sus_double_axle_1_ok.bgs_b6。

④ ._Truck_rear_sus_double_axle_1_ok.bgs_b5。

⑤ ._Truck_rear_sus_double_axle_1_ok.ges_axle_front_up_DX。

⑥ ._Truck_rear_sus_double_axle_1_ok.ges_axle_rear_up_DX。

对应的衬套约束与部件删除完成后，模型另存为 Truck_rear_sus_double_axle_2_ok。

（3）新建硬点：

① hps_axle_mid_up_front_right：7260.0,300.0,933.4。

② hps_axle_mid_up_rear_l：7560.0,-300.0,933.4。

（4）硬点位置修正：

① hps_axle_front_up：6760.0,0.0,933.4。

② hps_axle_front_in_2：6760.0,0.0,758.4。

③ hps_axle_rear_up：8060.0,0.0,933.4。

④ hps_axle_rear_in_2：8060.0,0.0,758.4。

（5）V 形推杆部件：axle_front_up_DX：

① 单击 Build＞Part＞General Part＞New 命令，弹出创建部件对话框，如图 11-15 所示。

② General Part：._Truck_rear_sus_double_axle_2_ok.ges_axle_front_up_DX。

③ Location Dependency：Centered between coordinates。

④ Centered between：Three Coordinates。

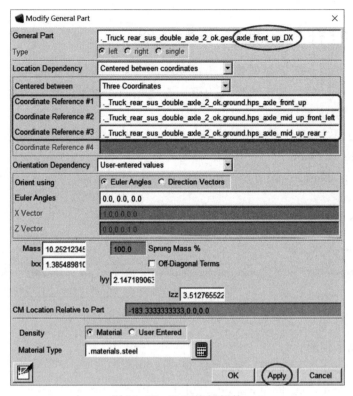

图 11-15 V 形推杆部件

⑤ Coordinate Reference #1：._Truck_rear_sus_double_axle_2_ok.ground.hps_axle_front_up。

⑥ Coordinate Reference #2：._Truck_rear_sus_double_axle_2_ok.ground.hps_axle_mid_up_front_left。

⑦ Coordinate Reference #3：._Truck_rear_sus_double_axle_2_ok.ground.hps_axle_mid_up_rear_r。

⑧ Orientation Dependency：User-entered values。

⑨ Orient using：Euler Angles。

⑩ Euler Angles：0.0，0.0，0.0。

⑪ Ixx：1。

⑫ Iyy：1。

⑬ Izz：1。

⑭ Density：Material。

⑮ Material Type：.materials.steel。

⑯ 单击 OK，完成._Truck_rear_sus_double_axle_2_ok.ges_axle_front_up_DX 部件的创建。

（6）V 形前推杆几何体：

① 单击 Build＞Geometry＞Link＞New 命令，弹出建立连杆几何体对话框，如

图 11-16 所示。

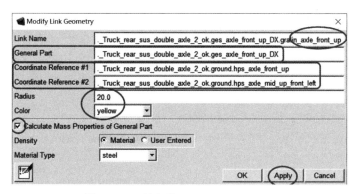

图 11-16　几何体 axle_front_up_DX

② Link Name：._Truck_rear_sus_double_axle_2_ok.ges_axle_front_up_DX.gralin_axle_front_up。

③ General Part：._Truck_rear_sus_double_axle_2_ok.ges_axle_front_up_DX。

④ Coordinate Reference #1：._Truck_rear_sus_double_axle_2_ok.ground.hps_axle_front_up。

⑤ Coordinate Reference #2：._Truck_rear_sus_double_axle_2_ok.ground.hps_axle_mid_up_front_left。

⑥ Radius：20.0。

⑦ Color：yellow。

⑧ 选择 Calculate Mass Properties of General Part 复选框。

⑨ Density：Material。

⑩ Material Type：steel。

⑪ 单击 Apply，完成 ._Truck_rear_sus_double_axle_2_ok.ges_axle_front_up_DX.gralin_axle_front_up 几何体的创建。

⑫ Link Name：._Truck_rear_sus_double_axle_2_ok.ges_axle_front_up_DX.gralin_axle_front_up_1。

⑬ General Part：._Truck_rear_sus_double_axle_2_ok.ges_axle_front_up_DX。

⑭ Coordinate Reference #1：._Truck_rear_sus_double_axle_2_ok.ground.hps_axle_front_up。

⑮ Coordinate Reference #2：._Truck_rear_sus_double_axle_2_ok.ground.hps_axle_mid_up_front_right。

⑯ Radius：20.0。

⑰ Color：yellow。

⑱ 选择 Calculate Mass Properties of General Part 复选框。

⑲ Density：Material。

⑳ Material Type：steel。

㉑ 单击 OK，完成 ._Truck_rear_sus_double_axle_2_ok.ges_axle_front_up_DX.gralin_ axle_front_up_1 几何体的创建。

（7）V 形推杆部件 axle_rear_up_DX：

① 单击 Build > Part > General Part > New 命令，弹出创建部件对话框，可参考图 11-15。

② General Part：._Truck_rear_sus_double_axle_2_ok.ges_axle_rear_up_DX。

③ Location Dependency：Centered between coordinates。

④ Centered between：Three Coordinates。

⑤ Coordinate Reference #1：._Truck_rear_sus_double_axle_2_ok.ground.hps_axle_rear_up。

⑥ Coordinate Reference #2：._Truck_rear_sus_double_axle_2_ok.ground.hps_axle_mid_up_rear_r。

⑦ Coordinate Reference #3：._Truck_rear_sus_double_axle_2_ok.ground.hps_axle_mid_up_front_left。

⑧ Orientation Dependency：User-entered values。

⑨ Orient using：Euler Angles。

⑩ Euler Angles：0.0,0.0,0.0。

⑪ Ixx：1。

⑫ Iyy：1。

⑬ Izz：1。

⑭ Density：Material。

⑮ Material Type：.materials.steel。

⑯ 单击 OK，完成 ._Truck_rear_sus_double_axle_2_ok.ges_axle_rear_up_DX 部件的创建。

（8）V 形后推杆几何体：

① 单击 Build > Geometry > Link > New 命令，弹出建立连杆几何体对话框，可参考图 11-16。

② Link Name：._Truck_rear_sus_double_axle_2_ok.ges_axle_rear_up_DX.gralin_axle_rear_up。

③ General Part：._Truck_rear_sus_double_axle_2_ok.ges_axle_rear_up_DX。

④ Coordinate Reference #1：._Truck_rear_sus_double_axle_2_ok.ground.hps_axle_rear_up。

⑤ Coordinate Reference #2：._Truck_rear_sus_double_axle_2_ok.ground.hps_axle_mid_up_rear_r。

⑥ Radius：20.0。

⑦ Color：red。

⑧ 选择 Calculate Mass Properties of General Part 复选框。

⑨ Density：Material。

⑩ Material Type：steel。

⑪ 单击 Apply，完成 .._Truck_rear_sus_double_axle_2_ok.ges_axle_rear_up_DX.gralin_axle_rear_up 几何体的创建。

⑫ Link Name：.._Truck_rear_sus_double_axle_2_ok.ges_axle_rear_up_DX.gralin_axle_rear_up_1。

⑬ General Part：.._Truck_rear_sus_double_axle_2_ok.ges_axle_rear_up_DX。

⑭ Coordinate Reference #1：.._Truck_rear_sus_double_axle_2_ok.ground.hps_axle_rear_up。

⑮ Coordinate Reference #2：.._Truck_rear_sus_double_axle_2_ok.ground.hps_axle_mid_up_rear_1。

⑯ Radius：20.0。

⑰ Color：red。

⑱ 选择 Calculate Mass Properties of General Part 复选框。

⑲ Density：Material。

⑳ Material Type：steel。

㉑ 单击 OK，完成 .._Truck_rear_sus_double_axle_2_ok.ges_axle_rear_up_DX.gralin_axle_rear_up_1 几何体的创建。

（9）部件 drive_axle_2 与 axle_rear_up_DX 之间 bushing 约束：

① 单击 Build＞Attachments＞Bushing＞New 命令，弹出创建衬套对话框，如图11-17所示。

② Bushing Name：.._Truck_rear_sus_double_axle_2_ok.bgs_b5。

③ I Part：.._Truck_rear_sus_double_axle_2_ok.gel_drive_axle_2。

④ J Part：.._Truck_rear_sus_double_axle_2_ok.ges_axle_rear_up_DX。

⑤ Inactive：never。

⑥ Preload：0，0，0。

⑦ Tpreload：0，0，0。

⑧ Offset：0，0，0。

⑨ Roffset：0，0，0。

⑩ Geometry Length：40.0。

⑪ Geometry Radius：60.0。

⑫ Property File：mdids：//atruck_shared/bushings.tbl/msc_truck_trailing_arm_to_frame.bus。

⑬ Location Dependency：Delta location from coordinate。

⑭ Coordinate Reference：.._Truck_rear_sus_double_axle_2_ok.ground.hps_axle_rear_up。

⑮ Location：0，0，0。

⑯ Location in：local。

⑰ Orientation Dependency：User-entered values。

⑱ Orient using：Euler Angles。

⑲ Euler Angles：0，0，0。

⑳ 单击 Apply，完成 ._Truck_rear_sus_double_axle_2_ok.bgs_b5 轴套的创建。

（10）部件 axle_mid 与 axle_rear_up_DX 之间 bushing 约束：

① 单击 Build > Attachments > Bushing > New 命令，弹出创建衬套对话框，如图 11-17 所示。

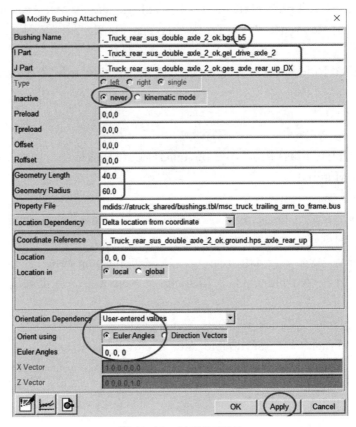

图 11-17　衬套约束 b5

② Bushing Name：._Truck_rear_sus_double_axle_2_ok.bgs_b6。

③ I Part：._Truck_rear_sus_double_axle_2_ok.ges_axle_mid。

④ J Part：._Truck_rear_sus_double_axle_2_ok.ges_axle_rear_up_DX。

⑤ Inactive：never。

⑥ Preload：0，0，0。

⑦ Tpreload：0，0，0。

⑧ Offset：0，0，0。

⑨ Roffset：0，0，0。

⑩ Geometry Length：40.0。

⑪ Geometry Radius：60.0。

⑫ Property File：mdids：//atruck_shared/bushings.tbl/msc_truck_trailing_arm_to_frame.bus。

⑬ Location Dependency: Delta location from coordinate。
⑭ Coordinate Reference: ._Truck_rear_sus_double_axle_2_ok.ground.hps_axle_mid_up_rear_r。
⑮ Location: 0, 0, 0。
⑯ Location in: local。
⑰ Orientation Dependency: User-entered values。
⑱ Orient using: Euler Angles。
⑲ Euler Angles: 0, 0, 0。
⑳ 单击 Apply，完成 ._Truck_rear_sus_double_axle_2_ok.bgs_b6 轴套的创建。
㉑ Bushing Name: ._Truck_rear_sus_double_axle_2_ok.bgs_b7。
㉒ I Part: ._Truck_rear_sus_double_axle_2_ok.gel_axle_mid。
㉓ J Part: ._Truck_rear_sus_double_axle_2_ok.ges_axle_rear_up_DX。
㉔ Inactive: never。
㉕ Preload: 0, 0, 0。
㉖ Tpreload: 0, 0, 0。
㉗ Offset: 0, 0, 0。
㉘ Roffset: 0, 0, 0。
㉙ Geometry Length: 40.0。
㉚ Geometry Radius: 60.0。
㉛ Property File: mdids://atruck_shared/bushings.tbl/msc_truck_trailing_arm_to_frame.bus。
㉜ Location Dependency: Delta location from coordinate。
㉝ Coordinate Reference: ._Truck_rear_sus_double_axle_2_ok.ground.hps_axle_mid_up_rear_l。
㉞ Location: 0, 0, 0。
㉟ Location in: local。
㊱ Orientation Dependency: User-entered values。
㊲ Orient using: Euler Angles。
㊳ Euler Angles: 0, 0, 0。
㊴ 单击 Apply，完成 ._Truck_rear_sus_double_axle_2_ok.bgs_b7 轴套的创建。

（11）部件 drive_axle 与 axle_front_up_DX 之间 bushing 约束：

① 单击 Build ＞ Attachments ＞ Bushing ＞ New 命令，弹出创建衬套对话框，可参考图 11-17。
② Bushing Name: ._Truck_rear_sus_double_axle_2_ok.bgs_b8。
③ I Part: ._Truck_rear_sus_double_axle_2_ok.gel_drive_axle。
④ J Part: ._Truck_rear_sus_double_axle_2_ok.ges_axle_front_up_DX。
⑤ Inactive: never。
⑥ Preload: 0, 0, 0。

⑦ Tpreload: 0, 0, 0。

⑧ Offset: 0, 0, 0。

⑨ Roffset: 0, 0, 0。

⑩ Geometry Length: 40.0。

⑪ Geometry Radius: 60.0。

⑫ Property File: mdids: //atruck_shared/bushings.tbl/msc_truck_trailing_arm_to_frame.bus。

⑬ Location Dependency: Delta location from coordinate。

⑭ Coordinate Reference: ._Truck_rear_sus_double_axle_2_ok.ground.hps_axle_front_up。

⑮ Location: 0, 0, 0。

⑯ Location in: local。

⑰ Orientation Dependency: User-entered values。

⑱ Orient using: Euler Angles。

⑲ Euler Angles: 0, 0, 0。

⑳ 单击 Apply, 完成 ._Truck_rear_sus_double_axle_2_ok.bgs_b8 轴套的创建。

(12) 部件 axle_mid 与 axle_front_up_DX 之间 bushing 约束:

① 单击 Build > Attachments > Bushing > New 命令, 弹出创建衬套对话框, 可参考图 11-17。

② Bushing Name: ._Truck_rear_sus_double_axle_2_ok.bgs_b9。

③ I Part: ._Truck_rear_sus_double_axle_2_ok.ges_axle_mid。

④ J Part: ._Truck_rear_sus_double_axle_2_ok.ges_axle_front_up_DX。

⑤ Inactive: never。

⑥ Preload: 0, 0, 0。

⑦ Tpreload: 0, 0, 0。

⑧ Offset: 0, 0, 0。

⑨ Roffset: 0, 0, 0。

⑩ Geometry Length: 40.0。

⑪ Geometry Radius: 60.0。

⑫ Property File: mdids: //atruck_shared/bushings.tbl/msc_truck_trailing_arm_to_frame.bus。

⑬ Location Dependency: Delta location from coordinate。

⑭ Coordinate Reference: ._Truck_rear_sus_double_axle_2_ok.ground.hps_axle_mid_up_front_left。

⑮ Location: 0, 0, 0。

⑯ Location in: local。

⑰ Orientation Dependency: User-entered values。

⑱ Orient using: Euler Angles。

⑲ Euler Angles：0，0，0。
⑳单击 Apply，完成 ._Truck_rear_sus_double_axle_2_ok.bgs_b9 轴套的创建。
㉑ Bushing Name：._Truck_rear_sus_double_axle_2_ok.bgs_b10。
㉒ I Part：._Truck_rear_sus_double_axle_2_ok.ges_axle_mid。
㉓ J Part：._Truck_rear_sus_double_axle_2_ok.ges_axle_front_up_DX。
㉔ Inactive：never。
㉕ Preload：0，0，0。
㉖ Tpreload：0，0，0。
㉗ Offset：0，0，0。
㉘ Roffset：0，0，0。
㉙ Geometry Length：40.0。
㉚ Geometry Radius：60.0。
㉛ Property File：mdids://atruck_shared/bushings.tbl/msc_truck_trailing_arm_to_frame.bus。
㉜ Location Dependency：Delta location from coordinate。
㉝ Coordinate Reference：._Truck_rear_sus_double_axle_2_ok.ground.hps_axle_mid_up_front_left。
㉞ Location：0，0，0。
㉟ Location in：local。
㊱ Orientation Dependency：User-entered values。
㊲ Orient using：Euler Angles。
㊳ Euler Angles：0，0，0。
㊴单击 OK，完成 ._Truck_rear_sus_double_axle_2_ok.bgs_b10 轴套的创建。

至此，V 形推杆式平衡悬架模型建立完成，如图 11-18 所示。与纵向推杆式非独立平衡悬架相比，安装 V 形推杆的商用车牵引车稳定性较好，且 V 形推杆间的夹角越大，稳定性越好。

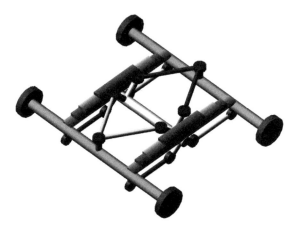

图 11-18　V 形推杆式平衡悬架模型

机控联合仿真篇

第 12 章 麦弗逊悬架 PID 控制联合仿真

麦弗逊悬架应用较多，几乎所有乘用车前悬架系统均采用麦弗逊悬架。其结构简单，占用空间小。在 View 模块中建立好的麦弗逊悬架模型如图 12-1 所示。麦弗逊悬挂通常由 2 个基本部分组成：支柱式减震器和 A 字形托臂。支柱式减震器除了减震功能，还有支撑整个车身的作用，结构很紧凑，把其和减震弹簧集成在一起，组成一个可以上下运动的滑柱。下托臂通常是 A 字形的设计，用于给车轮提供部分横向支撑力，以及承受全部的前后方向冲击力。整车质量和汽车在运动时车轮承受的所有冲击靠这 2 个部件承担。占用空间小带来的直接好处就是设计师能在发动机舱布置更大的发动机，发动机的放置方式也能随心所欲，而且在中型车上能放下大型发动机，在小型车上也能放下中型发动机，让各种发动机的匹配更灵活。经典的 PID 控制算法较为简单。PID 控制器（比例－积分－微分控制器）是工业控制应用中常见的反馈回路部件，由比例单元 P、积分单元 I 和微分单元 D 组成。PID 控制的基础是比例控制；积分控制可消除稳态误差，但可能增加超调；微分控制可加快大惯性系统响应速度以及减弱超调趋势。

图 12-1 麦弗逊悬架模型

12.1 麦弗逊悬架模型建立

麦弗逊悬架模型在 ADAMS/View 模块中建立，悬架的硬点参数参考 Car 模块共享数据库中麦弗逊悬架的硬点参数。通用模块与专业模块建模稍有不同。

（1）启动 ADAMS/View，选择 New Model。

（2）Model Name：adams_view_zhengche。

（3）单击 OK，完成新模型名称创建，如图 12-2 所示。接下来可以在窗口中完成模型任务。

（4）单击硬点快捷方式，右击，在弹出的方框中输入 -200.0，150.0，-450.0。

（5）选中硬点，右击选择 Rename，修改硬点名称为 rca_front。

（6）单击 OK，完成硬点重命名。

（7）重复以上步骤，完成图 12-3 中所有硬点的建立。

注：单击硬点快捷方式，在左侧命令窗口选择硬点表格 Point Table 创建图 12-3 中的所有硬点，推荐采用硬点表格方式批量创建硬点速度较快；悬架模型建立过程中，可以边建立硬点边建立部件、约束等，也可以批量完成硬点建立，接下来批量完成部件建立，最后建立约束。建模方法多样可行，总之模型准确无误是前提条件。

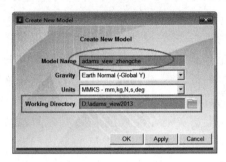

图 12-2　模型创建对话框

	Loc X	Loc Y	Loc Z
rca_front	-200.0	150.0	-450.0
rca_outer	0.0	150.0	-750.0
rca_rear	200.0	150.0	-450.0
r_tierod_outer	200.0	300.0	-400.0
r_tierod_inner	150.0	300.0	-750.0
r_wheel_center	0.0	300.0	-800.0
r_spring_lower	40.0	600.0	-650.0
r_spring_up	57.5	900.0	-603.8

图 12-3　硬点参数

12.1.1　下控制臂部件

（1）单击 Cylinder，选择 Radius，在对应方框中输入 20，单位为毫米制。

（2）选择硬点 rca_front 与 rca_outer，创建 PART_2。

（3）重复上述步骤，选择硬点 rca_rear 与 rca_outer，创建 PART_3。

（4）单击 Booleans，分别选择 PART_2 与 PART_3，完成部件的布尔合并，PART_2 与 PART_3 这 2 个部件合并为 1 个独立的部件 PART_2。

（5）选中部件 PART_2，右击选择 Rename，在弹出的修改名称对话框中输入 lca_arm。

（6）单击 OK，完成部件名称的修改。

12.1.2　转向主销部件

（1）单击 Cylinder，选择 New Part，勾选 Radius，在对应方框中输入 20。

（2）选择硬点 r_wheel_center 与 rca_outer，创建 PART_3。

（3）选中部件 PART_3，右击选择 Rename，在弹出的修改名称对话框中输入 up_right。

（4）单击 OK，完成转向主销部件名称的修改。

（5）单击 Cylinder，选择 Add to Part，勾选 Radius，在对应方框中输入 20。

（6）选择硬点 r_wheel_center 与 r_spring_lower，完成 up_right.CYLINDER_33 几何体的创建。

（7）选择硬点 r_wheel_center 与 r_tierod_inner，完成 up_right.CYLINDER_32 几何体的创建。至此完成转向主销部件的建立。

注：转向主销部件的创建也可采用在 4 个硬点之间建立 3 个部件，最后采用布尔操作合并 3 个部件为 1 个部件。不推荐采用此种方法，原因在于通过布尔合并后几何体的参数化失败，不能通过快捷方式调节部件几何形状。

12.1.3 转向横拉杆部件

（1）单击 Cylinder，选择 New Part，勾选 Radius，在对应方框中输入 15。

（2）选择硬点 r_tierod_outer 与 r_tierod_inner，创建 PART_4。

（3）选中部件 PART_4，右击选择 Rename，在弹出的修改名称对话框中输入 tierod_right。

（4）单击 OK，完成转向横拉杆部件名称的修改。

12.1.4 转向节部件

（1）单击菜单栏 Setting，选择 Working Grid，弹出网格设置对话框，如图 12-4 所示。

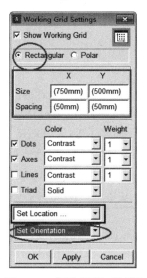

图 12-4　网格设置对话框

（2）单击 Set Location，选择 Pick，在屏幕中选择硬点 r_wheel_center，此时主窗口中的坐标原点位于硬点 r_wheel_center。

（3）单击 Set Orientation，选择 Global YZ 方向。

（4）单击 Cylinder，选择 New Part，勾选 Radius，在对应方框中输入 15；勾选 Length，在对应方框中输入 250。

（5）在主窗口选择硬点 r_wheel_center，单击，保持圆柱体部件与 -Z 轴平行，右击完成部件 PART_5 的创建。

（6）选中部件 PART_5，右击选择 Rename，在弹出的修改名称对话框中输入 knuckle_right。

（7）单击 OK，完成转向节部件名称的修改。

12.1.5 车轮部件创建

（1）单击 Cylinder，选择 New Part，勾选 Radius，在对应方框中输入 350；勾选 Length，在对应方框中输入 215。

（2）在主窗口选择方向点 MARKER_22，单击，保持圆柱体部件与 Z 轴平行，左击完成部件 PART_6 的创建。

（3）选中部件 PART_6，右击选择 Rename，在弹出的修改名称对话框中输入 wheel_right。

（4）单击 OK，完成车轮部件名称的修改。

（5）单击菜单栏 Setting，选择 Working Grid，弹出网格设置对话框，可参考图 12-4。

（6）单击 Set Location，选择 Pick，在屏幕中选择硬点 r_wheel_center，此时主窗口中的坐标原点位于硬点 r_wheel_center。

（7）单击 Set Orientation，选择 Global XY 方向。

（8）单击 OK，完成网格位置与方向设置。

（9）单击菜单栏快捷方式 Add a hole，左侧 Radius 输入 325，勾选 Depth，输入 215，选择轮胎部件 wheel_right 的侧面，接着选择方向点 MARKER_22，完成车轮部件的掏空。

12.1.6 弹簧底座部件创建

（1）单击 Cylinder，选择 New Part，勾选 Radius，在对应方框中输入 50。

（2）选择硬点 r_spring_lower 与 r_spring_up，创建 PART_7。

（3）选中部件 PART_7 下的几何体 CYLINDER_34，右击选择 Modify。

（4）在弹出的 Geometry Modify Shape Cylinder 对话框中修改 Length 值为 10。

（5）单击 OK，完成弹簧底座部件 PART_7 的创建。

（6）选中部件 PART_7，右击选择 Rename，在弹出的修改名称对话框中输入 spring_down。

（7）单击 OK，完成弹簧底座部件名称的修改。

（8）单击 Cylinder，选择 New Part，勾选 Radius，在对应方框中输入 50。

（9）选择硬点 r_spring_up 与 r_spring_lower，创建 PART_8，在此注意选择硬点的顺序。

（10）选中部件 PART_8 下的几何体 CYLINDER_35，右击选择 Modify。

（11）在弹出的 Geometry Modify Shape Cylinder 对话框中修改 Length 值为 10。

（12）单击 OK，完成弹簧底座部件 PART_8 的创建。

（13）选中部件 PART_8，右击选择 Rename，在弹出的修改名称对话框中输入 spring_up。

（14）单击 OK，完成弹簧底座部件名称的修改。

12.1.7 车身部件

1/4 悬架模型也需要建立简化车身模型，悬架系统包含车身部件模型较为精准。

（1）单击 Sphere，选择 New Part，勾选 Radius，在对应方框中输入 30。

（2）选择硬点 r_spring_up，创建 PART_9。

（3）选中部件 PART_9，右击选择 Rename，在弹出的修改名称对话框中输入 body。

（4）单击 OK，完成车身简化部件名称的修改。

（5）选中部件 body，右击选择 Modify，弹出部件修改对话框。

（6）Define Mass By：在下拉菜单中选择 User Input，手动输入 1/4 车身的质量及惯量。

（7）Mass：250。

（8）Ixx：5.0E+007。

（9）yy：1.5E+008。

（10）Izz：1.25E+008。

（11）单击 OK，完成车身部件参数的修改。

12.1.8 弹簧与减震器

（1）单击菜单栏 Force，选择 Flexible Connections 框的 Spring（创建弹簧与减震器）。

（2）Properties 栏中勾选 K&C，在 K 栏中输入 17，在 C 栏中输入 1.3。

（3）选择 spring_up.cm 与 spring_down.cm 这 2 个参考点，完成弹簧与减震器的创建。弹簧创建需要选择 2 个不同部件对应的点或者参考点，选择时可以右击部件，在弹出的快捷 Select 对话框中选择相应点。

（4）选中 SPRING_1，右击选择 Modify，弹出部件修改对话框，如图 12-5 所示。

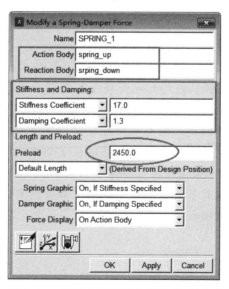

图 12-5 弹簧与减震器参数修改对话框

（5）在 Preload（预载荷，输入 1/4 车身的重力）中输入 2450.0，其余保持默认。

（6）单击 OK，完成弹簧与减震器参数的修改。

12.1.9 振动台

（1）单击 Box，选择 New Part，勾选 Length、Height、Depth，分别输入 400、45、500。

（2）选择位置 0.0，-50.0，0.0，单击，创建六面体部件 PART_10。

（3）选中部件 PART_10 下的 MARKER_23，右击选择 Modify。

（4）Location：-200.0，-120.0，-1200.0。

（5）单击 OK，完成 PART_10 的位置修改。

（6）选中部件 PART_10，右击选择 Rename，在弹出的修改名称对话框中输入 test_patch。

（7）单击 OK，完成振动台部件名称的修改。

（8）单击菜单栏 Setting，选择 Working Grid，弹出网格设置对话框，可参考图 12-4。

（9）单击 Set Location，选择 Pick，在屏幕中选择参考点 test_patch.cm，此时主窗口中的坐标原点位于参考点 test_patch.cm 处。

（10）单击 OK，完成网格位置与方向设置。

（11）单击 Cylinder，选择 Add to Part，勾选 Length、Radius，在对应方框中输入 350、50。

（12）选择参考点 test_patch.cm 处，方向与 -Y 轴平行重合，单击，完成圆柱体 CYLINDER_25 的创建。

悬架建模探讨：

在建模过程中忽略车身部件，直接把弹簧和减震器与大地连接：

① 对于研究车轮的运动学（狭义指车轮的运动空间）是可以满足要求的。

② 对于研究悬架的动力学车身部件不可忽略（实际整车在运行过程中，车轮与车身部件存在相对运动，绝对不可以忽略）。

③ 对于主动悬架的研究，必须考虑车身部件。有些文献即使考虑了车身，但仍存在以下错误：下控制及转向横拉杆与大地连接而非与车身连接，这样的模型虽然能正确进行仿真，但是其运动特性与真实悬架不符。

从学术上讲，以上建立的麦弗逊悬架模型符合研究要求。但对于汽车工程研究院中真实的整车及悬架模型来说依然存在缺陷，原因在于整车的振动与簧载质量和非簧载质量有关，以上建立的麦弗逊悬架模型控制臂等部件采用简化的杆件而非真实的冲压件等。此外，在研发过程中，对应载荷的提取结果会影响部件的有限元、疲劳特性等研究，因此模型与实际越接近就越精确。

12.1.10 悬架部件约束

（1）单击菜单栏 Setting，选择 Working Grid，弹出网格设置对话框。

（2）单击 Set Orientation，选择 Global YZ 方向。

（3）单击 OK，完成网格位置与方向设置。

（4）单击菜单栏 Connector，选择 Joint 框中的 Revolute Joint（铰接副）。

（5）设置 Construction：2 Bodies -1 Location、Normal To Grid。

（6）顺序选择 2 部件 lca_arm、body，再选择硬点 rca_rear，完成铰接副 JOINT_1 的创建；铰接副约束 2 个旋转自由度、3 个移动自由度，2 个部件之间存在 1 个旋转自由度，同时需要注意下控制臂与车身之间只建立 1 个铰接副，而非在控制臂前后硬点之间建立 2 个铰接副。实际部件的约束与理论模型之间存在差异。铰接副的创建如图 12-6 所示。

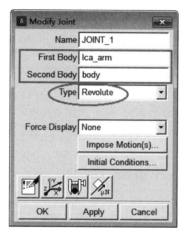

图 12-6　铰接副对话框

（7）选中铰接副 JOINT_1，右击选择 Rename，在弹出的修改名称对话框中输入 rca_rear。

（8）单击 OK，完成铰接副重命名为 rca_rear。

（9）单击菜单栏 Connector，选择 Joint 框中的 Spherical Joint（球形副）。

（10）设置 Construction：2 Bodies -1 Location、Normal To Grid；

（11）顺序选择 2 部件 lca_arm、up_right，再选择硬点 rca_outer，完成球形副 JOINT_2 的创建。球形副约束 3 个移动自由度，部件之间存在 3 个旋转自由度。

（12）选中球形副 JOINT_2，右击选择 Rename，在弹出的修改名称对话框中输入 rca_outer。

（13）单击 OK，完成球形副重命名为 rca_outer。

（14）单击菜单栏 Connector，选择 Joint 框中的 Fix Joint（固定副）。

（15）设置 Construction：2 Bodies -1 Location、Normal To Grid。

（16）顺序选择 2 部件 up_right、knuckle_right，再选择硬点 r_wheel_center，完成固定副 JOINT_3 的创建，固定副约束 2 个部件之间的 6 个自由度。

（17）选中固定副 JOINT_3，右击选择 Rename，在弹出的修改名称对话框中输入 r_wheel_center。

（18）单击 OK，完成固定副重命名为 r_wheel_center。

（19）单击菜单栏 Connector，选择 Joint 框中的 Spherical Joint（球形副）。

（20）设置 Construction：2 Bodies -1 Location、Normal To Grid。

（21）顺序选择 2 部件 tierod_right、body，再选择硬点 r_tierod_outer，完成球形副 JOINT_4 的创建。

（22）选中球形副 JOINT_4，右击选择 Rename，在弹出的修改名称对话框中输入 r_tierod_outer。

（23）单击 OK，完成球形副重命名为 r_tierod_outer。

（24）单击菜单栏 Connector，选择 Joint 框中的 Spherical Joint（球形副）。

（25）设置 Construction：2 Bodies -1 Location、Normal To Grid。

（26）顺序选择 2 部件 up_right、tierod_right，再选择硬点 r_tierod_inner，完成球形副 JOINT_5 的创建。

（27）选中球形副 JOINT_5，右击选择 Rename，在弹出的修改名称对话框中输入 r_tierod_inner。

（28）单击 OK，完成球形副重命名为 r_tierod_inner。

（29）单击菜单栏 Connector，选择 Joint 框中的 Fix Joint（固定副）。

（30）设置 Construction：2 Bodies -1 Location、Normal To Grid。

（31）顺序选择 2 部件 wheel_right、knuckle_right，再选择参考点 MARKER_38，完成固定副 JOINT_6 的创建。

（32）选中固定副 JOINT_6，右击选择 Rename，在弹出的修改名称对话框中输入 knuckle_right_fix。

（33）单击 OK，完成固定副重命名为 knuckle_right_fix。

（34）单击菜单栏 Connector，选择 Joint 框中的 Fix Joint（固定副）。

（35）设置 Construction：2 Bodies -1 Location、Normal To Grid。

（36）顺序选择 2 部件 spring_down、up_right，再选择硬点 r_spring_lower，完成固定副 JOINT_7 的创建。

（37）选中固定副 JOINT_7，右击选择 Rename，在弹出的修改名称对话框中输入 r_spring_lower。

（38）单击 OK，完成固定副重命名为 r_spring_lower。

（39）单击菜单栏 Connector，选择 Joint 框中的 Cylindrical Joint（圆柱副）。

（40）设置 Construction：2 Bodies -1 Location、Pick Geometry Feature。

（41）顺序选择 2 部件 spring_down、spring_up，顺序选择硬点 r_spring_lower、r_spring_up，完成圆柱副 JOINT_8 的创建。圆柱副约束 2 部件之间的 3 个旋转自由度、2 个移动自由度。

（42）选中圆柱副 JOINT_8，右击选择 Rename，在弹出的修改名称对话框中输入 r_spring_lower_cylindrical。

（43）单击 OK，完成圆柱副重命名为 r_spring_lower_cylindrical。

（44）单击硬点快捷方式，右击，在弹出的方框中输入 57.5，950，-603.8。

（45）选中硬点，右击选择 Rename，修改硬点名称为 r_spring_up_ref。

（46）单击OK，完成硬点重命名。

（47）单击菜单栏Connector，选择Joint框中的Hook Joint（胡克副）。

（48）设置Construction：2 Bodies -1 Location、Pick Geometry Feature。

（49）顺序选择2部件spring_up、body，顺序选择硬点r_spring_up、r_spring_lower、r_spring_up_ref，完成胡可副JOINT_9的创建。胡克副约束2部件之间的1个旋转自由度、3个移动自由度。

（50）选中胡克副JOINT_9，右击选择Rename，在弹出的修改名称对话框中输入r_spring_up。

（51）单击OK，完成胡克副重命名为r_spring_up。

（52）单击菜单栏Connector，选择Joint框中的Translational Joint（移动副）。

（53）设置Construction：2 Bodies -1 Location、Pick Geometry Feature。

（54）顺序选择2部件body、.adams_view_zhengche.ground，再选择硬点r_spring_up、r_spring_up_ref，完成移动副JOINT_10的创建。

（55）选中移动副JOINT_10，右击选择Rename，在弹出的修改名称对话框中输入r_spring_up_Translational。

（56）单击OK，完成移动副重命名为r_spring_up_Translational。

（57）单击菜单栏Connector，选择Joint框中的Translational Joint（移动副）。

（58）设置Construction：2 Bodies -1 Location、Pick Geometry Feature。

（59）顺序选择2部件test_patch、.adams_view_zhengche.ground，再选择参考点MARKER_24，然后移动鼠标，保持箭头方向与Y轴平行，单击，完成移动副JOINT_11的创建。

（60）选中移动副JOINT_11，右击选择Rename，在弹出的修改名称对话框中输入test_patch_Translational。

（61）单击OK，完成移动副重命名为test_patch_Translational。

（62）单击菜单栏Connector，选择基本约束栏Primitives框中的In-Plane（点面副）。点面副限制1个部件在另1个部件的某个平面内运动，减少1个自由度。

（63）设置Construction：2 Bodies -1 Location、Pick Geometry Feature。

（64）顺序选择2部件wheel_right、test_patch，再选择参考点MARKER_24，然后移动鼠标，保持箭头方向与Y轴平行，单击，完成基本点面副JPRIM_1的创建。

至此，麦弗逊悬架模型与振动试验台模型建立完成，接下来的工作需要把路面的振动数据添加到振动试验台上，当然也可以用简单的正余弦驱动验证模型的正确性。

用工具菜单栏Tool下的Model Topology Map可以显示不同部件之间的连接关系，在参考共享数据库模型建模时经常需要判定部件之间的连接关系。此外，还可以在命令窗口中用图形的方式显示部件之间的连接关系，用图形显示拓扑关系更加直观。

12.2 路面模型

对悬架性能分析时需要输入路面模型。根据国家标准，公路等级分为8种，在不同的路段测量,很难得到 2 个完全相同的路面轮廓曲线,通常是把测量得到的大量路面不平度随机数据,经数据处理得到路面功率谱密度。产生随机路面不平度时间轮廓有 2 种方法,一是由白噪声通过一个积分器产生,二是由白噪声通过一个成型滤波器产生。路面时域模型可用公式(12-1)描述。根据公式在 MATLAB/SIMULINK 中建立 B 级路面不同车速的仿真模型,如图 12-7 所示,B 级路面不同车速的垂直位移计算结果如图 12-8 所示。

$$\dot{q}(t) = -2\pi f_0 q(t) + 2\pi \sqrt{G_q V} w(t) \tag{12-1}$$

式中,$q(t)$ 为路面激励;$w(t)$ 为积分白噪声;f_0 为时间频率;G_q 为路面不平度系数;V 为汽车行驶速度。不同级别及对应不同车速的路面参数请查看相关资料。

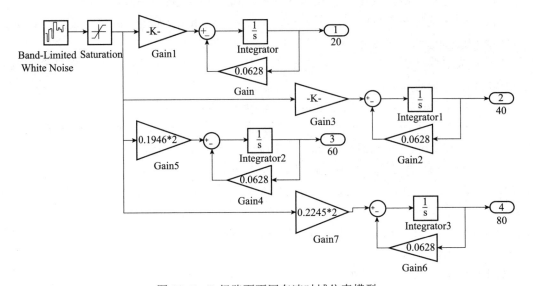

图 12-7　B 级路面不同车速时域仿真模型

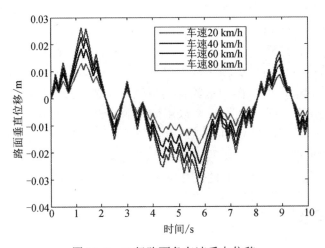

图 12-8　B 级路面各车速垂向位移

路面模型需要添加到振动试验台上。路面模型驱动添加有2种方式，在进行联合仿真时推荐采用方案二。

方案一：直接把B级路面的仿真数据通过函数AKISPL（）添加到振动试验台上，在ADAMS软件中可以仿真在路面条件下麦弗逊悬架运动的真实状态，当更换路面时需要重复计算路面参数及重复添加驱动函数，尤其是在进行联合仿真时，过程较为烦琐。

方案二：在ADAMS中建立状态变量函数，把此状态函数通过ADAMS/Control模块设置为系统的输入接口，路面模型在MATLAB/SIMULINK模型中搭建，如图12-7所示，输出结果直接与ADAMS_SYS的路面输入接口对接。此种方式的优点是可以预先建立好仿真需要的各种路面，联合仿真模型建立好后可以方便快速地更换不同路面。

12.3 路面驱动方案一

针对在MATLAB\SIMULINK中建立B级路面不同车速的仿真模型，仿真时间设置为10 s，运行仿真后在MATLAB的工作空间Workspace中会得到2组数据tout与yout；在D盘中新建一个文本文件，命名为road.txt；将tout作为第一列，yout中的第一列复制到文本文件road.txt中保存。此处提供一个路面文件road.txt在光盘中，仅供参考。

（1）打开ADAMS/View中所建立的麦弗逊悬架模型，在主菜单选File＞Import，弹出如图12-9所示对话框。

（2）File Type：Test Data（*.*）。

（3）点选Create Spline。

（4）File To Read：D：\road.txt。

（5）其余保持默认，单击OK，完成仿真路面数据导入。如果要更换其他路面模型，需要重复以上仿真过程及以上步骤的重新导入，相对较为烦琐。

打开ADAMS的数据库浏览器，如图12-10所示，SPLINE_2为生成的样条曲线数据。双击打开SPLINE_2，在弹出的Information窗口中显示如下信息（此信息包含的数据与路面文件road.txt中的数据相同）：

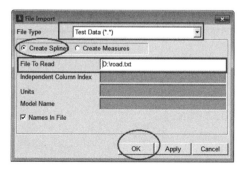

图12-9　路面数据导入对话框

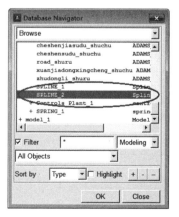

图12-10　数据库浏览器对话框

```
Object Name        :.adams_view_zhengche.SPLINE_2
Object Type        :Spline
Parent Type        :Model
Adams ID           :0
Active             :NO_OPINION
X Units            :NO UNITS
Y Units            :NO UNITS
Spline Points:
  (X  = 1.0,   Y = 0.2008942924)
  (X  = 2.0,   Y = 1.2036690038)
  (X  = 3.0,   Y = 2.2319211241)
  (X  = 4.0,   Y = 17.1592158991)
  (X  = 5.0,   Y = 11.6840101222)
  (X  = 6.0,   Y = 19.6574141868)
  (X  = 7.0,   Y = 20.7626001622)
  (X  = 8.0,   Y = 18.2043021902)
  (X  = 9.0,   Y = 12.3320688983)
  (X  = 10.0,  Y = 13.1176331434)
  (X  = 11.0,  Y = 16.6482607299)
  (X  = 12.0,  Y = 18.1223665756)
  (X  = 13.0,  Y = 21.2087067783)
  (X  = 14.0,  Y = 24.1851909962)
  (X  = 15.0,  Y = 23.165983258)
  (X  = 16.0,  Y = 30.8669520711)
  (X  = 17.0,  Y = 27.4372350815)
  (X  = 18.0,  Y = 13.9764209914)
  (X  = 19.0,  Y = 4.2068003494)
  (X  = 20.0,  Y = 15.5260556619)
  (X  = 21.0,  Y = 12.7388426178)
  (X  = 22.0,  Y = 6.6497175466)
  (X  = 23.0,  Y = 1.3583780206)
  (X  = 24.0,  Y = -3.3223270142)
  (X  = 25.0,  Y = -6.3246530621)
  (X  = 26.0,  Y = -9.3619599109)
  (X  = 27.0,  Y = -10.6419856681)
  (X  = 28.0,  Y = -1.241284351)
  (X  = 29.0,  Y = -0.7729604272)
  (X  = 30.0,  Y = 7.2391497849)
```

(X = 31.0, Y = 12.0138478618)
(X = 32.0, Y = 14.0406498922)
(X = 33.0, Y = 10.2822107278)
(X = 34.0, Y = 7.3400461246)
(X = 35.0, Y = 5.822534108)
(X = 36.0, Y = -2.1005830571)
(X = 37.0, Y = 11.3482505873)
(X = 38.0, Y = 17.4644483624)
(X = 39.0, Y = 13.1119102857)
(X = 40.0, Y = 6.9110780294)
(X = 41.0, Y = 5.91895507
31)
(X = 42.0, Y = 10.6042550475)
(X = 43.0, Y = 8.8497533756)
(X = 44.0, Y = 0.7340467417)
(X = 45.0, Y = -4.9846087554)
(X = 46.0, Y = -5.1291263)
(X = 47.0, Y = 2.1813242014)
(X = 48.0, Y = 1.8578747187)
(X = 49.0, Y = 7.6197835954)
(X = 50.0, Y = 4.3011814626)
(X = 51.0, Y = 4.1085670937)
(X = 52.0, Y = 4.9545937392)
(X = 53.0, Y = -5.3379970314)
(X = 54.0, Y = -19.5222166417)
(X = 55.0, Y = -16.8979451067)
(X = 56.0, Y = -17.751622188)
(X = 57.0, Y = -10.3357422219)
(X = 58.0, Y = -10.6740149358)
(X = 59.0, Y = -13.090919801)
(X = 60.0, Y = -16.3579177288)
(X = 61.0, Y = -12.1750299942)
(X = 62.0, Y = -8.9585917002)
(X = 63.0, Y = -3.5191306676)
(X = 64.0, Y = 8.7584919584)
(X = 65.0, Y = 12.5213179179)
(X = 66.0, Y = 1.7283436916)
(X = 67.0, Y = 2.5545743641)
(X = 68.0, Y = 11.9302113598)

(X = 69.0,   Y = 5.6161232304)
(X = 70.0,   Y = 5.4291102585)
(X = 71.0,   Y = -3.9851221492)
(X = 72.0,   Y = -1.6101060218)
(X = 73.0,   Y = -4.6170343759)
(X = 74.0,   Y = -14.3337974285)
(X = 75.0,   Y = -10.7385528551)
(X = 76.0,   Y = 2.6601640362)
(X = 77.0,   Y = 6.6761759735)
(X = 78.0,   Y = 5.538095211)
(X = 79.0,   Y = 24.859606528)
(X = 80.0,   Y = 20.5153212318)
(X = 81.0,   Y = 27.3536586215)
(X = 82.0,   Y = 31.9759557217)
(X = 83.0,   Y = 36.5164598195)
(X = 84.0,   Y = 36.7784670709)
(X = 85.0,   Y = 28.0611391681)
(X = 86.0,   Y = 32.1177054177)
(X = 87.0,   Y = 33.3570934985)
(X = 88.0,   Y = 24.3426326995)
(X = 89.0,   Y = 41.814734247)
(X = 90.0,   Y = 51.4731759113)
(X = 91.0,   Y = 51.5084722166)
(X = 92.0,   Y = 44.1394257716)
(X = 93.0,   Y = 40.0990967222)
(X = 94.0,   Y = 38.0502028171)
(X = 95.0,   Y = 37.87671055)
(X = 96.0,   Y = 32.4000817014)
(X = 97.0,   Y = 26.7647784662)
(X = 98.0,   Y = 23.5445126387)
(X = 99.0,   Y = 17.9074381032)
(X = 100.0,   Y = 25.2181669987)
(X = 101.0,   Y = 19.5024043564)
(X = 102.0,   Y = 23.4432401045)

对于有多个试验振动台的整车模型，可以依次导入不同的路面模型，设置在同一个模型中不同的振动试验台有不同的振动效果。

（6）单击菜单栏 Motions，选择系统单元 Joint Motions 框中的创建移动约束副驱动快捷方式图标：Translations Joint Motions。

（7）选择移动副 test_patch_Translational，完成移动副驱动 MOTION_1 的创建。

（8）右击 MOTION_1，选择 Modify，在弹出的 Joint Motion 对话框中 Function（time）输入 100*AKISPL（time，0，SPLINE_2，0），AKISPL（）是 ADAMS 的一个函数，表示按 Akima 插值方法将样条数据"SPLINE_2"拟合成以时间为横轴的函数曲线。

（9）单击 OK，完成 MOTION_1 的修改。

（10）单击 Simulation，仿真时间设置为 10 s，仿真步数设置为 1000，仿真前先让悬架系统静平衡，计算完成后测量车身 Body 部件在 Y 方向的加速度，计算结果如图 12-11 所示。从计算结果看，车身的垂向加速度在 100 mm/s^2，效果极好。

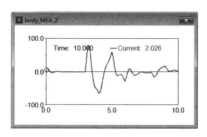

图 12-11　车身垂向加速度

检查麦弗逊悬架模型自由度，系统显示信息如下（所建立的悬架模型的部件数量、约束副等具体信息会显示出来，软件根据系统自由度计算公式，计算出所建立的麦弗逊悬架有 2 个自由度，模型准确无误）：

```
VERIFY MODEL:.adams_view_zhengche

    2 Gruebler Count (approximate degrees of freedom)
    9 Moving Parts (not including ground)
    1 Cylindrical Joints
    1 Revolute Joints
    3 Spherical Joints
    2 Translational Joints
    3 Fixed Joints
    1 Hooke Joints
    1 Inplane Primitive_Joints
    1 Motions

    2 Degrees of Freedom for .adams_view_zhengche

    There are no redundant constraint equations.

    Model verified successfully
```

12.4 路面驱动方案二

（1）单击菜单栏 Elements，选择系统单元 System Elements 框中的创建状态变量快捷方式图标：Create a State Variable defined by an Algebraic Equation。

（2）Name：road_shuru。

（3）Definition：Run-Time Expression。

（4）F(time，…)=：0。

（5）单击 OK，完成状态变量 road_shuru 的创建，如图 12-12 所示。

（6）单击菜单栏 Motions，选择系统单元 Joint Motions 框中的创建移动约束副驱动快捷方式图标：Translations Joint Motions。

（7）选择移动副 test_patch_Translational，完成移动副驱动 MOTION_1 的创建。

（8）右击 MOTION_1，选择 Modify。

（9）在弹出的 Joint Motion 对话框中 Function（time）输入 VARVAL（.adams_view_zhengche.road_shuru）。

（10）单击 OK，完成 MOTION_1 的修改，如图 12-13 所示。

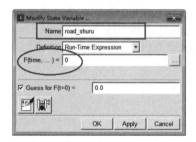
图 12-12　路面输入状态变量创建

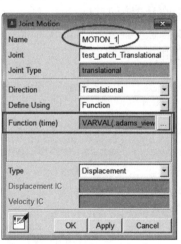
图 12-13　约束副驱动对话框

12.5 PID 控制器设计

PID 控制具有调节原理简单、参数容易整定和实用性强等优点。其控制规律如下：

$$u(t) = K_P e(t) + K_I \int_0^t e(t)\mathrm{d}t + K_D \frac{\mathrm{d}}{\mathrm{d}t} e(t) \quad (12-2)$$

其中，

$$K_I = \frac{K_P}{T_i}$$

$$K_D = K_P K_D$$

式中，K_P 为比例系数；K_I 为积分时间常数；K_D 为微分时间常数；$e(t)$ 为实时误差，即车身速度与理想值之间的差值；$u(t)$ 为实时主动控制力。根据公式（19-2）建立好的 PID 控制器模型如图 12-14 所示。

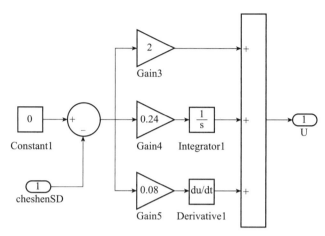

图 12-14　PID 控制器

12.6　半主动悬架联合仿真

相对于主动悬架，半主动悬架主要通过改变减震器的可变力输出来控制整车的震动特性，其性能与主动悬架接近，但比主动悬架结构简单、能耗低。上述所建立的麦弗逊多体悬架模型为被动悬架模型，要想进行半主动悬架或者主动悬架联合仿真，首先需要在被动悬架模型的基础上构造或者建立主动悬架模型。

12.6.1　半主动悬架模型

半主动悬架模型构建首先需要添加主动力，主动力主要根据控制算法计算得出。主动悬架模型可采用不同算法：模糊控制算法、PID 模糊、神经网络、自适应模糊等。

（1）单击菜单栏 Elements，选择系统单元 System Elements 框中的创建状态变量快捷方式图标：Create a State Variable defined by an Algebraic Equation。

（2）Name：zhudongli_shuru。

（3）Definition：Run-Time Expression。

（4）F(time, …)=：0。

（5）单击 OK，完成状态变量 zhudongli_shuru 的创建，可参考图 12-12。

（6）单击菜单栏 Force，选择 Applied Forces 框的 Force 快捷方式，在 2 部件 spring_down、spring_up 之间建单向主动力。

（7）Run-time Direction：Two Bodies。

（8）Construction：2 Bodies -2 Location。

（9）Characteristic：Custom。

（10）根据命令窗口提示顺序选择 2 部件 spring_down、spring_up，顺序选择参考点

spring_down.cm、spring_up.cm，完成主动力 SFORCE_1 的创建。

（11）选中主动力 SFORCE_1，右击选择 Rename，修改名称为 zhudongli。

（12）单击 OK，完成主动力的重命名。

（13）右击 zhudongli，选择 Modify。

（14）在弹出的 Modify Force 对话框中修改 Function，输入 VARVAL（.adams_view_zhengche.zhudongli_shuru），其余参数保持默认。

（15）单击 OK，完成主动力 zhudongli 的函数修改，如图 12-15 所示。

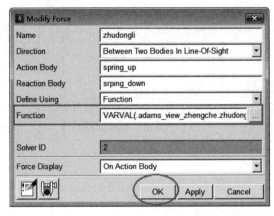

图 12-15　主动力修改对话框

注：建立车身速度、加速度、悬架动行程及车轮侧向滑移量状态输出函数，首先需要建立车身速度、加速度、悬架动行程及车轮侧向滑移量的测量函数。

（16）单击菜单栏 Design Exploration，选择系统单元 Measures 框中的创建状态变量快捷方式图标：Create a New Function Measure，弹出函数构建对话框，如图 12-16 所示。

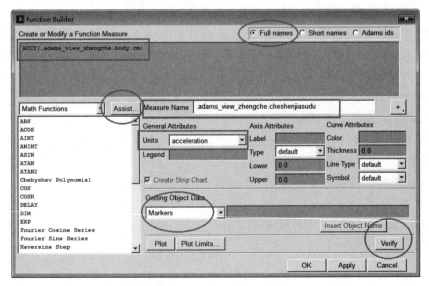

图 12-16　函数构建对话框

（17）Measure Name：.adams_view_zhengche.cheshenjiasudu。
（18）Units：acceleration。
（19）选择 Acceleration along Y。
（20）单击 Assist，弹出 Acceleration along Y 对话框。
（21）To Marker 框中输入 body.cm，其余 From_Marker、Along_Marker、Reference Frame 框保持默认，不用输入。辅助对话框如图 12-17 所示。单击 OK，完成加速度函数 ACCY（.adams_view_zhengche.body.cm）输入。
（22）单击 Verify，检查函数 ACCY（.adams_view_zhengche.body.cm）正确无误。
（23）单击 OK，完成函数构建。
（24）重复以上步骤，建立以下测量函数，分别为车身速度、悬架动行程、车辆侧向滑移量：
① VY（.adams_view_zhengche.body.cm）。
② DY（body.cm，wheel_right.cm）−DY（body_cm，ground.wheel_cm）+11.4。
③ DZ（MARKER_76，test_patch.cm）+0.3674。
（25）单击菜单栏 Elements，选择系统单元 System Elements 框中的创建状态变量快捷方式图标：Create a State Variable defined by an Algebraic Equation。
（26）Name：.adams_view_zhengche.cheshenjiasudu_shuchu。
（27）Definition：Run-Time Expression。
（28）F（time，…）=：ACCY（.adams_view_zhengche.body.cm）。
（29）单击 OK，完成 .adams_view_zhengche.cheshenjiasudu_shuchu 状态变量的创建，如图 12-18 所示。

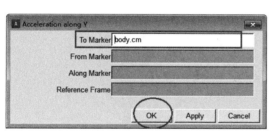
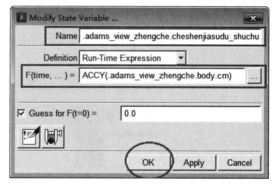

图 12-17　辅助对话框　　　　　图 12-18　状态变量对话框

（30）重复以上步骤，分别建立状态变量 .adams_view_zhengche.cheshensudu_shuchu、.adams_view_zhengche.xuanjiadongxingcheng_shuchu、.adams_view_zhengche.cexianghuayiliang_shuchu。
（31）单击菜单栏 Elements，选择数据块单元 Data Elements 框中的创建输入集快捷方式图标：Create an ADAMS plant input。
（32）Variable Name：.adams_view_zhengche.zhudongli_shuru，.adams_view_zhengche.road_shuru。

（33）单击 OK，完成输入集 .adams_view_zhengche.PINPUT_1 的创建。输入集如图 12-19 所示。

（34）单击菜单栏 Elements，选择数据块单元 Data Elements 框中的创建输出集快捷方式图标：Create an ADAMS plant output。

（35）Variable Name：.adams_view_zhengche.cexianghuayiliang_shuchu，.adams_view_zhengche.cheshenjiasudu_shuchu，.adams_view_zhengche.cheshensudu_shuchu，.adams_view_zhengche.xuanjiadongxingcheng_shuchu。

（36）单击 OK，完成输出集 .adams_view_zhengche.POUTPUT_1 的创建。输出集如图 12-20 所示。

至此，完成麦弗逊悬架被动模型到主动悬架模型的转变，建立好的主动悬架模型如图 12-21 所示，不加控制系统，主动悬架模型依然可以在方案一下进行仿真，仿真结果准备无误；在方案二下也可进行仿真，但结果不正确，原因在于振动台架不动，悬架只是在重力作用下进行的静平衡计算。

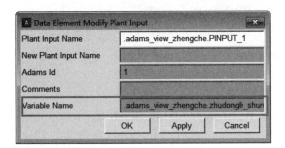

图 12-19　输入集对话框　　　　　　图 12-20　输出集对话框

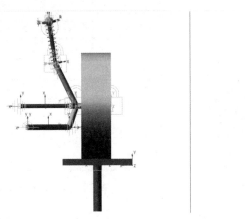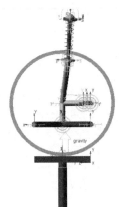

图 12-21　主动悬架模型

12.6.2　机控协同模型

通过 ADAMS/Controls 模块系统的机械模型与控制模型，ADMAS 与 MATLAB 软件路径统一设置为 D:\adams_view2013\adams_matlab。

（1）单击菜单栏插件 Plugins，选择 Controls，单击，出现下拉列表，选择 Plant Export 命令，弹出控制接口输出对话框，如图 12-22 所示。

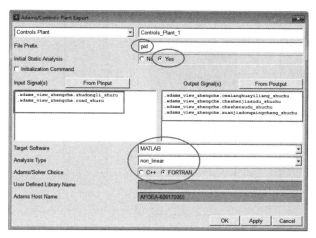

图 12-22　控制接口输出对话框

（2）File Prefix：pid。

（3）Initial Static Analysis：Yes。此处需要进行静平衡，静平衡完成之后再进行计算。

（4）单击 From Pinput，在弹出的数据命令窗口中选择子系统，双击 adams_view_zhengche 下的 PINPUT1。

（5）单击 From Poutput，在弹出的数据命令窗口中选择子系统，双击 adams_view_zhengche 下的 POUTPUT1。

（6）Target Software：MATLAB。

（7）Analysis Type：non_linear。

（8）Adams/Solver Choice：FORTRAN。

（9）其余保持默认，单击 OK，完成 ADAMS/Controls 模块下的输入输出集的创建。

（10）MATLAB 软件的命令窗口中输入 Controls_Plant_1。

（11）单击 Enter 键，此时命令窗口显示输入输出集信息。

（12）命令窗口中输入 adams_sys，单击 Enter 键，调出 adams_plant 对话框，如图 12-23 所示。

导通 ADAMS 与 MATLAB 软件之间通信，对路面及 PID 控制器进行封装，建立 ADAMS 主动悬架联合仿真模型，如图 12-24 所示。在 B 级路面上车辆分别以 20 km/h、40 km/h、60 km/h、80 km/h 的速度直线行驶，计算主被动悬架的车身加速度、悬架动行程、车轮侧向滑移量。主被动悬架计算结果如图 12-25 至图 12-27 所示，仿真步长为 0.005 s，仿真时间为 10 s。

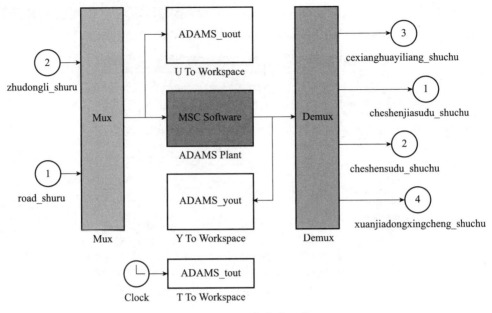

图 12-23 通信状态函数

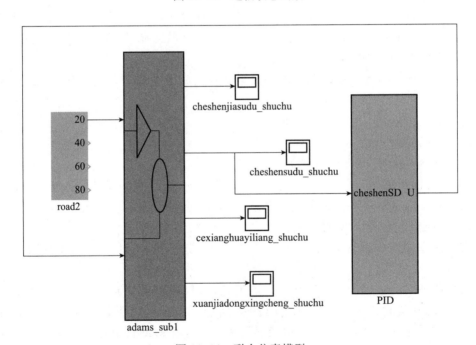

图 12-24 联合仿真模型

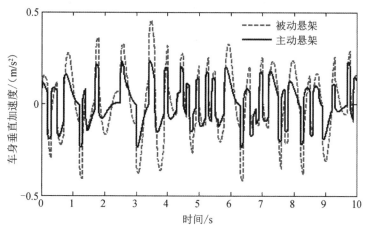

图 12-25　车身垂直加速度

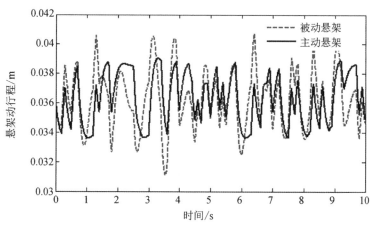

图 12-26　悬架动行程

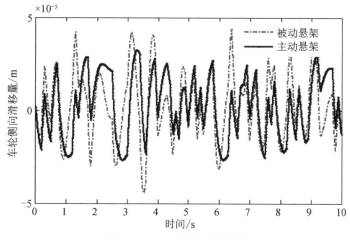

图 12-27　车轮侧向滑移量

从计算结果可以看出，主动悬架相对于被动悬架在性能上整体都有所提升。在不同车速阶段，车身垂直加速度、悬架动行程、轮胎动位移性能均有改善，其中车身垂向加速度改善尤为突出，在全速范围内改善车辆行驶的乘坐舒适性。随着车速的增加，悬架动行程及侧向滑移量稍有改善，增加整车行驶过程中的操作稳定性。各个速度段的悬架性能参数变化见表12-1。

表 12-1 性能均方根值对比

均方根值	车速	主动悬架	被动悬架	优化比/%
垂直加速度/(m/s^2)	20 km/h	2.33E-1	4.52E-1	48.5
悬架动行程/m		3.90E-2	4.10E-2	4.9
侧向滑移量/m		2.80E-5	4.39E-5	36.2
垂直加速度/(m/s^2)	40 km/h	3.30E-1	6.40E-1	48.4
悬架动行程/m		4.02E-2	4.27E-2	5.9
侧向滑移量/m		3.85E-5	6.11E-5	37.0
垂直加速度/(m/s^2)	60 km/h	4.04E-1	7.84E-1	48.5
悬架动行程/m		4.11E-2	4.41E-2	6.8
侧向滑移量/m		4.67E-5	7.43E-5	37.1
垂直加速度/(m/s^2)	80 km/h	4.66E-1	9.04E-1	48.5
悬架动行程/m		4.18E-2	4.53E-2	7.7
侧向滑移量/m		5.35E-5	8.53E-5	37.3

图 12-28 和图 12-29 所示为车身加速度、悬架动行程的功率谱曲线。从功率谱曲线可以看出，整车在运行过程中，主动悬架的幅值相对被动悬架都较小。同时可以看出，振幅最大值都出现在频率较小处，低频路面输入信息对整车的震动特性影响较大，悬架动行程在高频路面激励下车轮的震动得到较好的抑制。

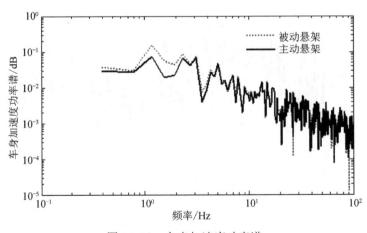

图 12-28 车身加速度功率谱

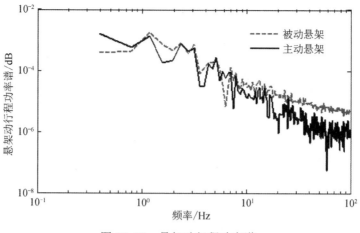

图 12-29 悬架动行程功率谱

第 13 章　双 A 臂悬架模糊 PID 控制联合仿真

双叉臂悬架拥有上下 2 个叉臂，横向力由 2 个叉臂同时吸收，支柱只承载车身重量，因此横向刚度大。双叉臂悬架的上下 2 个 A 字形叉臂可以精确定位前轮的各种参数，前轮转弯时，上下 2 个叉臂能同时吸收轮胎所受的横向力，加上 2 个叉臂的横向刚度较大，所以转弯时侧倾较小。相比麦弗逊悬架，双叉臂多了一个上控制臂，不仅需要占用较大的空间，而且其定位参数较难确定，因此小型轿车的前桥出于空间和成本考虑一般不会采用此种悬架。双 A 臂悬架具有侧倾小、可调参数多、轮胎接地面积大、抓地性能优异，因此主打运动性能型的轿车、跑车的前后悬架均选用双叉臂悬架。本章在 ADAMS/View 中建立双 A 臂悬架多体动力学模型，如图 13-1 所示，建模硬点参数参考 ADAMS/Car 共享数据库中的双 A 臂悬架参数。同时简单介绍模糊 PID 控制算法、自适应模糊控制理论算法，建立主动悬架联合仿真模型并对计算结果进行分析。

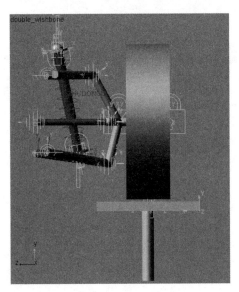

图 13-1　双 A 臂悬架模型

13.1　双 A 臂悬架模型

双 A 臂悬架模型建模过程与麦弗逊悬架相似，步骤也大都相同。此章节提供双 A 臂悬架的硬点参数，建模过程请参考麦弗逊悬架模型建立及路面驱动输入。部件之间的约束关系下文具体提供，模型建立完成后请检查是否与提供的约束信息相同。建立好的双 A 臂悬架模型存放在文件夹中，读者也可以用 ADAMS/View 从文件夹中打开双 A

臂悬架模型，参考已经建立好的模型，分别按硬点、部件、约束、路面驱动、主动悬架设置、软件系统等顺序步骤建立完成。

（1）启动 ADAMS/View，选择 New Model。

（2）Model Name：double_wishbone。

（3）Working Directory：D：\adams_view2013。

（4）单击 OK，完成新模型名称创建，如图 13-2 所示。接下来可以在窗口中完成模型任务。

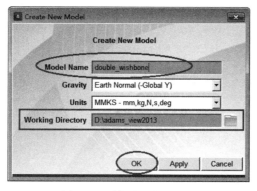

图 13-2　模型创建对话框

（5）单击硬点快捷方式，右击，在弹出的方框中输入 -200.0，150.0，-400.0。

（6）选中硬点，右击选择 Rename，修改硬点名称为 lca_front。

（7）单击 OK，完成硬点重命名。

（8）双 A 臂悬架模型硬点参数如图 13-3 所示。重复以上步骤，完成悬架模型全部硬点的建立。

	Loc X	Loc Y	Loc Z
lca_front	-200.0	150.0	-400.0
lac_outer	0.0	100.0	-750.0
lca_rear	200.0	155.0	-450.0
tie_rod_outer	200.0	300.0	-400.0
tie_rod_inner	150.0	300.0	-750.0
uca_front	100.0	525.0	-450.0
uca_outer	40.0	525.0	-675.0
uca_rear	250.0	530.0	-490.0
wheel_center	0.0	300.0	-800.0
spring_down	0.0	150.0	-600.0
spring_up	40.0	650.0	-500.0

图 13-3　硬点参数

双 A 臂悬架部件之间的约束关系如下（模型建立完成后，检查约束关系与下列信息是否对应）：

```
Topology of model:double_wishbone
  Ground Part:ground

  Part ground
  Is connected to:
  test_patch     via   test                 (Translational Joint)
  body           via   body_translational   (Translational Joint)
  lca            via   lca_rear             (Revolute Joint)
  uca            via   uca_rear             (Revolute Joint)

  Part lca
  Is connected to:
  ground         via   lca_rear             (Revolute Joint)
  upright        via   lca_outer            (Spherical Joint)
  spring_down    via   spring_down_hook     (Hooke Joint)

  Part knuckle
  Is connected to:
  upright        via   knuckle_fix          (Fixed Joint)
  wheel          via   wheel_fix            (Fixed Joint)

  Part wheel
  Is connected to:
  test_patch     via   JPRIM_1              (Inplane Primitive Joint)
  knuckle        via   wheel_fix            (Fixed Joint)

  Part upright
  Is connected to:
  tierod         via   tierod_inner         (Spherical Joint)
  uca            via   uca_outer            (Spherical Joint)
  knuckle        via   knuckle_fix          (Fixed Joint)
  lca            via   lca_outer            (Spherical Joint)

  Part test_patch
  Is connected to:
  ground         via   test                 (Translational Joint)
  wheel          via   JPRIM_1              (Inplane Primitive Joint)
```

```
Part tierod
Is connected to:
upright      via  tierod_inner        (Spherical Joint)
body         via  tierod_outer        (Spherical Joint)

Part uca
Is connected to:
ground       via  uca_rear            (Revolute Joint)
upright      via  uca_outer           (Spherical Joint)

Part spring_down
Is connected to:
spring_up    via  SPRING_1.sforce     (Single_Component_Force)
lca          via  spring_down_hook    (Hooke Joint)
spring_up    via  spring_down_cylindrical (Cylindrical Joint)
spring_up    via  ZHUDONGLI           (Single_Component_Force)

Part spring_up
Is connected to:
spring_down  via  SPRING_1.sforce     (Single_Component_Force)
spring_down  via  spring_down_cylindrical (Cylindrical Joint)
body         via  spring_up_hook      (Hooke Joint)
spring_down  via  ZHUDONGLI           (Single_Component_Force)

Part body
Is connected to:
tierod       via  tierod_outer        (Spherical Joint)
spring_up    via  spring_up_hook      (Hooke Joint)
ground       via  body_translational  (Translational Joint)
```

13.2 双 A 臂半主动悬架

（1）单击菜单栏 Design Exploration，选择系统单元 Measures 框中的创建状态变量快捷方式图标：Create a New Function Measure，弹出函数构建对话框，如图 13-4 所示。

（2）Measure Name：.double_wishbone.cheshenjiasudu。

（3）Units：acceleration。

（4）选择 Acceleration along Y。

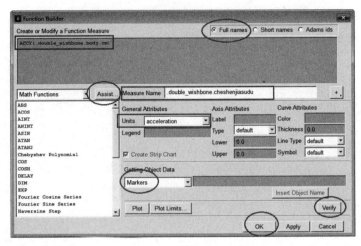

图 13-4 函数构建对话框

（5）单击 Assist，弹出 Acceleration along Y 对话框。

（6）To Marker 框中输入 body.cm，其余 From Marker、Along Marker、Reference Frame 框保持默认，不用输入。辅助对话框如图 13-5 所示。单击 OK，完成加速度函数 ACCY（.double_wishbone.body.cm）输入。

（7）单击 Verify，检查函数 ACCY（.double_wishbone.body.cm）正确无误。

（8）单击 OK，完成函数构建。

（9）重复以上步骤，建立以下测量函数，分别为车身速度、悬架动行程、车辆侧向滑移量：

① VY（.double_wishbone.body.cm）。

② DY（.double_wishbone.body.cm，.double_wishbone.knuckle.MARKER_40）-343.6。

③ DZ（.double_wishbone.knuckle.MARKER_84，.double_wishbone.test_patch.cm）。

双 A 臂悬架半主动悬架模型构建首先需要添加主动力，主动力添加过程如下：

（1）单击菜单栏 Force，选择 Applied Forces 框的 Force 快捷方式，在 2 部件 spring_up、spring_down 之间建单向主动力。

（2）Run-time Direction：Two Bodies。

（3）Construction：2 Bodies -2 Location。

（4）Characteristic：Custom。

（5）根据命令窗口提示，顺序选择 2 部件 spring_up、spring_down，顺序选择参考点 spring_up.cm、spring_down.cm，完成主动力 SFORCE_1 的创建。

（6）选中主动力 SFORCE_1，右击选择 Rename，修改名称为 ZHUDONGLI。

（7）单击 OK，完成主动力的重命名。

（8）右击 ZHUDONGLI，选择 Modify。

（9）在弹出的 Modify Force 对话框中修改 Function：输入 VARVAL（.double_wishbone.ZHUDONGLI_SHURU），其余参数保持默认。

（10）单击 OK，完成主动力 ZHUDONGLI 的修改函数，如图 13-6 所示。

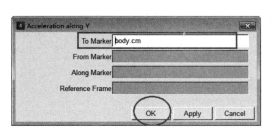
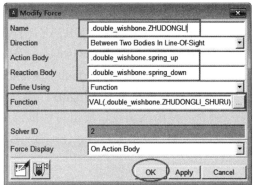

图 13-5　辅助对话框　　　　图 13-6　主动力状态变量创建对话框

（11）单击菜单栏 Elements，选择系统单元 System Elements 框中的创建状态变量快捷方式图标：Create a State Variable defined by an Algebraic Equation。

（12）Name：.double_wishbone.CHESHENJIASUDU_SHUCHU。

（13）Definition：Run-Time Expression。

（14）F（time,...）=：ACCY（.double_wishbone.body.cm）。

（15）单击 OK，完成状态变量 .double_wishbone.CHESHENJIASUDU_SHUCHU 的创建，如图 13-7 所示。

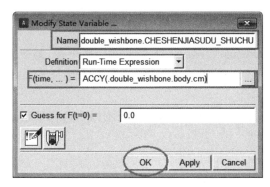

图 13-7　状态变量创建对话框

（16）重复以上步骤，分别建立状态变量 .double_wishbone.CHESHENSUDU_SHUCHU、.double_wishbone.XUANJIADONGXINGCHENG_SHUCHU、.double_wishbone.CHELUNCEXIANGHUAYILIANG。

（17）单击菜单栏 Elements，选择数据块单元 Data Elements 框中的创建输入集快捷方式图标：Create an ADAMS Plant Input。

（18）Variable Name：.double_wishbone.LUMIAN_SHURU，.double_wishbone.ZHUDONGLI_SHURU。

（19）单击 OK，输入集 .double_wishbone.PINPUT_1 的创建。

（20）单击菜单栏 Elements，选择数据块单元 Data Elements 框中的创建输出集快捷方式图标：Create an ADAMS Plant Output。

(21) Variable Name: .double_wishbone.CHESHENJIASUDU_SHUCHU, .double_wishbone.CHELUNCEXIANGHUAYILIANG, .double_wishbone.XUANJIADONGXINGCHENG_SHUCHU, .double_wishbone.CHESHENSUDU_SHUCHU。

(22) 单击 OK，输出集 .double_wishbone.POUTPUT_1 的创建。

(23) 单击菜单栏插件 Plugins，选择 Controls，单击，出现下拉列表，选择 Plant Export 命令，弹出控制接口输出对话框，如图 13-8 所示。

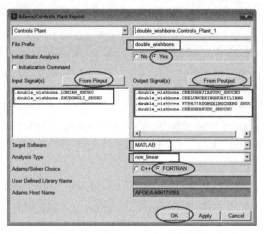

图 13-8 控制接口输出对话框

(24) File Prefix：double_wishbone。

(25) Initial Static Analysis：Yes。此处需要进行静平衡，静平衡完成之后再进行计算。

(26) 单击 From Pinput，在弹出的数据命令窗口中选择子系统，双击 double_wishbone 下的 PINPUT1。

(27) 单击 From Poutput，在弹出的数据命令窗口中选择子系统，双击 double_wishbone 下的 POUTPUT1。

(28) Target Software：MATLAB。

(29) Analysis Type：non_linear。

(30) Adams/Solver Choice：FORTRAN。

(31) 其余保持默认，单击 OK，完成 ADAMS/Controls 模块下的输入输出集的创建。创建完成的双 A 臂半主动悬架模型如图 13-9 所示。

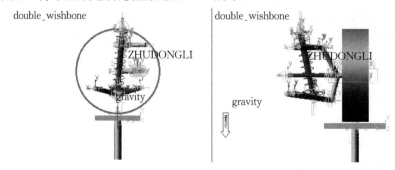

图 13-9 双 A 臂半主动悬架模型

13.3 模糊 PID 控制器设计

13.3.1 PID 控制器设计

模糊 PID 复合控制器具有 PID 与模糊控制器各自的优势。PID 控制具有调节原理简单，参数容易整定和实用性强等优点，其控制规律为

$$u(t)= K_\text{P}e(t)+ K_\text{I}\int_0^t e(t)\text{d}t + K_\text{D}\frac{\text{d}}{\text{d}t}e(t) \tag{13-1}$$

其中

$$K_\text{I} = \frac{K_\text{P}}{T_i}$$

$$K_\text{D} = K_\text{P}K_\text{D}$$

式中，K_P 为比例系数；K_I 积分时间常数；K_D 为微分时间常数；$e(t)$ 为实时误差，即车身速度与理想值之间的差值；$u(t)$ 为实时主动控制力。

模糊 PID 控制系统的输入为车身的速度及其变化量，输出为主动控制力。模糊控制器的输出为 ΔK_P、ΔK_I、ΔK_D。实际的 PID 控制参数如下：

$$K_\text{P1} = K_\text{P} + H_\text{P}\Delta K_\text{P} \tag{13-2}$$

$$K_\text{I1} = K_\text{I} + H_\text{I}\Delta K_\text{I} \tag{13-3}$$

$$K_\text{D1} = K_\text{D} + H_\text{D}\Delta K_\text{D} \tag{13-4}$$

式中，K_P、K_I、K_D 为预设 PID 控制参数；H_P、H_I、H_D 为比例因子。

13.3.2 模糊控制器设计

模糊控制规则是模糊控制器的核心，它用语言的方式描述了控制器输入量与输出量之间的关系。悬架的输入输出分别采用 7 个语言变量规则来进行描述：负大（-3）、负中（-2）、负小（-1）、零（0）、正小（1）、正中（2）、正大（3）。输入采用高斯隶属函数，保证输入参数的平缓且稳定性好；输出采用三角隶属函数，保证其较好的灵敏度。当误差较大时，K_P 取较大值，系统响应较快，模糊系统输出较大的 ΔK_P 值，ΔK_D 取较小值，避免系统出现过大超调量线性，产生不稳定现象；当误差中等时，K_P 取较中间值，保证系统具有较小的超调量，ΔK_D 取值不变或者稍微减小，K_I 取适当值；当误差较小时，K_P 取较小值；当误差及其变化率方向一致时，说明误差有增大的趋势，此时应取较大 ΔK_P 值。误差及其变化率同 ΔK_P、ΔK_I、ΔK_D 的模糊控制规则见表 13-1 至表 13-3。

（1）启动 MATLAB 软件，设置启动路径为 D:\adams_view2013。

（2）在 MATLAB 命令窗口输入命令 fuzzy，确认后单击 Enter，此时弹出模糊编辑 FIS Editor Untitled 窗口。

（3）单击 Edit，在弹出的下拉菜单依次选择 Add > Variable > Input 命令。

表 13-1　模糊控制规则 K_P

e	ec						
	-3	-2	-1	0	1	2	3
-3	3	3	2	2	1	0	0
-2	3	3	2	1	1	0	-1
-1	2	2	2	1	0	-1	-1
0	2	2	1	0	-1	-2	-2
1	1	2	0	-1	-1	-2	-2
2	1	0	-1	-2	-2	-2	-3
3	0	0	-2	-2	-2	-3	-3

表 13-2　模糊控制规则 K_I

e	ec						
	-3	-2	-1	0	1	2	3
-3	-3	-3	-2	-2	-1	0	0
-2	-3	-3	-2	-1	-1	0	-1
-1	-3	-2	-1	-1	0	1	1
0	-2	-2	-1	0	1	2	2
1	-2	-1	0	1	1	2	3
2	0	0	1	1	2	3	3
3	0	0	1	2	2	3	3

表 13-3　模糊控制规则 K_D

e	ec						
	-3	-2	-1	0	1	2	3
-3	1	-1	-3	-3	-3	-2	1
-2	1	-1	-3	-2	-2	-1	0
-1	0	-1	-2	-2	-1	-1	0
0	0	-1	-1	-1	-1	-1	0
1	0	0	0	0	0	0	0
2	3	-1	1	1	1	1	3
3	3	2	2	2	1	1	3

（4）单击 Edit，在弹出的下拉菜单依次选择 Add ＞ Variable ＞ Output 命令。

（5）单击 Edit，在弹出的下拉菜单依次选择 Add ＞ Variable ＞ Output 命令，此时模糊控制系统为双输入三输出系统。

（6）单击 File ＞ Export ＞ To File 命令，选择路径为 D：\adams_view2013，文件名中输入 myexample_mohu_pid.fis，保存。模糊控制编辑对话框如图 13-10 所示。

(7) 单击 input1，Name 框中输入 e。
(8) 单击 input2，Name 框中输入 ec。
(9) 单击 output1，Name 框中输入 kp。
(10) 单击 output2，Name 框中输入 ki。
(11) 单击 output3，Name 框中输入 kd。
(12) 分别双击 e 与 ec，弹出输入隶属函数编辑对话框，如图 13-11 所示。
(13) Type：gaussmf，隶属函数选择高斯函数。
(14) 从左向右顺序选择高斯函数线条，在 Name 窗口中分别输入：NB(-3)、NM(-2)、NS（-1）、ZO（0）、PS（1）、PM（2）、PB（3）。
(15) 分别双击 kp、ki 与 kd，弹出输出隶属函数编辑对话框，如图 13-12 所示。

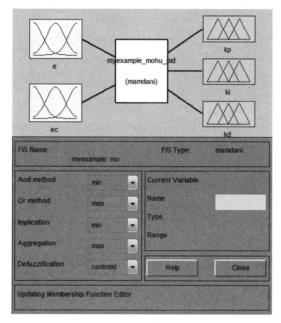

图 13-10　模糊控制编辑对话框

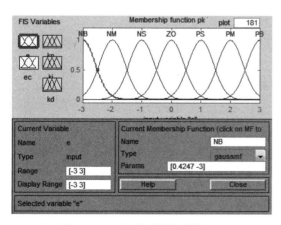

图 13-11　隶属函数编辑器（e）

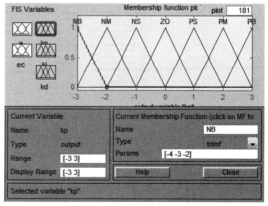

图 13-12　隶属函数编辑器（pk）

(16) Type：trimf，隶属函数选择三角函数。

(17) 从左向右顺序选择三角函数线条，在 Name 窗口中分别输入：NB(-3)、NM(-2)、NS(-1)、ZO(0)、PS(1)、PM(2)、PB(3)。

(18) 单击 Edit > Rules 命令，弹出模糊控制规则编辑对话框，如图 13-13 所示，根据表 13-1 至表 13-3 中的模糊控制规则分别输入。

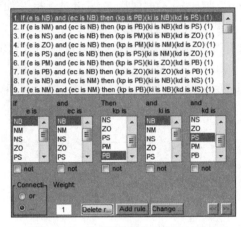

图 13-13　模糊控制规则编辑对话框

(19) 模糊控制规则输入完成后，单击 File > Export > To File 命令，选择路径为 D:\adams_view2013，选择 myexample_mohu_pid.fis，覆盖保存。

(20) 单击 File > Export > To Workspace 命令，弹出模糊控制规则保存到 MATLAB 工作空间对话框。

(21) 单击 OK，完成控制规则输入工作空间。

(22) 控制规则窗口中单击 View > Rules 命令，弹出模糊控制规则推理对话框，如图 13-14 所示，它以图形的形式显示了模糊控制系统的推理过程。

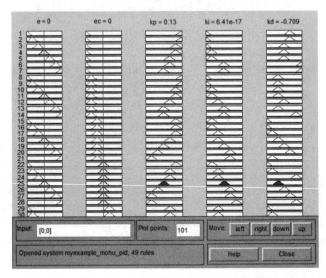

图 13-14　模糊规则推理对话框

（23）控制规则窗口中单击 View > Surface 命令，弹出模糊推理系统输入输出曲面特性图对话框，如图 13-15 至图 13-17 所示，特性曲面变化平稳表明控制规则较好。控制规则编辑可多次调试，直到符合要求为止。

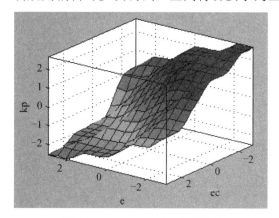

图 13-15　e、ec、kp 曲面特性

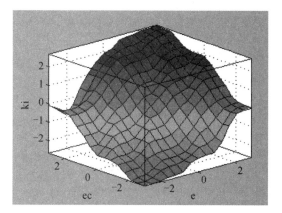

图 13-16　e、ec、ki 曲面特性

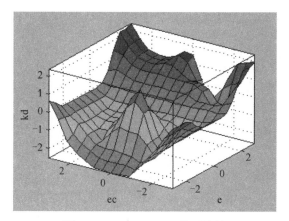

图 13-17　e、ec、kd 曲面特性

根据双输入三输出模块控制系统架构，在 MATALB\Simulink 中搭建模糊控制架构，如图 13-18 所示，系统输入为误差变化量 e，e 为车身输出速度，e 与 In1 等价；误差、误差变化量的量化因子分别为 150、15；输出 Out1 为矢量，分别为 kp、ki、kd。

（24）双击模糊控制逻辑方框 Fuzzy Logic Controller2，弹出功能块参数对话框，如图 13-19 所示。

（25）FIS file or structure：myexample_mohu_pid。

（26）单击 OK，完成参数输入。

对图 13-19 进行封装，创建子系统并命名为 mohu，图 13-20 中的灰底方框即为封装的模糊控制系统；根据公式（13-1）至（13-4）及模糊控制系统建立的模糊 PID 复合控制器如图 13-20 所示，仿真时图中各模块参数请保持相同，这样联合仿真时计算出的结果才能与本章计算结果相同。

对图 13-20 中的模糊 PID 控制架构再次进行封装创建子系统，子系统命名为 fuzzy-pid，保存。

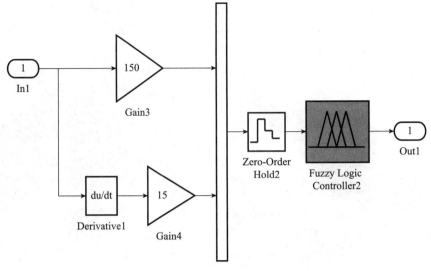

图 13-18 模块控制系统

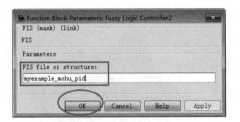

图 13-19 功能块参数对话框

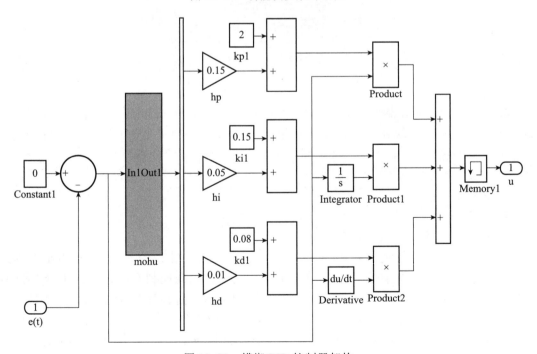

图 13-20 模糊 PID 控制器架构

13.4 双 A 臂半主动悬架联合仿真

（1）MATLAB 软件命令窗口中输入 double_wishbone。

（2）单击 Enter 键，此时命令窗口显示输入输出集信息。

```
>> double_wishbone

ans =

07-Aug-2016 12:24:43

%%% INFO:ADAMS plant actuators names :
1 LUMIAN_SHURU
2 ZHUDONGLI_SHURU
%%% INFO:ADAMS plant sensors    names :
1 CHESHENJIASUDU_SHUCHU
2 CHELUNCEXIANGHUAYILIANG
3 XUANJIADONGXINGCHENG_SHUCHU
4 CHESHENSUDU_SHUCHU
```

（3）命令窗口中输入 adams_sys，单击 Enter 键调出 adams_plant 对话框，如图 13-21 所示。

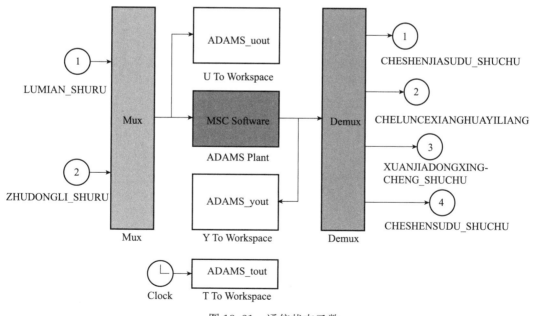

图 13-21 通信状态函数

导通 ADAMS 与 MATLAB 软件之间通信，建立 ADAMS 主动悬架联合仿真模型，如图 13-22 所示。在 B 级路面上车辆分别以 20 km/h、40 km/h、60 km/h、80 km/h 的速度直线行驶，计算主被动悬架的车身加速度、悬架动行程、车轮侧向滑移量。主被动悬架计算结果如图 13-23 至图 13-24 所示，仿真步长为 0.005 s，仿真时间为 10 s。

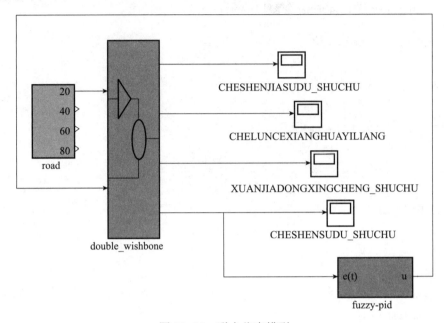

图 13-22　联合仿真模型

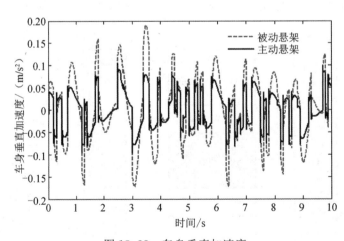

图 13-23　车身垂直加速度

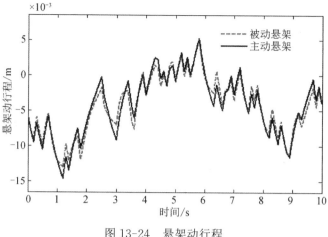

图 13-24 悬架动行程

从计算结果可以看出，主动悬架相对于被动悬架在性能上都有局部提升。在不同车速阶段，车身垂直加速度性能提升明显，增加整车行驶过程中的乘坐舒适性；悬架动行程、车轮侧向滑移量保持不变或者有恶化趋势，因数量级较小，可以忽略不计。各个速度段的悬架性能参数变化见表 13-4。

表 13-4 性能均方根值对比

均方根值	车速	主动悬架	被动悬架	优化比 /%
垂直加速度 /（m/s²）	20 km/h	1.05E-1	1.91E-1	45.0%
悬架动行程 /m		5.20E-3	5.00E-3	-4.0%
侧向滑移量 /m		4.20E-3	4.20E-3	0.0%
垂直加速度 /（m/s²）	40 km/h	1.48E-1	2.70E-1	45.2%
悬架动行程 /m		9.70E-3	9.40E-3	-3.2%
侧向滑移量 /m		6.00E-3	6.00E-3	0.0%
垂直加速度 /（m/s²）	60 km/h	1.81E-1	3.31E-1	45.3%
悬架动行程 /m		1.32E-2	1.27E-2	-3.9%
侧向滑移量 /m		7.30E-3	7.30E-3	0.0%
垂直加速度 /（m/s²）	80 km/h	2.09E-1	3.82E-1	45.3%
悬架动行程 /m		1.61E-2	1.56E-2	-3.2%
侧向滑移量 /m		8.50E-3	8.50E-3	0.0%

图 13-25 和图 13-26 所示为车身加速度、悬架动行程的功率谱曲线。从功率谱曲线可以看出，车身加速度功率谱曲线在整车运行过程中，主动悬架的幅值相对被动悬架都较小。同时可以看出，振幅最大值都出现在频率较小处，低频路面输入信息对整车的震动特性影响较大；悬架动行程功率谱曲线在全速范围内性能提升不明显，被动悬架幅值较大，同时低频路面输入信息对整车的震动特性影响较大。

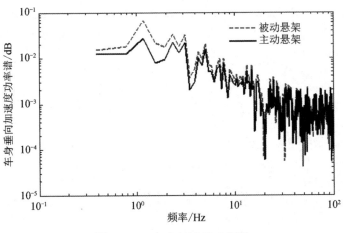

图 13-25 车身加速度功率谱

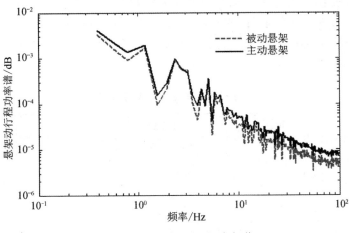

图 13-26 悬架动行程功率谱

总之，本章通过建立双 A 臂主动悬架联合仿真模型，采用模糊 PID 复合控制器对阻尼力进行控制，分析悬架在各个不同车速段的车速加速度、悬架动行程及车轮侧向滑移量特性，可得出如下结论：

（1）车身的垂直加速度在全速范围内均有改善，提升整车乘坐舒适性与操稳性；悬架动行程及车轮侧向滑移量保持不变或者有恶化趋势。

（2）车身的垂直加速度功率谱幅值在全频段相对被动悬架幅值都较小，低频状态时对悬架性能的影响显著。

（3）模糊 PID 控制器整体综合性能优越，鲁棒性强，满足对整车全速范围内实时最优参数控制。

第 14 章 弯道制动联合仿真

相对于直线制动，高速弯道制动属于极限制动工况，对整车的底盘设计及系统之间的匹配要求极高。大学生方程式赛车（FSAE）属于小型方程式赛车，其设计难点是要保证整车具有良好的动态特性。在动态测试过程中，定半径弯、发卡弯、蛇形穿桩、复合赛道，高速避障等测试项目会涉及高速弯道制动过程，如果制动系统设计不符合要求，则会导致整车产生严重的侧向滑移、方向盘转向失效及翻车等，涉及赛车手人身安全。目前，制动系统的研究主要集中于乘用车及商用车，对于小型方程式赛车的制动特性研究甚少，尤其是在弯道制动模式下。在研究过程中，较多文献主要以单个制动车轮模型为基础，匹配不同的制动算法，主要目的在于验证制动控制算法的正确性，与整车制动过程实际情况不符。在整车制动过程中，各车轮的制动力大小不同，单个车轮的制动力特性也会波及整车的安全运行状态并且与发动机系统相关联，管理并控制发动机的输出转矩与各车轮所需的制动力矩相匹配。制动系统联合仿真模型如图 14-1 所示。

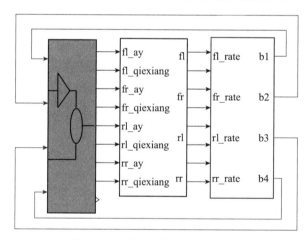

图 14-1 制动系统联合仿真模型

14.1 制动系统设置

基于制动系统最优滑移率（0.2）的参数设置需要在制动系统模板上进行，与在 View 模块和 Car 模块进行联合仿真稍有不同。

（1）启动 ADAMS/Car，选择专家模块进入建模界面。

（2）单击 File > Open 命令，弹出模板打开对话框，如图 14-2 所示。

（3）Template Name：mdids://FSAE/templates.tbl/_brake_ABS.tpl。

图 14-2 制动系统模板打开对话框

（4）单击 OK，打开制动系统模板，如图 14-3 所示。

（5）单击 Build ＞System Elements ＞ State variable ＞ New 命令，弹出创建状态变量对话框，如图 14-4 所示。

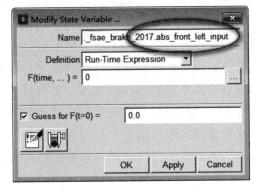

图 14-3　制动系统模板　　　　图 14-4　状态变量对话框

（6）Name：._fsae_brake_2017.abs_front_left_input。其余保持默认。

（7）单击 OK，完成状态变量 ._fsae_brake_2017.abs_front_left_input 的创建。

（8）重复上述步骤，依次建立状态变量 ._fsae_brake_2017.abs_front_right_input、._fsae_brake_2017.abs_rear_left_input、._fsae_brake_2017.abs_rear_right_input。建立好的 4 个状态变量分别为左前轮、右前轮、左后轮、右后轮的制动力矩变化系数。力矩变化系数由 4 个车轮输出的滑移率根据相应的算法计算得到，最终目的是通过制动力矩变化系数的调节使整车的滑移率控制在理想范围内。直线制动可以较好地控制在 0.2 范围，弯道制动控制效果较差。

（9）单击 Build ＞Actuator ＞ Point Torque ＞ Modify 命令，弹出修改制动力矩对话框如图 14-5 所示。

（10）Left Function/Right Function：分别输入左前轮、右前轮、左后轮、右后轮的制动力矩函数，制动力矩函数如下，其余保持默认。

注：制动力矩函数编写需注意以下情况：制动力矩函数中有下划线部分为上述建立的制动力矩变量系数，在联合仿真中，需要把此状态变量添加到制动系统力矩的公式中。添加此状态变量后，整车模型在仿真中会出现错误，原因在于模型中不能提供制动力矩，F（time=0）。

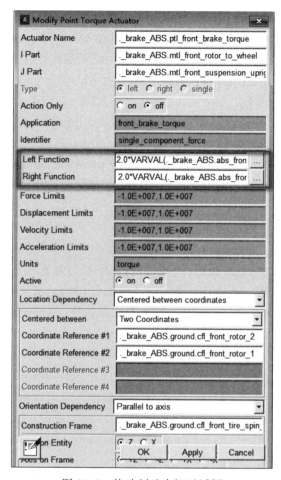

图 14-5 修改制动力矩对话框

① 左前轮制动力矩函数：

2.0*VARVAL（._brake_ABS.abs_front_left_input）*._brake_ABS.pvs_front_piston_area*._brake_ABS.pvs_front_brake_bias*VARVAL（._brake_ABS.cis_brake_demand_adams_id）*._brake_ABS.force_to_pressure_cnvt*._brake_ABS.pvs_front_brake_mu*._brake_ABS.pvs_front_effective_piston_radius*STEP（VARVAL（._brake_ABS.left_front_wheel_omega），-10D，1，10D，-1）。

② 右前轮制动力矩函数：

2.0*VARVAL（._brake_ABS.abs_front_right_input）*._brake_ABS.pvs_front_piston_area*._brake_ABS.pvs_front_brake_bias*VARVAL（._brake_ABS.cis_brake_demand_adams_id）*._brake_ABS.force_to_pressure_cnvt*._brake_ABS.pvs_front_brake_mu*._brake_ABS.pvs_front_effective_piston_radius*STEP（VARVAL（._brake_ABS.right_front_wheel_omega），-10D，1，10D，-1）。

③ 左后轮制动力矩函数：

2.0*VARVAL（._brake_ABS.abs_rear_left_input）*._brake_ABS.pvs_rear_piston_ area*(1.0-._brake_ABS.pvs_front_brake_bias)*VARVAL(._brake_ABS.cis_brake_demand_adams_id)*._brake_ABS.force_to_pressure_cnvt*._brake_ABS.pvs_rear_brake_mu*._brake_ABS.pvs_rear_effective_piston_radius*STEP(VARVAL(._brake_ABS.left_rear_wheel_omega), -10D, 1, 10D, -1)。

④ 右后轮制动力矩函数：

2.0*VARVAL(._brake_ABS.abs_rear_right_input)*._brake_ABS.pvs_rear_piston_area*(1.0-._brake_ABS.pvs_front_brake_bias)*VARVAL(._brake_ABS.cis_brake_demand_adams_id)*._brake_ABS.force_to_pressure_cnvt*._brake_ABS.pvs_rear_brake_mu*._brake_ABS.pvs_rear_effective_piston_radius*STEP(VARVAL(._brake_ABS.right_rear_wheel_omega), -10D, 1, 10D, -1)。

以左前轮制动力矩函数为例，函数中：

① ._brake_ABS.pvs_front_piston_area 为制动缸活塞有效面积。

② ._brake_ABS.pvs_front_brake_bias 为前轴系制动力分配系数。

③ VARVAL(._brake_ABS.cis_brake_demand_adams_id) 为制动踏板力。

④ ._brake_ABS.force_to_pressure_cnvt 为换算系数，将制动踏板力直接转化为制动总管液体介质压强，默认 0.1。

⑤ ._brake_ABS.pvs_front_brake_mu 为制动器摩擦系数。

⑥ ._brake_ABS.pvs_front_effective_piston_radius 为制动油缸在制动盘上的作用半径。

⑦ STEP(VARVAL(._brake_ABS.left_front_wheel_omega), -10D, 1, 10D, -1) 为阶跃函数，确保制动力矩与车轮旋转方向相反。

14.2　函数编写

14.2.1　车轮切向速度

（1）左前轮切向速度 ._brake_ABS.front_left_qiexiang：

SQRT{VX(._brake_ABS.mtl_front_rotor_to_wheel.brake_torque_2)**2+Vy(._brake_ABS.mtl_front_rotor_to_wheel.brake_torque_2)**2}。

（2）右前轮切向速度 ._brake_ABS.front_right_qiexiang：

SQRT{VX(._brake_ABS.mtr_front_rotor_to_wheel.brake_torque_2)**2+Vy(._brake_ABS.mtr_front_rotor_to_wheel.brake_torque_2)**2}。

（3）左后轮切向速度 ._brake_ABS.rear_left_qiexiang：

SQRT{VX(._brake_ABS.mtl_rear_rotor_to_wheel.brake_torque_2)**2+Vy(._brake_ABS.mtl_rear_rotor_to_wheel.brake_torque_2)**2}。

（4）右后轮切向速度 ._brake_ABS.rear_right_qiexiang：

SQRT{VX(._brake_ABS.mtr_rear_rotor_to_wheel.brake_torque_2)**2+Vy(._brake_ABS.mtr_rear_rotor_to_wheel.brake_torque_2)**2}。

14.2.2 车轮旋转速度

(1) 左前轮旋转速度._brake_ABS.front_left_av_y：
WY(._brake_ABS.mtl_front_rotor_to_wheel.brake_torque_2)*243.65。

(2) 右前轮旋转速度._brake_ABS.front_right_av_y：
WY(._brake_ABS.mtr_front_rotor_to_wheel.brake_torque_2)*243.65。

(3) 左后轮旋转速度._brake_ABS.rear_left_av_y：
WY(._brake_ABS.mtl_rear_rotor_to_wheel.brake_torque_2)*243.65。

(4) 右后轮旋转速度._brake_ABS.rear_right_av_y：
WY(._brake_ABS.mtr_rear_rotor_to_wheel.brake_torque_2)*243.65。

14.2.3 状态变量

(1) 单击 Build＞System Elements＞State variable＞New 命令，弹出创建状态变量对话框，如图 14-6 所示。

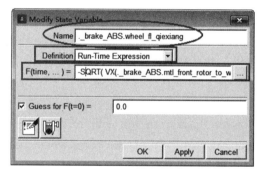

图 14-6 状态变量创建对话框

(2) Name：._brake_ABS.wheel_fl_qiexiang。

(3) Definition：Run-Time Expression。

(4) F(time, ...)=：-SQRT{VX(._brake_ABS.mtl_front_rotor_to_wheel.brake_torque_2)**2+Vy(._brake_ABS.mtl_front_rotor_to_wheel.brake_torque_2)**2}。

(5) 单击 OK，完成状态变量._brake_ABS.wheel_fl_qiexiang 的创建。

(6) 重复上述步骤，依次完成右前轮切向速度._brake_ABS.front_right_qiexiang、左后轮切向速度._brake_ABS.rear_left_qiexiang、右后轮切向速度._brake_ABS.rear_right_qiexiang、左前轮旋转速度._brake_ABS.front_left_av_y、右前轮旋转速度._brake_ABS.front_right_av_y、左后轮旋转速度._brake_ABS.rear_left_av_y、右后轮旋转速度._brake_ABS.rear_right_av_y 状态变量的建立。创建好的状态变量主要用于机械模型系统的输出，后续用于滑移率的计算。滑移率的计算也可以直接编写函数。

(7) 单击 Build＞Data Elements＞Plant Input＞New 命令，弹出输入集对话框，如图 14-7 所示。

(8) Variable Name：._brake_ABS.abs_front_left_input，._brake_ABS.abs_front_

right_input，._brake_ABS.abs_rear_left_input，._brake_ABS.abs_rear_right_input。

（9）单击 OK，完成输入集._brake_ABS.PINPUT_1 的创建。

（10）单击 Build＞Data Elements＞Plant Output＞New 命令，弹出输出集对话框，如图 14-8 所示。

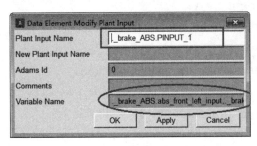
图 14-7　输入集对话框

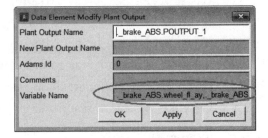
图 14-8　输出集对话框

（11）Variable Name（变量名称，输入之前建立好的状态变量）：._brake_ABS.wheel_fl_ay，._brake_ABS.wheel_fl_qiexiang，._brake_ABS.wheel_fr_ay，._brake_ABS.wheel_fr_qiexiang，._brake_ABS.wheel_rl_ay，._brake_ABS.wheel_rl_qiexiang，._brake_ABS.wheel_rr_ay，._brake_ABS.wheel_rr_qiexiang。

（12）单击 OK，完成输出集._brake_ABS.POUTPUT_1 的创建。

14.2.4　车轮滑移率

（1）左前轮滑移率._brake_ABS.front_left_slip_rate：

（-SQRT{VX（._brake_ABS.mtl_front_rotor_to_wheel.brake_torque_2）**2+Vy（._brake_ABS.mtl_front_rotor_to_wheel.brake_torque_2）**2}-WY（._brake_ABS.mtl_front_rotor_to_wheel.brake_torque_2）*243.65）/-SQRT{VX（._brake_ABS.mtl_front_rotor_to_wheel.brake_torque_2）**2+Vy（._brake_ABS.mtl_front_rotor_to_wheel.brake_torque_2）**2}。

（2）右前轮滑移率._brake_ABS.front_right_slip_rate：

（-SQRT{VX（._brake_ABS.mtr_front_rotor_to_wheel.brake_torque_2）**2+Vy（._brake_ABS.mtr_front_rotor_to_wheel.brake_torque_2）**2}-WY（._brake_ABS.mtr_front_rotor_to_wheel.brake_torque_2）*243.65）/-SQRT{VX（._brake_ABS.mtr_front_rotor_to_wheel.brake_torque_2）**2+Vy（._brake_ABS.mtr_front_rotor_to_wheel.brake_torque_2）**2}。

（3）左后轮滑移率._brake_ABS.rear_left_slip_rate：

（-SQRT{VX（._brake_ABS.mtl_rear_rotor_to_wheel.brake_torque_2）**2+Vy（._brake_ABS.mtl_rear_rotor_to_wheel.brake_torque_2）**2}-WY（._brake_ABS.mtl_rear_rotor_to_wheel.brake_torque_2）*243.65）/-SQRT{VX（._brake_ABS.mtl_rear_rotor_to_wheel.brake_torque_2）**2+Vy（._brake_ABS.mtl_rear_rotor_to_wheel.brake_torque_2）**2}。

(4) 右后轮滑移率._brake_ABS.rear_right_slip_rate:
(-SQRT{VX(._brake_ABS.mtr_rear_rotor_to_wheel.brake_torque_2)**2+Vy(._brake_ABS.mtr_rear_rotor_to_wheel.brake_torque_2)**2}-WY(._brake_ABS.mtr_rear_rotor_to_wheel.brake_torque_2)*243.65)/-SQRT{VX(._brake_ABS.mtr_rear_rotor_to_wheel.brake_torque_2)**2+Vy(._brake_ABS.mtr_rear_rotor_to_wheel.brake_torque_2)**2}。

14.3 整车模型装配

制动模板设置与保存好之后转换到标准界面建立制动系统子系统，子系统名称为brake_ABS.sub。此前整车已经转配好，此处只需要替换FSAE赛车原有的制动子系统即可，也可以重新装配。装配好的整车模型如图14-9所示。整车模型包含前后推杆式悬挂、前后轮胎、中舵转向系统、发动机系统；经计算整车共包含58个自由度。对于整车精确建模，悬架与车身连接处的橡胶衬套、悬置系统刚度等应尽可能详细，衬套刚度对整车性能影响不可忽略。对于实验条件有限制的情况，可以采用主流有限元软件如ABAQUS分析橡胶衬套的刚度等。

图14-9　整车模型

注：在进行整车制动系统仿真时，尽量建立包含发动机的整车模型，原因在于制动过程中路面条件各不相同，发动机输出的转矩通过传动系统及变速箱传递到车轮上，4个车轮的输出力矩存在差异。

单击 File＞Info＞Subsystem 命令，在 Subsystem Name 下拉菜单选中 brake_ABS 子系统，如图14-10所示。单击OK，显示制动系统的相关信息如下：

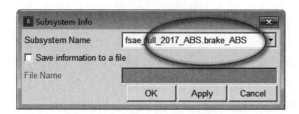

图 14-10 子系统信息对话框

```
Info for subsystem: brake_ABS
File Name      :<FSAE>/subsystems.tbl/brake_ABS.sub
Template       :mdids://FSAE/templates.tbl/_brake_ABS.tpl
Comments       :
Template       :4 Wheel Disk Brake System
Subsystem      :*no subsystem comments found*
Major Role     :brake_system
Minor Role     :any
```

制动系统的参数等如 PARAMETERS 见下列行（可以通过模板设置不同参数，与真实的车辆相符合，同时在编写制动力矩函数时，根据模型的精确程度可以适当增加或者减少某些项，越精确的制动系统，所涉及的因素越多）：

```
PARAMETERS:
parameter name                    symmetry    type       value
---------------                   --------    ----       -----
kinematic_flag                    single      integer    0
front_brake_bias                  single      real       0.6
front_brake_mu                    single      real       0.4
front_effective_piston_radius     single      real       135.0
front_piston_area                 single      real       2500.0
front_rotor_hub_wheel_offset      single      real       25.0
front_rotor_hub_width             single      real       40.0
front_rotor_width                 single      real       -25.0
max_brake_value                   single      real       100.0
rear_brake_mu                     single      real       0.4
rear_effective_piston_radius      single      real       120.0
rear_piston_area                  single      real       2500.0
rear_rotor_hub_wheel_offset       single      real       25.0
rear_rotor_hub_width              single      real       40.0
rear_rotor_width                  single      real       -25.0
```

14.4 ADAMS/Controls 设置

运用多体动力学分析软件 ADAMS 建立各个子系统及组装后的整车模型，然后在 ADAMS/Controls 模块中添加控制系统，仿真分析在各种道路条件激励下，所得到的汽车操纵稳定性的响应。ADAMS/Controls 模块可以将机械系统仿真分析工具同控制涉及仿真软件有机地链接起来。

（1）按 F9 快捷方式，转换到标准模块。如果在标准模块界面，则此步可忽略。

（2）在 D 盘中建立文件夹 brake_cosimulation，设置 ADAMS 的工作路径为 D:\brake_cosimulation。

（3）单击 Control> Plant Export 命令，弹出控制接口输出对话框，如图 14-11 所示。

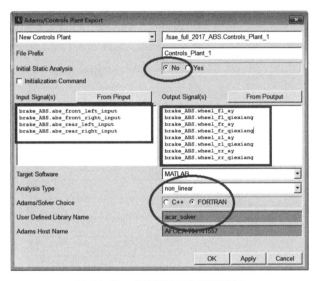

图 14-11　控制接口输出对话框

（4）Initial Static Analysis：No。

（5）单击 From Pinput，在弹出的数据命令窗口中选择子系统，双击 _brake_ABS 下的 PINPUT1。

（6）单击 From Poutput，在弹出的数据命令窗口中选择子系统，双击 _brake_ABS 下的 POUTPUT1。

（7）Target Software：MATLAB。

（8）Analysis Type：non_linear，整车模型存在轮胎模型等非线性因素。

（9）Adams/Solver Choice：C++。选择 FORTRAN 语言也可以。如果是非线性计算，则推荐选择 C++。所见案例较多选择 FORTRAN 语言。

（10）其余保持默认，单击 OK，完成 ADAMS/Controls 模块下的输入输出集的创建。

注：ADAMS/Controls 模块下的输入输出集也可以继续添加其他系统的状态变量，如可以增加方程式赛车车身横摆角加速度输出 .fsae_full_2017_ABS.FSAE_Body_2017.

state_wdtz，其他变量根据模型需要可进行相应修改，后续控制系统可以根据横摆角加速度判断整车的稳定性情况。

14.5 ADAMS 与 MATLAB 软件协同

同时启动 ADAMS 与 MATLAB 软件，路径统一设置为 D:\brake_cosimulation。

（1）单击 Simulate > Full-Vehicle > Cornering Event > Braking-In-Turn 命令，弹出弯道制动仿真对话框，如图 14-12 所示。

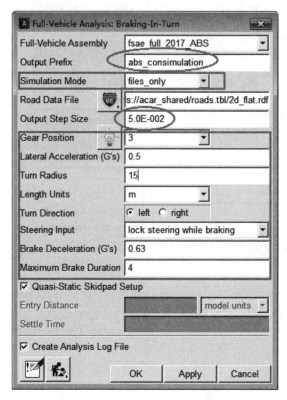

图 14-12　弯道制动仿真对话框

（2）Output Prefix：abs_consimulation。

（3）Simulation Mode：files_only。

（4）Road Date File：mdids://acar_shared/roads.tbl/2d_flat.rdf。路面为共享数据库中的路面，此处可以选择其他路面模型或者编写的路面模型，包括对开路面、对接路面等。

（5）Output Step Size：5.0E-002。

（6）Gear Position：3。

（7）Lateral Acceleration(G's)：0.5。

（8）Turn Radius：15。

（9）Length Units：m。

（10）Steering Input：lock steering while braking。

（11）Brake Deceleration(G's)：0.63。
（12）Maximum Brake Duration：4。
（13）单击 OK，完成弯道制动设置并提交软件进行计算。

ADAMS 软件计算完成后，在目标 D:\brake_cosimulation 文件夹中存在 Controls_Plant_1.m、abs_bit.m、abs_bit.acf 这 3 个文件；在 View 模块中与在 Car 模块中进行联合仿真稍有不同，采用 Car 模块进行联合仿真时，需要对文件中的参数稍做修改，仿真时采用 2 种方案均可，推荐采用以下方案一。

14.5.1 方案一

用记事本打开文件 Controls_Plant_1.m：

（1）修改 ADAMS_prefix = 'abs_bit'。

（2）修改 ADAMS_init = 'file/command=Controls_Plant_1_controls.acf' 为 ADAMS_init = 'file/command=file/command=abs_bit_controls.acf'。

具体操作过程如下，程序修改部分用斜体区别：

```
% Adams / MATLAB Interface - Release 2014.0.0
system('taskkill /IM scontrols.exe /F >NUL'); clc;
global ADAMS_sysdir; % used by setup_rtw_for_adams.m
global ADAMS_host; % used by start_adams_daemon.m
machine=computer;
datestr(now)
if strcmp(machine, 'SOL2')
    arch = 'solaris32';
elseif strcmp(machine, 'SOL64')
    arch = 'solaris32';
elseif strcmp(machine, 'GLNX86')
    arch = 'linux32';
elseif strcmp(machine, 'GLNXA64')
    arch = 'linux64';
elseif strcmp(machine, 'PCWIN')
    arch = 'win32';
elseif strcmp(machine, 'PCWIN64')
    arch = 'win64';
else
    disp('%%% Error:Platform unknown or unsupported by Adams/Controls.') ;
    arch = 'unknown_or_unsupported';
    return
```

```
    end
    if strcmp(arch, 'win64')
        [flag, topdir]=system('adams2014_x64 -top');
    else
        [flag, topdir]=system('adams2014 -top');
    end
    if flag == 0
      temp_str=strcat(topdir, '/controls/', arch);
      addpath(temp_str)
      temp_str=strcat(topdir, '/controls/', 'matlab');
      addpath(temp_str)
      temp_str=strcat(topdir, '/controls/', 'utils');
      addpath(temp_str)
      ADAMS_sysdir = strcat(topdir, '');
    else
      addpath( 'D:\MSC~1.SOF\ADAMS_~1\2014\controls/win64' ) ;
      addpath( 'D:\MSC~1.SOF\ADAMS_~1\2014\controls/win32' ) ;
      addpath( 'D:\MSC~1.SOF\ADAMS_~1\2014\controls/matlab' ) ;
      addpath( 'D:\MSC~1.SOF\ADAMS_~1\2014\controls/utils' ) ;
      ADAMS_sysdir = 'D:\MSC~1.SOF\ADAMS_~1\2014\' ;
    end
    ADAMS_exec = 'acar_solver' ;
    ADAMS_host = 'AFOEA-704141557' ;
    ADAMS_cwd ='D:\brake_cosimulation'  ;
    ADAMS_prefix = 'abs_bit';
    ADAMS_static = 'no' ;
    ADAMS_solver_type = 'C++' ;
    if exist([ADAMS_prefix, '.adm']) == 0
       disp( ' ' ) ;
        disp( '%%% Warning:missing ADAMS plant model file(.adm) for Co-simulation or Function Evaluation.' ) ;
        disp( '%%% If necessary, please re-export model files or copy the exported plant model files into the' ) ;
        disp( '%%% working directory.  You may disregard this warning if the Co-simulation/Function Evaluation' ) ;
        disp( '%%% is TCP/IP-based (running Adams on another machine), or if setting up MATLAB/Real-Time Workshop' ) ;
        disp( '%%% for generation of an External System Library.'
```

```
    );
        disp( ' ' );
    end
    ADAMS_init = 'file/command=abs_bit_controls.acf';
    ADAMS_inputs  = 'brake_ABS.abs_front_left_input!brake_ABS.abs_front_right_input!brake_ABS.abs_rear_left_input!brake_ABS.abs_rear_right_input' ;
    ADAMS_outputs
    
    = 'brake_ABS.wheel_fl_ay!brake_ABS.wheel_fl_qiexiang!brake_ABS.wheel_fr_ay!brake_ABS.wheel_fr_qiexiang!brake_ABS.wheel_rl_ay!brake_ABS.wheel_rl_qiexiang!brake_ABS.wheel_rr_ay!brake_ABS.wheel_rr_qiexiang!FSAE_Body_2017.state_av_x!FSAE_Body_2017.state_av_y!FSAE_Body_2017.state_qiexiang!FSAE_Body_2017.state_wdtz' ;
    ADAMS_pinput = 'Controls_Plant_1.ctrl_pinput' ;
    ADAMS_poutput = 'Controls_Plant_1.ctrl_poutput' ;
    ADAMS_uy_ids  = [
                        290
                        291
                        292
                        293
                        306
                        310
                        307
                        311
                        308
                        312
                        309
                        313
                        255
                        256
                        261
                        260
                    ] ;
    ADAMS_mode    = 'non-linear' ;
    tmp_in   = decode( ADAMS_inputs  ) ;
    tmp_out  = decode( ADAMS_outputs ) ;
```

```
    disp( ' ' ) ;
    disp( '%%% INFO:ADAMS plant actuators names :' ) ;
    disp( [int2str([1:size(tmp_in,1)]'),blanks(size(tmp_in,1))',
tmp_in] ) ;
    disp( '%%% INFO:ADAMS plant sensors   names :' ) ;
    disp( [int2str([1:size(tmp_out, 1)]'), blanks(size(tmp_out,
1))', tmp_out] ) ;
    disp( ' ' ) ;
    clear tmp_in tmp_out ;
    % Adams / MATLAB Interface - Release 2014.0.0
```

14.5.2 方案二

用记事本打开文件 abs_bit.m，如下参数与 Controls_Plant_1.m 文件对应的参数相同，可以把 Controls_Plant_1.m 中对应的参数复制粘贴过来保存即可。

（1）修改 ADAMS_outputs = '\\\\'。
（2）修改 ADAMS_poutput = '\\\\'。
（3）修改 ADAMS_uy_ids = [\\\\\\]。

具体操作过程如下（程序修改部分用黑斜体区别，黑斜体与 Controls_Plant_1.m 文件对应的参数相同）：

```
    % Adams / MATLAB Interface - Release 2014.0.0
    system('taskkill /IM scontrols.exe /F >NUL'); clc;
    global ADAMS_sysdir; % used by setup_rtw_for_adams.m
    global ADAMS_host; % used by start_adams_daemon.m
    machine=computer;
    datestr(now)
    if strcmp(machine, 'SOL2')
        arch = 'solaris32';
    elseif strcmp(machine, 'SOL64')
        arch = 'solaris32';
    elseif strcmp(machine, 'GLNX86')
        arch = 'linux32';
    elseif strcmp(machine, 'GLNXA64')
        arch = 'linux64';
    elseif strcmp(machine, 'PCWIN')
        arch = 'win32';
    elseif strcmp(machine, 'PCWIN64')
        arch = 'win64';
```

```
    else
        disp( '%%% Error:Platform unknown or unsupported by Adams/Controls.' );
        arch = 'unknown_or_unsupported';
        return
    end
    if strcmp(arch, 'win64')
        [flag, topdir]=system('adams2014_x64 -top');
    else
        [flag, topdir]=system('adams2014 -top');
    end
    if flag == 0
      temp_str=strcat(topdir, '/controls/', arch);
      addpath(temp_str)
      temp_str=strcat(topdir, '/controls/', 'matlab');
      addpath(temp_str)
      temp_str=strcat(topdir, '/controls/', 'utils');
      addpath(temp_str)
      ADAMS_sysdir = strcat(topdir, '');
    else
      addpath( 'D:\MSC~1.SOF\ADAMS_~1\2014\controls/win64') ;
      addpath( 'D:\MSC~1.SOF\ADAMS_~1\2014\controls/win32') ;
      addpath( 'D:\MSC~1.SOF\ADAMS_~1\2014\controls/matlab') ;
      addpath( 'D:\MSC~1.SOF\ADAMS_~1\2014\controls/utils') ;
      ADAMS_sysdir = 'D:\MSC~1.SOF\ADAMS_~1\2014\';
    end
    ADAMS_exec = 'acar_solver';
    ADAMS_host = '';
    ADAMS_cwd = 'D:\brake_cosimulation';
    ADAMS_prefix = 'abs_bit';
    ADAMS_static = 'no';
    ADAMS_solver_type = 'C++';
    if exist([ADAMS_prefix, '.adm']) == 0
       disp( ' ' ) ;
        disp( '%%% Warning:missing ADAMS plant model file(.adm) for Co-simulation or Function Evaluation.') ;
        disp('%%% If necessary, please re-export model files or copy the exported plant model files into the') ;
```

```
        disp( '%%% working directory.  You may disregard this
warning if the Co-simulation/Function Evaluation') ;
        disp( '%%% is TCP/IP-based (running Adams on another
machine), or if setting up MATLAB/Real-Time Workshop') ;
        disp( '%%% for generation of an External System Library.'
) ;
        disp( ' ' ) ;
   end
   ADAMS_init = 'file/command=abs_bit_controls.acf';
   ADAMS_inputs   = 'brake_ABS.abs_front_left_input!brake_ABS.
abs_front_right_input!brake_ABS.abs_rear_left_input!brake_ABS.
abs_rear_right_input';
   ADAMS_outputs
     = 'brake_ABS.wheel_fl_ay!brake_ABS.wheel_fl_qiexiang!brake_
ABS.wheel_fr_ay!brake_ABS.wheel_fr_qiexiang!brake_ABS.wheel_
rl_ay!brake_ABS.wheel_rl_qiexiang!brake_ABS.wheel_rr_ay!brake_
ABS.wheel_rr_qiexiang!FSAE_Body_2017.state_av_x!FSAE_Body_2017.
state_av_y!FSAE_Body_2017.state_qiexiang!FSAE_Body_2017.state_
wdtz';
   ADAMS_pinput = 'Controls_Plant_1.ctrl_pinput';
   ADAMS_poutput = 'Controls_Plant_1.ctrl_poutput';
   ADAMS_uy_ids   = [
                      290
                      291
                      292
                      293
                      306
                      310
                      307
                      311
                      308
                      312
                      309
                      313
                      255
                      256
                      261
                      260
```

```
                        ];
    ADAMS_mode  = 'non-linear' ;
    tmp_in  = decode( ADAMS_inputs  ) ;
    tmp_out = decode( ADAMS_outputs ) ;
    disp( ' ' ) ;
    disp( '%%% INFO:ADAMS plant actuators names :' ) ;
    disp( [int2str([1:size(tmp_in,1)]'),blanks(size(tmp_in,1))',
tmp_in] ) ;
    disp( '%%% INFO:ADAMS plant sensors   names :' ) ;
    disp( [int2str([1:size(tmp_out, 1)]'),blanks(size(tmp_out,
1))', tmp_out] ) ;
    disp( ' ' ) ;
    clear tmp_in tmp_out ;
    % Adams / MATLAB Interface - Release 2014.0.0
```

（4）MATLAB 软件命令窗口中输入 Controls_Plant_1。

（5）单击 Enter 键，此时命令窗口显示如下信息（信息包含输入输出集信息、命令窗口显示信息）：

```
Controls_Plant_1

13-Jun-2018 11:22:17
%%% INFO:ADAMS plant actuators names :
1 brake_ABS.abs_front_left_input
2 brake_ABS.abs_front_right_input
3 brake_ABS.abs_rear_left_input
4 brake_ABS.abs_rear_right_input
%%% INFO:ADAMS plant sensors   names :
 1 brake_ABS.wheel_fl_ay
 2 brake_ABS.wheel_fl_qiexiang
 3 brake_ABS.wheel_fr_ay
 4 brake_ABS.wheel_fr_qiexiang
 5 brake_ABS.wheel_rl_ay
 6 brake_ABS.wheel_rl_qiexiang
 7 brake_ABS.wheel_rr_ay
 8 brake_ABS.wheel_rr_qiexiang
 9 FSAE_Body_2017.state_wdtz
```

（6）运行 adams_sys，调出 adams_plant 对话框，如图 14-13 所示。

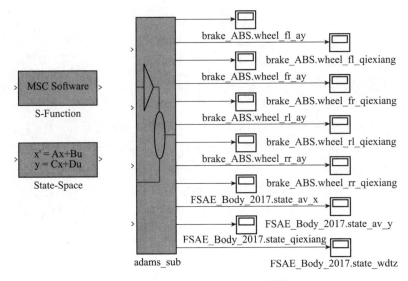

图 14-13 adams_plant 对话框

14.6 双模糊理论

实际制动过程是直线制动与弯道制动的混合模式,不存在严格意义上单一的直线制动或者弯道制动。弯道制动又可以分为低速弯道制动与高速弯道制动。如果继续细分,弯道制动可以划分为不同车速弯道制动状态,不同车速在弯道制动中所占的权重不同,基于此提出制动系统连续模糊控制定义公式:

$$B = k_{11} \cdot b_{11} + k_{12} \cdot b_{12} + \cdots + k_{1n} \cdot b_{1n} \tag{14-1}$$

针对方程式赛车的特殊性,只考虑直线制动、低速弯道制动与高速弯道制动 3 种模式,左前轮、右前轮、左后轮、右后轮 4 个不同车轮制动力矩定义为公式(14-2)至(14-5);3 种模式中直线制动为常态制动模式,因此公式(14-2)至(14-5)定义为制动系统双模糊控制算法。

$$B_1 = k_{11} \cdot b_{11} + k_{12} \cdot b_{12} + k_{13} \cdot b_{13} \tag{14-2}$$

$$B_2 = k_{21} \cdot b_{21} + k_{22} \cdot b_{22} + k_{23} \cdot b_{23} \tag{14-3}$$

$$B_3 = k_{31} \cdot b_{31} + k_{32} \cdot b_{32} + k_{33} \cdot b_{33} \tag{14-4}$$

$$B_4 = k_{41} \cdot b_{41} + k_{42} \cdot b_{42} + k_{43} \cdot b_{43} \tag{14-5}$$

整理公式(14-2)至(14-5),改写成矩阵形式:

$$\begin{bmatrix} B_1 \\ B_2 \\ B_3 \\ B_4 \end{bmatrix} = \begin{bmatrix} k_{11} & k_{12} & k_{13} \\ k_{21} & k_{22} & k_{23} \\ k_{31} & k_{32} & k_{33} \\ k_{41} & k_{42} & k_{43} \end{bmatrix} \begin{bmatrix} b_{11} & b_{21} & b_{31} & b_{41} \\ b_{12} & b_{22} & b_{32} & b_{42} \\ b_{13} & b_{23} & b_{33} & b_{43} \end{bmatrix} \tag{14-6}$$

式中,B_i($i=1,2,3,4$)为车轮总制动力矩,按顺序分别对应左前轮、右前轮、左后轮、右后轮;k_{i1}、k_{i2}、k_{i3}($i=1、2、3、4$)为方程式赛车在直线制动模式、低速弯道制动模式、高速弯道制动模式权系数,权系数大,制动力矩输出以对应的制动模式为主,其他制动模式为辅;b_{i1}、b_{i2}、b_{i3}($i=1,2,3,4$)为制动过程中直线制动、低速弯道制动、高速弯道制动输出的制动力矩。

方程式赛车以车身横摆角加速度对制动力权系数进行调节,即以横摆角加速度对直线制动模式、低速弯道制动模式、高速弯道制动模式进行识别,合理分配权系数。制动力权系数模糊控制规则见表 14-1,直线制动模式下模糊控制规则见表 14-2,弯道制动模式下模糊控制规则见表 14-3。

打开 simulink,根据双模糊控制理论及模糊控制规则搭建系统,如图 14-14 所示。

表 14-1 制动力权系数模糊控制规则

$\ddot{\varphi}_c$	-3	-2	-1	0	1	2	3
k_{i1}	0.1	0.2	0.5	0.8	0.5	0.2	0.1
k_{i2}	0.2	0.3	0.3	0.1	0.3	0.3	0.2
k_{i3}	0.7	0.5	0.2	0.1	0.2	0.5	0.7

表 14-2 直线制动模糊控制规则

e_2	ec_2		
	-3	0	3
-3	3	2	2
-2	2	2	1
0	1	-1	-1
1	-1	-1	-2
2	-2	-2	-3
3	-2	-3	-3

表 14-3 弯道制动模糊控制规则

e_2	ec_3						
	-3	-2	-1	0	1	2	3
-3	3	3	2	2	1	1	-1
-2	3	3	2	1	-1	-1	-2
0	3	2	1	-1	-1	-1	-2
1	3	2	1	-1	-1	-2	-3
2	2	1	1	-2	-2	-3	-3
3	1	1	-1	-3	-3	-3	-3

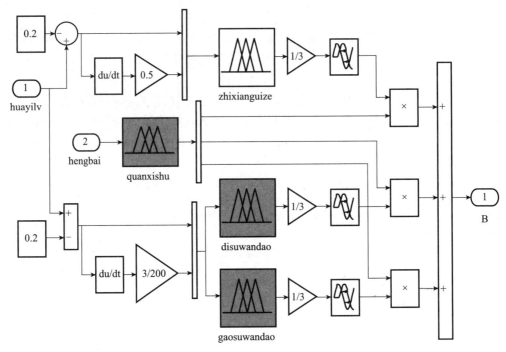

图 14-14 双模糊控制系统

14.7 悬架辅助系统

弯道制动导致的纵侧向滑移偏大及整车失稳因素较多，且不同因素之间又互为矛盾体，设计过程中较多采用折中方案。整车行驶过程中产生滑移问题主要有以下 4 点原因：① 轮胎的非线性因素；② 发动机输出扭矩；③ 重心偏移及轴系侧倾刚度；④ 基于最优滑移率控制。针对轮胎非线性因素，可塑性不大，通过增加轮胎断面宽度可以有效改变弯道稳定性，但整车燃油经济性降低及动力输出造成浪费，跑车大多数采用此方案；发动机扭矩输出匹配是大多文献忽略的因素，整车包含准确的发动机模型是制动仿真精确的关键因素，过大的功率输出使整车加速能力强，但轮胎磨损严重，过弯时侧向滑移更加严重；重心偏移及轴系侧倾刚度不同会导致内外侧轮胎的附着力不同，滑移严重，主动可控悬架可以有效改变此现象，但系统复杂，成本较高；基于最优滑移率控制是大多数文献的研究方向，可塑性强，控制架构及策略有多种形式可以探讨。

针对方程式赛车的特殊性，只在赛道上做定半径弯、发卡弯、蛇形穿桩等特定行驶工况，结合第三点因素，提出在赛车前轴系增加辅助弹簧与避震器，改善高速过弯时产生的重心偏移及侧倾刚度过低的现象。前轴推杆式悬架设计方案如图 14-15 所示，在下控制臂与钢架车身之间增加辅助避震器与弹簧。重新组装整车模型，其余保持不变，模型另存为 fsae_full_2017_fuzhu.asy，系统输入输出集接口、软件协同等同上，步骤也相同。

图 14-15 前轴推杆式悬架设计方案

14.8 制动联合仿真模型

根据双模糊理论及制动系统模糊控制规则搭建双模糊控制器架构,如图 14-16 所示。基于此建立整车联合仿真模型,计算整车在辅助悬架、双模糊控制器下 FSAE 整车在弯道的运行状态,计算结果如图 14-17 至图 14-19 所示。

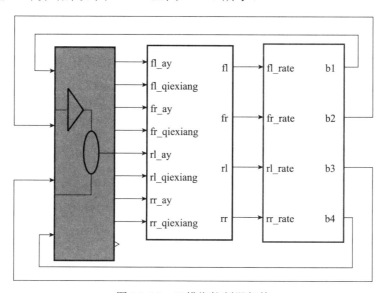

图 14-16 双模糊控制器架构

左前轮滑移率在改进前产生抱死现象,满足方程式赛车设计要求,在制动时有瞬间抖动现象;通过增加辅助避震器与弹簧后,前轴车轮的滑移率在 1.10~1.15 s 有伴随瞬间抖动现象,从 1.20~2.25 s 期间显著降低,2.3 s 开始产生抱死,依然符合赛车制动系统设计要求,滑移改善明显;采用双模糊控制后,在制动系统整个过程中,滑移率变化非常平稳,但增加趋势比采用辅助避震器方案大。

左后轮滑移率在制动过程中均产生抱死现象,其中改进后滑移率从 1.35~2.25 s 降低明显;采用双模糊控制后滑移率变化平稳,但有增加趋势;通过对比前后轴滑移率,前轴滑移率整体偏大,原因在于前轴制动力分配系数大;采用双模糊控制后,前后轴均未抱死。采用辅助避震器与弹簧后，车身横摆角加速度最大值从 3.024 rad/s² 降低至 1.741 rad/s²。性能提升 42.4%；采用双模糊控制后，车身横摆角加速度最大值仅为 0.509 rad/s²，性能提升 83.2%，整车稳定性提升极为显著。

（1）单击 File > Info > Assembly 命令，在 Assembly Name 菜单栏下拉菜单选中 fsae_full_2017_fuzhu，装配模型如图 14-20 所示。

（2）单击 OK，显示整车信息。子系统信息及整车模型信息是了解整车包含子系统、参数、路面、衬套、硬点等最直接的方式，在学习过程中，包含通讯器在内，经常需要查询查误。

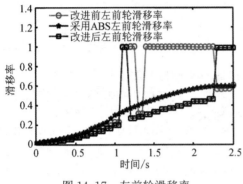

图 14-17　左前轮滑移率

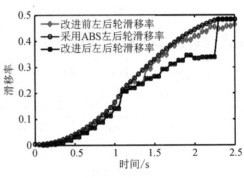

图 14-18　左后轮滑移率

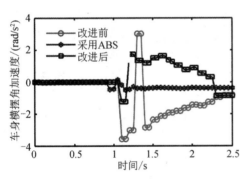

图 14-19　车身横摆角加速度

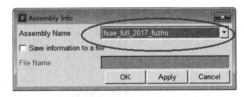

图 14-20　整车装配模型信息对话框

参考文献

[1] 王孝鹏. 磁流变式驾驶室悬置系统隔振研究[J]. 机械设计与制造, 2020(7): 129-133.

[2] 靳建龙, 孙桓五. 重型商用车平衡悬架系统运动学分析[J]. 汽车实用技术, 2020(13): 125-128.

[3] 陈丽, 常勇. 后钢板弹簧悬架布置对不足转向性能的影响[J]. 重型汽车, 2018(4): 15-16.

[4] 王孝鹏, 陈秀萍, 马豪, 等. 基于PID控制器的1/2整车半主动悬架仿真研究[J]. 太原科技大学学报, 2017, 38(5): 337-342.

[5] 王孝鹏, 陈秀萍, 纪联南, 等. 基于模糊PID控制策略的二自由度半主动悬架仿真研究[J]. 广西科技大学学报, 2017, 28(2): 35-41.

[6] 田宇. 基于ADAMS的某8×8车辆通过性仿真与分析[D]. 合肥: 合肥工业大学, 2018.

[7] 李江. 6×2牵引车前轴定位参数优化及转向传动系优化[D]. 西安: 长安大学, 2017.

[8] 辛国强. 基于ADMAS侧倾特性仿真的某轻型载货汽车后悬架及后轴优化设计[D]. 青岛: 青岛理工大学, 2016.

[9] 黄黎源. 商用车非线性动力学模型建模方法研究及平顺性仿真分析[D]. 长沙: 湖南大学, 2016.

[10] 王孝鹏. 弯道模式下FSAE赛车后轮随动转向特性研究[J]. 机械设计与制造, 2020(2): 129-133.

[11] 古玉锋, 吕彭民, 单增海, 等. 某8×4型工程车辆参数化多体动力学建模及试验[J]. 机械设计, 2015, 32(6): 33-38.

[12] 宋韩韩. 基于ADAMS的刚柔耦合整车模型平顺性仿真研究[D]. 锦州: 辽宁工业大学, 2015.

[13] 唐兴. 微型车钢板弹簧动力学建模及其对整车平顺性影响的研究[D]. 柳州: 广西科技大学, 2014.

[14] 张正龙, 赵亮. 基于悬架运动模型的传动轴空间动态运动分析和优化[J]. 工程设计学报, 2013, 20(1): 22-26, 59.

[15] 王孝鹏, 陈秀萍, 刘建军, 等. 基于ABAQUS的H5G型重卡钢板弹簧有限元仿真研究[J]. 三明学院学报, 2017, 34(2): 47-56.

[16] 董学锋. 乘用车传动系与底盘的技术特征[J]. 汽车技术, 2012(8): 1-5, 10.

[17] 孙营. 重型商用车转向系统建模及整车动力学仿真研究[D]. 武汉: 华中科技大学, 2011.

[18] 侯宇明. 商用车板簧建模及整车性能指标分解与综合关键技术研究[D]. 武汉: 华中科技大学, 2011.

[19] 王孝鹏, 刘建军. 弯道制动模式下FSAE赛车稳定性研究[J]. 机械设计与制造, 2019(10): 110-114.

[20] 朱毅杰. 重型卡车两种悬架模型的开发与仿真[D]. 长春: 吉林大学, 2009.

[21] 陶坚, 任恒山. 三轴平衡悬架载货汽车平顺性建模研究[J]. 广西工学院学报, 2006(2): 41-44.
[22] 胡涛. 轻型货车转向杆系优化设计方法研究[D]. 北京: 清华大学, 2005.
[23] 王孝鹏. 平衡悬架精准建模与推杆特性研究[J]. 机械设计与制造, 2020(5): 214-217, 223.